高等教育"十二五"规划教材

环境保护概论

主　编　戴财胜
副主编　高彩玲　田建民
　　　　　晁春艳　吴湘江

中国矿业大学出版社

内容提要

本书系统介绍了环境的概念及环境保护的发展过程、资源与环境、大气环境保护、水环境保护、环境物理污染及其控制、固体废物处理处置及资源化利用、清洁生产与循环经济、环境监测与环境质量评价、环境规划与管理，较全面地阐明了环境保护的基本知识，重点阐述了大气、水和固体废物的污染防治及资源化利用问题，同时注意适当反映环境保护的新进展。本书可作为高等院校化学工程、采矿工程、安全工程、机械工程、材料科学工程、环境工程等专业的教材或参考书，也可供相关的科研、工程和管理人员参考。

图书在版编目(CIP)数据

环境保护概论/戴财胜主编. 一徐州：中国矿业大学出版社，2017.7

ISBN 978-7-5646-3499-5

Ⅰ.①环… Ⅱ.①戴… Ⅲ.①环境保护—概论 Ⅳ.①X

中国版本图书馆 CIP 数据核字(2017)第 073389 号

书　　名 环境保护概论

主　　编 戴财胜

责任编辑 周　红

出版发行 中国矿业大学出版社有限责任公司

(江苏省徐州市解放南路　邮编 221008)

营销热线 (0516)83885307　83884995

出版服务 (0516)83885767　83884920

网　　址 http://www.cumtp.com　**E-mail**:cumtpvip@cumtp.com

印　　刷 徐州中矿大印发科技有限公司

开　　本 787×1092　1/16　**印张** 13.5　**字数** 337 千字

版次印次 2017 年 7 月第 1 版　2017 年 7 月第 1 次印刷

定　　价 29.80 元

前　言

节约资源，保护环境，实现经济包容性增长，走可持续发展之路是我国经济和社会发展必须面对的重大问题。增强国民环保意识，培养环境保护专业人才是高等院校义不容辞的责任。为此，我国许多高等院校针对非环境专业开设了有关环境保护方面的必修或选修课程来普及环境科学知识。鉴于此，由湖南科技大学、太原理工大学、河南理工大学、华北科技大学老师联合编写了介绍环境科学与工程基本知识的概述性教材，供高校师生参考选用。

本书共分九章，第一章介绍了环境的概念、主要的环境问题及环境保护的发展历程；第二章简述了资源的概念、特点及资源与环境的关系；第三章至第六章阐述了大气、水体、噪声、固体废物污染产生的原因、特点、防治方法及工程案例；第七章论述了清洁生产和循环经济的概念及技术方法；第八章、第九章叙述了环境监测、环境评价、环境规划与管理的概念、原理、技术方法。

本书的编写突出了环境保护涉及领域的广泛性，在有些章节强调煤炭开采与加工利用方面的环境污染问题，在内容上力求做到章节层次分明，简单明了，尽可能避免繁杂的理论推导，每章的编写结构基本遵循“概念—污染现象—治理方法—防治对策”的思路，章后附有习题，以加深学生理解本章内容。

本书由戴财胜担任主编，由高彩玲、田建民、晁艳、吴湘江担任副主编。主要编写分工如下：湖南科技大学戴财胜（第六、七、九章），吴湘江（第一、二章），李方文（第七章），李军（第九章），太原理工大学田建民（第三章），河南理工大学高彩玲（第四章），华北科技学院晁春艳（第五、八章）。

在本书的编写过程中，编者参阅了大量相关书籍和资料，并将主要的参考书目列于文后，在此向有关作者表示诚挚的谢意。湖南科技大学史红文老师对部分章节进行了初审，许中坚教授对书稿进行了通篇初审，在此向他们表示衷心的感谢。

由于编者水平有限，加之成稿时间仓促，本书还存在不少问题，希望读者批评指正。

编　者
2017年5月

目　录

第一章 绪 论

第一节 环境与环境科学

一、环境

环境是相对于某一事物来说的，是指围绕着某一事物（通常称其为主体）并对该事物产生某些影响的所有外界事物（通常称其为客体），即环境是指相对并相关于某项中心事物的周围事物。

在环境科学中，环境是指以人类为主体的外部世界，即人类赖以生存和发展的物质条件的整体。它也是人类开发利用的对象，凝聚了社会因素和自然因素。所以，环境可分为社会环境和自然环境两大类。社会环境是指人们生活的社会经济制度和上层建筑的环境条件，即构成社会的经济基础及其相应的政治、法律、宗教、艺术、哲学的观点和机构等。它是人类在物质资料生产过程中，共同进行生产而结合起来的生产关系的总和。自然环境是指环绕于我们周围的各种自然因素的总和，它包括大气、水、土壤、生物和各种矿物资源等。在环境科学中，以人或人类作为主体，其他的生命物体和非生命物质都被视为环境因素。目前环境科学所讨论的环境，主要指的是自然环境。

《中华人民共和国环境保护法》第一章第二条指出："本法所称环境，是指影响人类生存和发展的各种天然的和经过人工改造的自然因素的总体，包括大气、水、海洋、土地、矿藏、森林、草原、野生生物、自然遗迹、人文遗迹、自然保护区、风景名胜区、城市和乡村等。"

二、环境科学

环境科学是一门研究环境的物理、化学、生物等多个部分的学科。它提供了综合、定量和跨学科的方法来研究环境系统。由于大多数环境问题涉及人类活动，因此经济、法律和社会科学知识往往也可用于环境科学研究。环境科学也是一门研究人类社会发展活动与环境演化规律之间相互作用关系，寻求人类社会与环境协同演化、持续发展途径与方法的科学。

环境保护是当今世界各国人民共同关心的重大的社会经济问题，也是科学技术领域里重大的研究课题。环境科学是在现代社会经济和科学发展过程中形成的一门综合性科学。就世界范围来说，环境科学成为一门科学还是最近30年的事情。

环境科学研究的环境，是以人类为主体的外部世界，即人类赖以生存和发展的物质条件的综合体，包括自然环境和社会环境。自然环境是直接或间接影响到人类的一切自然形成的物质及其能量的总体。现在的地球表层大部分受过人类的干预，原生的自然环境已经不多了。环境科学所研究的社会环境是人类在自然环境的基础上，通过长期有意识的社会劳动所创造的人工环境。它是人类物质文明和精神文明发展的标志，并随着人类社会的发展不断丰富和演变。环境具有多种层次，多种结构，可以作各种不同的划分。按照环境要素可分为大气、水、土壤、生物等环境；按照人类活动范围可分为车间、厂矿、村落、城市、区域、全球、宇宙等环境。环境科学是把环境作为一个整体进行综合研究的。

三、环境要素及功能

环境要素又称环境基质，是构成人类整体环境的各个独立的、性质不同的而又服从整体演化规律的基本物质组分，分为自然环境要素和人工环境要素。其中自然环境要素通常是指水、大气、生物、阳光、岩石、土壤等。有的学者认为不包括阳光，因此环境要素并不等于自然环境因素。

环境要素组成环境的结构单元，环境的结构单元又组成环境整体或环境系统。如水组成水体，全部水体总称为水圈；大气组成大气层，全部大气层总称为大气圈；由土壤构成农田、草地和土地等，由岩石构成岩体，全部岩石和土壤构成的固体壳层称为岩石圈；由生物体组成生物群落，全部生物群落集称为生物圈。阳光提供辐射能为其他要素所吸收。

各个环境要素之间可以相互利用，并因此而发生演变；其动力主要是来自地球内部放射性元素蜕变所产生的内生能，以及以太阳辐射能为主的外来能。

在环境管理与环境规划中，环境功能通常是指某一个区域环境的功能。区域环境功能依据区域的社会环境、社会功能、自然环境条件及环境自净能力等确定和划分。在环境管理中，不同的环境功能区执行不同等级的环境质量标准，例如自然保护区和风景名胜区执行环境空气质量标准中的一级标准，居住区执行环境空气质量标准中的二级标准等。

四、环境承载力

环境承载力又称环境承受力或环境忍耐力，它是指在某一时期、某种环境状态下，某一区域环境对人类社会、经济活动的支持能力的限度。人类赖以生存和发展的环境是一个大系统，它既为人类活动提供空间和载体，又为人类活动提供资源并容纳废弃物。对于人类活动来说，环境系统的价值体现在它能对人类社会生存发展活动的需要提供支持。由于环境系统的组成物质在数量上有一定的比例关系，在空间上具有一定的分布规律，所以它对人类活动的支持能力有一定的限度。当今存在的种种环境问题，大多是人类活动与环境承载力之间出现冲突的表现。当人类社会经济活动对环境的影响超过了环境所能支持的极限，即外界的“刺激”超过了环境系统维护其动态平衡与抗干扰的能力，也就是人类社会行为对环境的作用力超过了环境承载力。因此，人们用环境承载力作为衡量人类社会经济与环境协调程度的标尺。

环境承载力既不是一个纯粹描述自然环境特征的量，也不是一个描述人类社会的量，它与环境容量是有区别的。环境容量是指某区域环境系统对该区域发展规模及各类活动要素的最大容纳阈值。这些活动要素包括自然环境的各种要素（如大气、水、土壤、生物等）和社会环境的各种要素（如人口、经济、建筑、交通等）。环境容量侧重反映环境系统的自然属性，即内在的属性和性质；环境承载力则侧重体现和反映环境系统的社会属性，即外在的社会属性和性质，环境系统的结构和功能是其承载力的根源。在科学技术和社会关系发展的一定历史阶段，环境容量具有相对的确定性、有限性；而一定时期、一定状态下的环境承载力也是有限的。这是两者的共同之处。

第二节 环境问题

一、概述

随着社会的不断发展、科学技术的进步，世界经济得到了快速增长，但随着经济的繁荣，人类在20世纪中叶又开始了一场新的觉醒，即对环境问题的认识。人类经济水平的提高和物质享受的增加，在很大程度上是以牺牲环境与资源换来的，环境问题正逐步成为社会经济发展的主要制约因素，研究和解决环境问题已成为新世纪社会经济能否可持续发展的重要问题之一。环境问题是指由于人类活动作用于周围环境所引起的环境质量变化，以及这种变化对人类的生产、生活和健康造成的影响。人类在改造自然环境和创建社会环境的过程中，自然环境仍以其固有的自然规律变化着。社会环境一方面受自然环境的制约，一方面也以其固有的规律运动着。人类与环境不断地相互影响和作用，产生环境问题，环境问题是在20世纪50年代才被提出来的，现已成为五大世界性问题（人口、粮食、资源、能源和环境）之一。

环境问题是多方面的，但大致可分为两类：原生环境问题和次生环境问题。由自然力引起的为原生环境问题，也称第一环境问题，如火山喷发、地震、洪涝、干旱、滑坡等引起的环境问题。由于人类的生产和生活活动引起的生态系统破坏和环境污染，反过来又危害人类自身的生存和发展的现象，为次生环境问题，也叫第二环境问题。次生环境问题包括生态破坏、环境污染和资源浪费等方面。生态破坏是指人类活动直接作用于自然生态系统，造成生态系统的生产能力显著减少和结构显著改变，从而引起的环境问题，如过度放牧引起草原退化，滥采滥捕使珍稀物种灭绝和生态系统生产力下降，植被破坏引起水土流失等。环境污染则指人类活动的副产品和废弃物进入物理环境后，对生态系统产生的一系列扰乱和侵害，特别是当由此引起的环境质量的恶化反过来又影响人类自己的生活质量时。环境污染不仅包括物质造成的直接污染，如工业“三废”和生活“三废”，也包括由物质的物理性质和运动性质引起的污染，如热污染、噪声污染、电磁污染和放射性污染。由环境污染还会衍生出许多环境效应，例如二氧化硫造成的大气污染，除了使大气环境质量下降，还会造成酸雨。

目前人们所说的环境问题一般是指次生环境问题，本书中提到环境问题也采用这种说法。近年来，人们又把由于人口发展、城市化以及经济发展而带来的社会结构和社会生活问题等社会环境问题称为第三环境问题。应当注意的是，原生环境问题和次生环境问题往往难以截然分开，它们之间常常存在着某种程度的因果关系和相互作用。

二、环境问题分类

狭义上的环境问题可分为环境污染和生态破坏两大类。另外，环境问题还可以按照环境要素、人类活动方式、污染的性质和来源等分类。

按环境要素分：① 大气环境问题；② 水体环境问题；③ 土壤环境问题。

按人类活动方式分：① 工业环境问题；② 农业环境问题；③ 城市环境问题。

按污染的性质和来源分:① 化学污染环境问题;② 物理污染环境问题;③ 生物污染环境问题;④ 固体废弃物污染环境问题;⑤ 能源污染环境问题。

三、环境问题的产生与发展

早期的农业生产中,刀耕火种、砍伐森林造成了地区性的环境破坏。随着社会分工和商品交换的发展,城市成为手工业和商业的中心。城市里人口密集,炼铁、冶铜、纺织、制革等各种手工业作坊与居民住房混在一起。这些作坊排出的生活垃圾,造成了环境污染。产业革命后,蒸汽机的发明和广泛使用,使生产力得到了很大发展。但一些工业发达的城市和工矿区,工矿企业排出的废弃物污染环境,使污染事故不断发生。第二次世界大战以后,社会生产力突飞猛进。许多工业发达国家因现代工业发展带来了范围更大、情况更加严重的环境污染问题,威胁着人类的生存。

人口的大幅度增加,森林的过度采伐,沙漠化面积的扩大,水土流失的加剧,加上许多不可更新资源的过度消耗,都向当代社会和世界经济提出了严重的挑战。从 20 世纪 30 年代开始,发生了世界有名的八大公害事件,导致人类生命财产的巨大损失。

进入 80 年代后,又发生了多起震惊世界的重大污染事件。如 1986 年 4 月 26 日,乌克兰基辅市郊的切尔诺贝利核电站,由于管理不当和操作失误,4 号核反应堆爆炸起火,大量放射性物质外泄,造成环境严重污染,31 人死亡,200 多人受放射性伤害,数万人受放射性影响。2000 年 1 月 30 日,罗马尼亚奥拉迪亚镇的一金矿发生堤坝漫水事件,用于生产黄金的剧毒氰化物漫过大坝,随洪水流入附近河中,并蔓延到匈牙利、南斯拉夫等国,其中蒂萨河内 80%的鱼类和生物死亡。

环境问题的历史发展大致可以分为以下三个阶段。

1. 生态环境的早期破坏

此阶段从人类出现开始直到产业革命,跟后两个阶段相比,是一个漫长的时期。在该阶段,人类经历了从以采集狩猎为生的游牧生活到以耕种和养殖为生的定居生活的转变。随着种植、养殖和渔业的发展,人类社会开始第一次劳动大分工。人类从完全依赖大自然的恩赐转变到自觉利用土地、生物、陆地水体和海洋等自然资源。人类的生活资料有了较以前稳定得多的来源,人类的种群开始迅速扩大。人类社会需要更多的资源来扩大物质生产规模,开始出现烧荒、垦荒、兴修水利工程等改造活动,引起严重的水土流失、土壤盐渍化或沼泽化等问题。但此时的人类还意识不到这样做的长远后果,一些地区因而发生了严重的环境问题,主要是生态退化。较突出的例子是,古代经济发达的美索不达米亚,由于不合理的开垦和灌溉,后来变成了不毛之地;中国的黄河流域,曾经森林广布,土地肥沃,是文明的发源地,而西汉和东汉时期的两次大规模开垦,虽然促进了当时的农业发展,可是由于森林骤减,水源得不到涵养,造成水旱灾害频繁,水土流失严重,沟壑纵横,土地日益贫瘠,给后代造成了不可弥补的损失。但总的来说,这一阶段的人类活动对环境的影响还是局部的,没有达到影响整个生物圈的程度。

2. 近代城市环境问题

此阶段从工业革命开始到 20 世纪 80 年代发现南极上空的臭氧洞为止。工业革命(从农业占优势的经济向工业占优势的经济的迅速过渡称为工业革命)是世界史的一个新时期的起点,此后的环境问题也开始出现新的特点并日益复杂化和全球化。18 世纪后期欧洲的一系列发明和技术革新大大提高了人类社会的生产力,人类开始插上技术的翅膀,以空前的规模和速度开采和消耗能源及其他自然资源。新技术使欧美等国家在不到一个世纪的时间里先后进入工业化社会，并迅速向全世界蔓延，在世界范围内形成发达国家和发展中国家的差别。工业化社会的特点是高度城市化。这一阶段的环境问题跟工业和城市同步发展。先是由于人口和工业密集，燃煤量和燃油量剧增，发达国家的城市饱受空气污染之苦，后来这些国家的城市周围又出现日益严重的水污染和垃圾污染，工业"三废"、汽车尾气更是加剧了这些污染公害的程度。在后来的20世纪60～70年代，发达国家普遍花大力气对这些城市环境问题进行治理，并把污染严重的工业搬到发展中国家，较好地解决了国内的环境污染问题。随着发达国家环境状况的改善，发展中国家却开始步发达国家的后尘，重走工业化和城市化的老路，城市环境问题有过之而无不及，同时伴随着严重的生态破坏。

3. 当代环境问题

从1984年英国科学家发现、1985年美国科学家证实南极上空出现的"臭氧洞"开始，人类环境问题发展到当代环境问题阶段。这一阶段环境问题的特征是，在全球范围内出现了不利于人类生存和发展的征兆，目前这些征兆集中在酸雨、臭氧层破坏和全球变暖三大全球性大气环境问题上。与此同时，发展中国家的城市环境问题和生态破坏、一些国家的贫困化愈演愈烈，水资源短缺在全球范围内普遍发生，其他资源(包括能源)也相继出现将要耗竭的信号。这一切表明，生物圈这一生命保障系统对人类社会的支撑已接近它的极限。

四、环境问题的性质

环境问题是随着人类的进化发展而不断演变发展起来的。虽然在这一过程中，自然环境及其要素自身也在发生着某种改变，从而在一定程度上也可能导致环境状况的恶化，但是从事地学或生态学研究的中外学者一般都认为，环境的大多数变化主要是人为因素引起的，这主要表现在以下几个方面。

首先，机器的使用虽然大大地提高了社会生产力、加快了工业化和城市化进程，以及增强了人类对环境的改变和控制能力，但是对自然资源和能源的消耗和浪费也大大增多。

其次，世界人口呈高度增长趋势，给环境带来极大的压力。据统计，世界人口在罗马帝国灭亡时期只有4亿，然而从约1000年到1600年则开始超过10亿，再经过300年到1900年增加到20亿，又经过50年到1950年达到了30亿。到20世纪90年代初，世界人口已达52亿。另外，据世界银行编写的《1992年世界发展报告——发展与环境》的资料显示，1992年世界人口为53亿，而且还在以每年9 300万人的速度增长。世界人口在1998年约为58亿，2011年已达到70亿。

再次，科学技术的进步为人类文明的发展作出了巨大贡献，但是也同时给人类带来了灭顶之灾的隐患。火药的发明和核裂变的发现使战争武器的杀伤力、破坏力大幅度提高；猎捕工具的改良导致大量自然生物资源濒临灭绝；农业化学物品的使用不仅造成土地的侵蚀，而且给人类和生物造成积蓄性化学物质危害。

总之，今天在国际上普遍存在的环境问题可以说都是人类在过去几个多世纪行为所积累的结果。

既然环境问题的产生和发展经历了几个世纪，并且它的范围和程度也在不断扩大和加深，那么，为什么日益文明的人类没有及早采取有效的对策和措施去扼制环境问题的恶化呢？从经济学的角度看，主要是由以下两个原因造成的。

一是市场的缺陷。即市场不能精确地反映出环境的社会价值。第一，由于很难区分和履行对环境(如大气质量)的所有权及其使用权,所以不存在环境(质量)的市场,而产品的价格就不能体现污染物的有害影响,结果导致大量的污染。第二,一种资源的某些用途(如热带雨林)能够出售,而其他用途(如它对流域的保护)却不能。因此导致资源存在的不能出售的那部分用途经常被忽视,因此导致资源过度被利用。第三,对资源的开放管理方式促使它们可为所有人开发利用(例如,对巴西亚马孙河流域热带雨林的开发和对哥斯达黎加沿海沙丁鱼资源的开放捕捞等)。在这种情况下,资源的环境效应并不能被使用者所认识,结果导致森林毁坏以及捕捞过度。第四,个人或团体对使环境免遭破坏的低成本方法缺乏了解,如对有关氟氯烃(CFCs)与臭氧耗尽之间的关系等,而大部分技术则掌握在私人公司手里,他们因觉得难以从中获利,也不会主动提供更有利于环境的信息。

二是政策失误。政府的行动有时鼓励低效能,而这些低效能反过来又会引起环境的毁坏。例如,对农业的能源投入和对伐木及开发牧场实行补贴、公共部门排污不承担责任、按补贴的价格提供一些公共服务(如电、水和卫生设施),以及公共土地和森林的低效能管理等。由于政府政策的这些失误,可能会加重由市场缺陷引起的环境破坏(如巴西亚马孙河流域所发生的情况)。

这些原因引起的环境破坏还经常因为贫困、经济和政治上的不稳定而加剧。例如,穷人则更关心他们今天能从自然资源中得到什么,而不是为了明天而保护自然资源,其结果总是导致自然资源的过度开发。经济和政治的不稳定则促使了人们的短期行为。除此之外,人口增长和迁移也会加重环境破坏。例如,菲律宾山地森林毁坏严重的直接原因是开放公共森林以及特许费过低。人口增长过快,使得对农业用地以及木材、燃料和建筑材料的需求增加,从而也会加重森林的毁坏。

因此环境问题的性质是发展问题,是在发展过程中产生的,必须在发展过程中解决。

五、当前主要的世界环境问题

(一) 人口问题

人口的急剧增加是世界面临的首要问题。世界人口的快速增加导致土地资源紧张,人均耕地面积降低,交通、住房紧张,同时使用化肥、农药造成土壤污染,控制人口数量是保证人类社会可持续发展的重要措施。

1999 年世界人口突破了 60 亿,人口比 20 世纪初增长了 4 倍。随着生活水平的提高,资源消耗并未等比例地增加,而是加速增长,资源消耗 1999 年比 20 世纪初增长了 10 倍。虽然有些国家尤其是发达国家已经实现了人口平衡,达到了低生育率、低死亡率和高寿命,但发展中国家却与此相反,新增加的人口中 90%都出生在发展中国家,而这些国家正遭受森林破坏、水土流失、沙漠扩大等灾害。至 2025 年,世界人口可能超过 80 亿。

城市人口密度大,必然引起城市资源的过度需求和开发,当需求量大于生态阈值时,城市生态环境急剧恶化。同时,大量生活废弃物的排出,加大了城市生态系统的还原再生负荷。城市人口较为合理的密度为 1~2 万人/km^2,市中心区应小于 2 万人/km^2。国外一般城市人口密度为 5 000 人/km^2 左右,我国城市人口平均密度为 13 699 人/km^2,我国上海人口密度高达 3~4 万人/km^2。

(二) 资源问题

与人口相关联的就是资源问题,除土地资源外,森林资源、水资源、能源、矿产资源都受到影响。全球资源匮乏和危机主要表现在:土地资源在不断减少和恶化,森林资源在不断缩小，淡水资源出现严重不足，生物物种在减少，某些矿产资源濒临枯竭等。

① 土地资源。一方面全球可供开发利用的土地资源已很少，许多地区已近于枯竭，另一方面耕地质量下降，我国大约59%的耕地缺磷，23%的耕地缺钾，14%的耕地磷、钾俱缺。

② 森林资源。森林是木材的供应来源，并具有贮水、调节气候、保持水土、保障生物多样性等重要作用，森林是最大的一种生态系统，是维护陆地生态平衡的枢纽。但目前世界森林资源趋于减少。联合国粮农组织公布的《2010年全球森林资源评估》(FRA2010)结果：2010年世界森林覆盖土地总面积的31%。

③ 水资源。水资源正面临着水资源短缺和用水量持续增长的双重矛盾，水危机不久将成为继石油之后的又一项严重社会危机。我国水资源总量为2.8万亿 m^3，但分配不均，北方是资源型缺水，南方是水质性缺水。据统计，2003年全国669个城市中，有400多个城市供水不足，日缺水量1 600万 m^3，年缺水量约60亿 m^3，平均每年因缺水影响工业产值2 000多亿元，全国每年因缺水少产粮食0.7亿～0.8亿 t。

（三）生态破坏

当前全球性的生态环境破坏主要包括土地退化、水土流失、土地沙漠化、物种消失等。

1. 土地退化

土地退化是指由于使用土地或其他因素致使干旱、半干旱和亚湿润干旱地区雨浇地、水浇地或草原、森林、林地的生物或经济生产力和复杂性下降或丧失。土地退化和沉积物污染与河流、湖泊、蓄水层的盐侵入、植被丧失、过度抽取地下水以及土壤的盐碱化有关。大量沉积物负荷损害水生生物和海洋生物多样性，使河流更易发生水灾，对农田产生危害，从而降低粮食产量。

土地退化直接破坏植被。植被是陆地上最大的碳库储蓄，大量植树造林将有利于把大气中的二氧化碳转移固定至陆地植被中来，减缓气候变化的趋势，同时还对生物多样性和生态环境起到保护作用。

2. 水土流失

水土流失是指在水流作用下，土壤被侵蚀、搬运和沉淀的整个过程。在人类活动影响下，特别是人类严重地破坏了坡地植被后，由自然因素引起的地表土壤破坏和土地物质的移动、流失过程加速，即发生水土流失。

水土流失的危害在于土壤肥力下降，水土流失可使大量肥沃的表层土壤丧失。据统计，我国每年流失土壤约50亿 t，损失N、P、K元素约4 000多万吨；水库淤积，河床抬高，通航能力降低，洪水泛滥成灾；威胁工矿交通设施安全。在高山深谷，水土流失常引起泥石流灾害，危及工矿交通设施安全，恶化生态环境。20世纪30～60年代，人们对于水土流失灾害的认识还停留在对土地造成直接经济损失方面，但在60年代以后，开始联系到人类整个环境所受的影响，包括沉淀物的污染、生态环境的恶化等。

防治水土流失的基本措施是：减少坡面径流量，减缓径流速度，提高土壤吸水能力和坡面抗冲能力，并尽可能抬高侵蚀基准面。在采取防治措施时，应从地表径流形成地段开始，沿径流运动路线，因地制宜，步步设防治理，实行预防和治理相结合，以预防为主；治坡与治沟相结合，以治坡为主；工程措施与生物措施相结合，以生物措施为主。只有采取各种措施综合治理、集中治理和持续治理，才能奏效。

3. 土地沙漠化

沙漠化是在干旱半干旱及部分湿润地区,由于恶劣的自然条件或人类不合理的经济活动破坏了生态系统的平衡,导致地表植被的衰退或消失之后,风作用于地表而产生的风蚀、搬运、堆积的风沙运动过程。

我国现代的沙漠化土地从 20 世纪 50 年代后期到 70 年代中期平均每年以 1 560 km^2 的速度在蔓延。从 70 年代中期到 80 年代后期,沙漠化更以年均 2 500 km^2 的速度在加速扩展,进入 90 年代后,沙漠化土地的蔓延以每年 2 460 km^2 的速度扩展,形势颇为严峻。

目前对沙漠化的人为成因有一个比较统一的认识,那就是由于人口压力的持续增长和滥垦、滥牧、滥伐等现象的普遍存在,造成植被破坏、沙漠化迅速发展。

从 20 世纪中期我国就已开始重视土地沙漠化问题,然而沙漠化速度在 90 年代不见减缓反而有加快的趋势,同时与土地沙漠化有直接关系的沙尘暴现象相对比以往更加活跃,这都是环境恶化的征兆。实际上这是大自然对人类以前肆意破坏环境的行为而实施的报复。

4. 生物物种消失

随着环境的污染与破坏,比如森林砍伐、植被破坏、滥捕乱猎、滥采乱伐等,目前世界上的生物物种正在以每小时 1 种的速度消失。这是地球资源的重大损失,因为物种一旦消失,就永不再生。消失的物种不仅会使人类失去一种自然资源,还会通过植物链引起其他物种的消失。从 20 世纪 80 年代开始,国际社会开始意识到保护生物多样性的重要性,制定了一系列的国际公约,其中最重要的是《生物多样性公约》。

(四) 环境污染

当前世界重大环境污染有以下五类:酸沉降、臭氧层损耗、温室效应、环境激素危害、水体富营养化。

1. 酸沉降

酸沉降是指大气中的酸性物质(硫氧化物、氮氧化物、氯化物等)通过降水,如雨、雪、雾、冰雹等迁移到地表(湿沉降),或酸性物质在气流的作用下直接迁移到地表(干沉降)的过程。

酸雨指 pH 值小于 5.6 的雨、雪或其他方式形成的大气降水(比如雾、露、霜、雹等)。酸雨是大气中不同类型的酸性物质共同作用的结果,但不同酸性物质的影响程度是不一样的:其中 H_2SO_4 占 60%～70%,HNO_3 占 30%,盐酸占 5%,有机酸占 2%。可见 H_2SO_4 和 HNO_3 是主要的酸性物质。燃煤会大量排放 SO_2 和 NO_x 而形成酸雨。

酸雨的危害包括破坏森林生态系统、破坏土壤的性质和结构、破坏水生生态系统、腐蚀建筑物和损害人体的呼吸道系统及皮肤。

由于酸雨可以长距离输送并跨越国界,酸雨问题已不仅仅是区域性环境污染问题,而是全球性环境问题。

2. 臭氧层损耗

太阳紫外线辐射对人体皮肤及动植物生长有害,而地球平流层中部的臭氧层能吸收紫外线的辐射,保护地球上的生命。氟氯烃作为制冷剂使用,排放到大气,在平流层中能分解臭氧,形成臭氧空洞,如南极上空臭氧层空洞。

1985 年 11 月在联合国环境规划署总部召开了关于全球环境问题,特别是臭氧层问题的讨论会,与会专家讨论了有关臭氧层的最新科研情况:由于大气中痕量气体浓度的增加,改变了大气中的臭氧含量在垂直立面上的分布，这将影响到紫外线对地面的辐射量，其后果是对人类的健康和植物产生影响。据分析，平流层臭氧减少1%，全球白内障的发病率将增加0.6%～0.8%，全世界由于白内障而引起失明的人数将增加10 000～15 000人；如果不对紫外线的增加采取措施，从现在到2075年，UV-B辐射的增加将导致大约1 800万例白内障病例的发生，并增加3%的非黑瘤皮肤癌，皮肤癌和黑瘤的死亡率也将增加。此外还会通过抑制皮肤对某些感染的抵抗力从而影响人类的免疫系统。这将使许多发展中国家本来就不好的健康状况更加恶化，大量疾病的发病率及其严重程度都会增加，尤其是包括麻疹、水痘、疱疹等病毒性疾病，疟疾等通过皮肤传染的寄生虫病，肺结核和麻风病等细菌感染以及真菌感染疾病等。此外，臭氧浓度减少25%时，大豆的产量将下降20%～25%。以发达国家为主散发的这类化学物质会对全球的臭氧浓度产生重大影响。

3. 温室效应及全球气候变化

排放到大气中的二氧化碳、一氧化二氮、甲烷、氟氯烃等吸收了地面的长波辐射，产生温室效应，使地球变暖，引起地球一系列生态环境和气候的变化，如冰山融化、海平面升高、厄尔尼诺带来的气候异常等。

早在1896年，瑞典化学家斯万特·阿伦纽斯在经过至少1万次手算之后，认为大气中的大量水蒸气和CO_2能够充分吸收地球发出的热辐射，从而使地球升温（也就是温室效应），并保持在人类生存适宜的温度范围内。

CO_2对全球气温的平衡起着重要作用。CO_2能让太阳的短波辐射透过大气到达地面并能吸收地面反射回空间的长波辐射（红外辐射），从而使低层大气温度升高，使气温发生变化。

温室气体过量排放还将改变降雨和蒸发体系，影响农业和粮食资源，改变大气环流进而影响海洋水流，导致富营养地区的迁移、海洋生物的再分布和一些商业捕鱼区的消失，还会导致海平面升高，一些岛国会因此消失。据统计，全世界大约有半数以上的居民生活在沿海地区，距海只有60 km左右，人口密度比内陆高出12倍。根据美国环境保护署最保守的估算，如果21世纪海平面上升1 m，美国可能要损失2 700亿至4 250亿美元。荷兰学者估计，如果海平面上升1 m，全球将有10亿人口的生存受到威胁，500万km^2的土地（其中耕地约占1/3）将遭到不同程度的破坏。

4. 环境激素危害

释放到环境中的化学物质，如重金属镉、铅等，有机氯、有机磷、防腐剂等，积蓄在生物体内，会与激素受体结合，扰乱人类和动物的内分泌和生殖系统，降低机体的免疫机能，导致生物体内的激素失调，生殖器官畸形甚至癌变，使许多物种减少甚至灭绝。

5. 水体富营养化

含氮、磷的化肥或洗涤剂等物质进入湖泊等一些水流缓慢的水体后，使植物营养物增多，导致各种藻类大量繁殖，从而使水中溶解氧减少，甚至耗尽，危害水生生物的生存。

六、当前中国的主要环境问题

根据《中国环境保护21世纪议程》和《中国环境状况公报》公布的数据，中国目前的环境问题主要体现在如下几方面。

1. 大气环境

我国目前的空气污染相当于发达国家20世纪50～60年代污染最严重时的水平。大气污染以煤烟性污染为主，主要污染物为烟尘和二氧化硫，其中工业二氧化硫排放量约占80%～86%。全国大城市汽车尾气污染趋势加重，氮氧化物已成为一些大城市空气中的首要污染物。2010年全国酸雨面积约120万km^2，约占国土面积的12.6%，对作物、森林等影响巨大。

2. 水资源和水环境

我国水资源紧张，人均水资源占有量仅为世界人均的1/4。全国600多个城市中有一半的城市缺水，其中近百个城市严重缺水，每年因缺水而减少的产值达1 200亿元。城市中大量工业废水和生活污水未经处理排入水体，使流经主要城市的河段受到不同程度的污染。城市生活污水排放量还在逐年递增，目前城市污水处理率仍不高，部分直接排入江河湖泊中。生活污水加上化肥和农药中氮、磷的流失，促使了我国的湖泊富营养化。地下水因过量开采，形成地面下沉和水质恶化。我国四大海域（东海、渤海、黄海和南海）的近岸海域污染加重，无机氮、无机磷和石油类污染普遍超标。

3. 固体废弃物

我国废弃物排放量大，工业废渣和城市垃圾大都堆积在城市的郊区和河流荒滩上，已成为严重的污染源。随着中国化学工业的发展，有毒有害废弃物也有所增长。有毒有害固体废弃物都未经过严格的无害化和科学的安全处置，成为中国亟待解决并具有严重潜在性危害的环境问题。城市生活垃圾无害化处理率低，全国有2/3的城市陷于垃圾围城。露天简单堆放的垃圾不仅影响城市景观，同时污染了大气、水和土壤，成为城市发展中棘手的环境问题之一。

4. 环境噪声

我国噪声污染较严重，2/3的城市人口暴露在较高的噪声环境中，区域环境噪声达标率不到50%。

5. 乡镇企业污染排放惊人

我国乡镇企业污染物排放量已占全国污染物排放总量的30%，局部地区占50%以上。全国已有2/3的河流和一千多万公顷土地受乡镇企业污染。

6. 土地资源

我国人均耕地面积为0.085公顷，是世界人均的1/5。全国耕地面积以每年平均30万公顷左右的速度递减，主要原因是基本建设占用耕地上升。我国耕地土壤质量呈下降趋势，全国耕地有机质含量平均已降到1%，明显低于欧美国家2.5%～4%的水平。东北黑土地的土壤有机质含量由刚开垦时的8%～10%降至目前的1%～5%。盐碱化、沙漠化、水土流失在继续吞噬大量耕地。目前全国受盐碱化威胁的耕地约有1亿亩，受沙漠化威胁的农田近6 000万亩，全国约有1/3的耕地受到水土流失的危害，每年流失的土壤约50亿t，相当于在全国的耕地上刮去1 cm厚地表土，所流失的养分相当于全国一年生产的化肥氮磷钾含量。水土流失很大部分是由于不合理耕作和植被破坏造成的。

7. 草原资源

我国草地面积占国土面积的40%，然而，由于风蚀沙化、植被破坏、超载放牧、不合理开垦以及草原工作的低投入、轻管理等，致使草原严重退化。草原退化面积达九千多万公顷，占可利用草场面积的1/3以上，平均产草量下降了30%～50%。

8. 森林资源

我国森林覆盖率约为13%，居世界第121位。我国人均森林面积约0.11公顷，相当于世界人均森林面积的1/9。我国宝贵的原始森林长期受到乱砍滥伐、毁林开荒、森林火灾与病虫害的破坏，原始林每年减少$5\times10^3\ km^2$。酸雨带来的酸沉降正在导致大片森林衰退消失，森林受害面积128.1万公顷，年木材损失6亿元，森林生态效益损失约54亿元。

9. 生物多样性与物种保护

中国是世界上动植物种类最多的国家之一，生物多样性居全球第八位，北半球第一位。由于人口的急剧增长，不合理的资源开发活动，以及环境污染和自然生态破坏，中国的生物多样性损失严重，动植物种类中已有总物种数的15%～20%受到威胁，高于世界10%～15%的水平。近50年来，中国约有200种植物已经灭绝，高等植物中濒危和受威胁的高达4 000～5 000种，约占总物种数的15%～20%。许多重要药材如野人参、野天麻等濒临灭绝。中国近百年来，约有10余种动物绝迹，如高鼻羚羊、麋鹿、野马、犀牛、新疆虎等。目前，有大熊猫、金丝猴、东北虎、雪豹、白暨豚等20余种珍稀动物也面临绝灭的危险。

10. 气候变暖与自然灾害

近40年来中国的气候存在着变暖的总趋势，20世纪80年代的年均气温值比前30年的平均气温值高0.21 ℃。气温增高可增大地表水的蒸发量，从而加重我国华北和西北的干旱、土地沙化、碱化以及草原退化的危害。我国东南沿海地区由于受高温季风气候的影响，可能导致台风侵袭沿海的频率和强度增加，从而加重沿海地区的风灾和暴风洪涝灾害。气候变暖可能对我国西北、华北、东北、西南、华中的夏季气候造成影响，使农业病虫害频繁产生。气候变暖将会造成海平面上升，这对三角洲地带和平原沿岸危害最大，而这些地区都是中国经济密集、比较发达的地区。海平面上升，必将对中国的社会、经济发展产生巨大影响。

七、不同环境污染及其对人体的危害

环境污染是指由于自然的和人为的因素致使自然环境发生变化，并超出了其自净能力，从而破坏了生态平衡，影响到人类健康的现象。随着世界人口的迅速增加以及工业化的迅速发展、全球经济的快速发展所带来的环境污染，对人类健康安全已构成越来越大的威胁。

环境污染对人体的危害主要有三个方面：① 急性危害。污染物在短期内浓度很高，或者几种污染物联合进入人体，可以对人体造成急性危害。② 慢性危害。慢性危害主要指小剂量的污染物持续地作用于人体产生的危害，如大气污染对呼吸道慢性炎症发病率的影响等。③ 远期危害。环境污染对人体的危害，一般经过一段较长的潜伏期后才表现出来，如环境因素的致癌作用等。环境中致癌因素主要有物理、化学和生物学因素。物理因素，如放射线体外照射或吸入放射性物质引起的白血病、肺癌等。化学因素，根据动物实验证明，有致癌性的化学物质达1 100余种。生物学因素，如热带性恶性淋巴瘤，已经证明是由吸血昆虫传播的一种病毒引起的。另外，污染物对遗传有很大影响。一切生物本身都具有遗传变异的特性，环境污染对人体遗传的危害，主要表现在致畸和致突变作用上。

城市大气污染已严重威胁到居民健康。许多研究表明，空气污染与人群的许多疾病，特别是呼吸系统疾病、心血管疾病、免疫系统疾病、肿瘤的患病率和死亡率密切相关。中国农村大部分的家庭仍使用秸秆、柴和煤炭燃料，这些燃料的不完全燃烧，尤其是在开放式燃烧或通风不良的情况下燃烧时，能释放出对健康有害的数百种污染物，造成室内空气严重的污染。燃烧产物中除 NO_2、SO_2 等有害气体外，还有颗粒物，尤其是可吸入性颗粒物非常容易吸附和富集空气中的有毒重金属、酸性氧化物、有机污染物、细菌和病毒，其成分复杂多样，很多有致癌、致突变的活性。而且空气中颗粒物对健康危害的程度与颗粒物的浓度、粒径的大小及成分有直接关系。

集中空调系统收集室内的空气，经处理后又把空气送回到室内，在这个过程中有可能把个别房间及集中空调系统内部的污染物迅速地扩散到其他房间，从而使集中空调系统成为传播、扩散污染物和微生物的主要途径。另外，家庭装修污染问题已经成为严重危害人类健康安全的"隐形杀手"。

气候变暖、热浪频发可增加心脑血管疾病、呼吸系统疾病等慢性疾病的死亡率，大城市每年因热浪导致的额外死亡高达数千人。气候变暖、极端气候频发，对虫媒传播性疾病等起到推波助澜的作用，气候变暖使虫媒分布更加广泛、致病力更强，如近年来疟疾、登革热等发病率明显上升。某些水传病毒的扩散速率也大大增加，与某些新的传染病的发生有关，如冰川融化，使冻结的病毒病菌等释放，而引发新的疾病。

八、环境问题的社会根源及其解决途径

(一) 环境问题产生的社会根源

1. 法律不健全

我国已经出台的有关环境的各项法律法规制度已有数百项，但是仍然不能扭转我国目前环境恶化、能源使用效率低下的现状，主要问题是法律法规不健全。《中华人民共和国环境保护法》自颁布以来至今已 30 多年了。这么多年来我国社会经济发生了巨大的变化，法律中有些条款不适应新的形势发展的要求，给一些污染户们钻了空子却无法予以惩治。同时法律中一些条款只是制定了基本原则，却不具备实施条件。

2. 监管制度不完善

在一些地方，因地方经济保护的干扰，一些排污大户同时是利税大户，轻易便能避开法律追究。比起加速实现工业化，我国政府对环境保护显得不够重视，因此环境保护的法制、体制、机制都存在一定的滞后，环保投入明显不足，特别是当经济发展和环保发生冲突时，往往是后者服从前者。

3. 缺乏技术支撑

开发大幅度提高资源利用率的共性和关键技术的能力不强，生产工艺技术和装备水平还不能适应大幅度提高资源利用率的需要。

4. 公众环保意识薄弱

公众环保意识薄弱的原因，有很大一部分是因为人们长期以来形成一种固定的思维模式。即在中国，政府才是环境保护的主导因素，因此逐渐形成了一种依赖感，认为环境保护仅仅是国家的事，与自己没有关系。

(二) 解决环境问题的途径

1. 完善立法，健全法律法规体系

随着可持续发展战略的实施，必然引起传统的环境保护观念的转变。必须树立可持续发展的价值理念，在污染治理方面应当反对先污染后治理的思想，法律的制定要确立预防为主的理念，在环境资源法律保护方面，应树立整体环境资源观，用整体观点去看待自然资源各个要素之间的关系。在加强环境保护执法和司法的力度方面，要健全环境执法责任制，理

顺各个执法部门之间的关系，明确各部门的执法责任和权限。对于法律有明确规定而执法不力的，应该由有关机关予以监督。尽可能地防止行政权力缺位、越位现象的发生，做到执法必严，违法必究。

2. 优化能源结构以提高能效

提高能效和开发利用清洁、可持续能源的根本在于科技进步，既要继续扩大技术引进的力度，又要提高我国的技术创新水平。在环保事业蓬勃发展的今天，我国环保科技的发展与发达国家有较大差距。发达国家的经验证明，对循环经济关键技术的投入，提高了资源的有效利用率。因此政府可以鼓励开发和应用有普遍推广意义的资源节约和替代技术，如洁净煤、煤层气利用、绿色照明、再制造等。

3. 增强全社会环境意识

充分认识到公众在解决环保问题上的力量。首先，要通过各种宣传手段，提高公众的环保意识，只有提高了意识，参与才能变成一种自觉的行动；其次，鼓励公众与新闻媒体舆论对政府、工业污染大户等监督，施以压力才能使环保政策切实得到落实。

第三节 环境保护

一、环境保护的概念与意义

环境保护（简称环保）是指人类为解决现实的或潜在的环境问题，协调人类与环境的关系，保障经济社会的持续发展而采取的各种行动的总称。其方法和手段有工程技术的、行政管理的，也有法律的、经济的、宣传教育的，等等。

换句话说，环境保护就是通过采取行政、法律、经济、科学技术等多方面的措施，保护人类生存的环境不受污染和破坏；还要依据人类的意愿，保护和改善环境，使它更好地适合于人类劳动和生活以及自然界中生物的生存，消除那些破坏环境并危及人类生活和生存的不利因素。环境保护所要解决的问题大致包括两个方面的内容，一是保护和改善环境质量，保护人类身心的健康，防止机体在环境的影响下变异和退化；二是合理利用自然资源，减少或消除有害物质进入环境，以及自然资源（包括生物资源）的恢复和扩大再生产，以利于人类生命活动。

当然，环境保护还必须考虑经济的增长和社会的发展。只有两者互相之间协调发展，才是新时代的环境保护新概念。

随着人类对环境认识的深入，环境是资源的观点越来越为人们所接受。空气、水、土壤、矿产资源等，都是社会的自然财富和发展生产的物质基础，构成了生产力的要素。由于空气污染严重，国外曾有空气罐头出售。由于水体污染、气候变化、地下水抽取过度，世界许多地方出现水荒。由于人口猛增、滥用耕地、土地沙漠化，使得土地匮乏等。由此可以看到，不保护环境，不保护环境资源，就会威胁到人类社会的生存，也关系到国民经济能否持续发展下去。

二、环境保护的发展历程

当代环境保护的发展大体上经历了三个阶段：以单纯运用工程技术措施治理污染为特征的第一阶段；以污染防治为核心的第二阶段；以环境系统规划与综合管理为主要标志的第

三阶段。目前正处在第二阶段向第三阶段的过渡时期，环境保护已经成为世界各国政府和人民共同的行动，"预防为主"替代"末端治理"为环境保护的主题思想。

三、环境保护的内容

其内容主要有以下三个方面：

① 防治由生产和生活活动引起的环境污染，包括防治工业生产排放的"三废"（废水、废气、废渣）、粉尘、放射性物质以及产生的噪声、振动、恶臭和电磁微波辐射，交通运输活动产生的有害气体、液体、噪声，海上船舶运输排出的污染物，工农业生产和人民生活使用的有毒有害化学品，城镇生活排放的烟尘、污水和垃圾等造成的污染。

② 防治由建设和开发活动引起的环境破坏，包括防治由大型水利工程、铁路、公路干线、大型港口码头、机场和大型工业项目等工程建设对环境造成的污染和破坏；防治由农垦和围湖造田活动，海上油田、海岸带和沼泽地的开发，森林和矿产资源的开发对环境的破坏和影响；防治由新工业区、新城镇的设置和建设等对环境的破坏、污染和影响。

③ 保护有特殊价值的自然环境，包括对珍稀物种及其生活环境、特殊的自然发展史遗迹、地质现象、地貌景观等提供有效的保护。另外，城乡规划、控制水土流失和沙漠化、植树造林、控制人口的增长和分布、合理配置生产力等，也都属于环境保护的内容。

环境保护已成为当今世界各国政府和人民的共同行动和主要任务之一。我国把环境保护作为我国的一项基本国策，制定和颁布了一系列环境保护的法律、法规，以保证这一基本国策的贯彻执行。

思　考　题

1. 什么是环境？如何理解人类环境与生态环境的关系？

2. 什么是环境承载力？环境承载力与环境容量有什么区别？

3. 什么是环境问题？举例说明我国存在哪些环境问题以及我们应当如何认识和解决环境问题。

4. 当前世界面临的环境问题主要有哪些？应当采取哪些对策？

5. 当前中国环境的主要问题有哪些？中国有哪些解决环境问题的途径？

第二章 资源与环境

第一节　自然资源

一、自然资源的概念

自然资源有狭义和广义两种理解。狭义的自然资源只是指可以被人类利用的自然物。广义的自然资源则要延伸到这些自然物所赖以生存、演化的生态环境。最有代表性的广义解释是联合国环境规划署于1972年提出的："所谓自然资源，是指在一定时间条件下，能够产生经济价值以提高人类当前和未来福利的自然环境因素的总和。"

二、自然资源的特点及分类

(一) 自然资源的特点

资源是一个历史范畴的概念，随着人类认识水平的提高会有越来越多的物质成为资源，所以物质资源化和资源潜力的发挥是无限的。但在一定的时空范围和认识水平下，有效性和稀缺性是资源的本质属性。一般自然资源都具有一些共同的特征，主要有如下几方面：

① 可用性。即资源必须是可以被人类利用的物质和能量，对人类社会经济发展能够产生效益或者价值。如地下埋藏的石油，是当今工业社会的主要能源和某些化学工业原料的主要来源。

② 有限性。是指在一定条件下资源的数量是有限的，而不是取之不尽、用之不竭的。即使是太阳能，照射到地球的有效辐射也是有限的，人类对其利用的程度更是有限的。如空气，在地球上绝大多数地方是一种可以任意取用的物质，但在特殊的场所、特殊的时间，空气也会成为非常有限的资源，如潜水员使用的压缩空气、宇宙飞船的密封舱，空气就是一种非常重要而且完全有可能耗尽的资源。

③ 多宜性。即自然资源一般都可用于多种途径，如土地可用于农业、林业、牧业，也可用于工业、交通和建筑等。这是引起行业资源竞争的主要原因之一，但也是产业结构调整的基础。

④ 整体性。是说自然资源不是孤立存在的，而是相互联系、相互影响和相互依赖的复杂整体。一种资源的利用会影响其他资源的利用性能，也受其他资源利用状态的影响。如土地是一个较广泛的概念，它可以包括特定区域空间的水、空气、辐射等多种资源。由于水

气资源的质量变化，也会影响到土地资源质量的变化，水资源的缺乏会引起土地生产力的下降。

⑤ 区域性。自然资源存在空间分布的不均匀性和严格的区域性。虽然从宏观上看，全球自然资源是一个整体，但任何一种资源在地球上的分布都不是均匀的，即使是空气也有明显的垂直分布差异，从而也使不同国家或地区都有不同的资源特点。这种资源分布的地域性与不平衡性，导致了全球区域性的资源短缺与区域间的资源交换和优势互补。

⑥ 可塑性。是指自然资源在受到外界有利的影响时会逐渐得到改善，而在不利的干扰下会导致资源质量的下降或破坏。这就为资源的定向利用和保护提供了依据。

因此，在社会经济的发展中，必须正确地处理好自然资源利用与保护的关系。对自然资源的过度利用，势必影响资源整体的平衡，使其整体结构和功能以及在自然环境中的生态效能遭到破坏甚至丧失，从而导致自然整体的破坏。因此开发任一项自然资源，都必须注意保护人类赖以生存、生活、生产的自然环境。

（二）自然资源的分类

自然资源的分类是研究自然资源的特点及其对人类社会经济活动影响的基础。为了研究自然资源的可持续利用问题，根据自然资源能否再生，将其分为可更新资源和可耗竭资源。

1. 可更新资源

可更新资源（原生性自然资源、可再生资源、续发性资源、非耗竭性资源、无限资源）是能够通过自然力以某一增长率保持或增加蕴藏量的自然资源。例如太阳能、大气、风、降水、气候、森林、鱼类、农作物以及各种野生动植物等，随着地球形成及其运动而存在，基本上是持续稳定产生的。

可更新资源又可分为生物资源和非生物资源，但不管哪一类都可以持续再生、代谢更新。生物资源是自然环境中的有机组成部分，是自然历史的产物，包括各种农作物、林木、牧草、家畜、家禽、水生生物、微生物和各种野生动植物以及由它们组成的各种群体。生物资源不仅为人类提供了大量的肉食、蛋白质和各种药材以及工业原料等，而且是生态系统物质循环和能量流动的基础。当人类的利用速度超过了资源的更新速度时，就会导致可更新量越来越少，自然资源趋于耗竭。因此，只有合理地保护自然资源，才能实现对其持续永久的利用。

2. 可耗竭资源

可耗竭资源（次生性自然资源、非续发性自然资源、耗竭性资源、有限资源）是指：假定在任何对人类有意义的时间范围内，资源质量保持不变，资源蕴藏量不再增加的资源。这种自然资源是在地球自然历史演化过程中的特定阶段形成的，质与量是有限定的，空间分布是不均匀的。

耗竭既可看做是一个过程，也可以看做是一种状态。可耗竭资源的持续开采过程也就是资源的耗竭过程。当资源的蕴藏量为零时，就达到了耗竭状态。确切地说，当开采成本过高，使市场需求为零时，尽管资源蕴藏量不为零，也可视为资源耗竭。

可耗竭资源按其能否重复使用，又分为可回收的可耗竭资源和不可回收的可耗竭资源。

可回收的可耗竭资源——资源产品的效用丧失后，大部分物质还能够回收利用的可耗竭资源。这主要是指金属等矿产资源。如汽车报废后汽车上的废铁可以回收利用。

不可回收的可耗竭资源——使用过程不可逆，且使用之后不能恢复原状的可耗竭资源。主要指煤、石油、天然气等能源资源，这类资源被使用后就被消耗掉了，如煤燃烧变成热能，热便消散到大气中，变得不可恢复了。

三、自然资源与环境和人类的关系

自然资源是指在一定的技术经济条件下，现实或可预见的将来能产生生态价值或经济效益，以提高人类生产水平和生活质量的一切自然物质和自然能量的总和。从这一概念不难看出，资源是动态的，它随着人类的认识水平和科技成就而不断地扩展，与人类需要和利用能力紧密联系。也就是说，资源是一个历史范畴的概念，随社会生产力水平和科学技术水平的进步，其内涵与外延不断深化和扩大。随着人类的变迁和认识水平的提高，人类赖以生存、生活和生产的自然环境组成成分，都可以成为自然资源。所以有人认为人们生活所依赖的环境也是一种自然资源。

从自然资源与自然环境的概念可以看到两者具有非常密切的关系。自然环境是人类赖以生存、生活和生产所必需的、不可缺少的而又无需经过任何形式的摄取就可以利用的外界客观物质条件的总和，也即直接或间接影响人类的一切自然形成的物质及能量的总体。而自然资源是人类从自然环境因素中，经过特定形式摄取利用于生存、生活和生产所必需的各种自然组成成分。可见，自然资源是自然环境的组成部分，它在组成环境整体的结构和功能中，具有特定的作用即生态效能。如森林资源，既能完成森林生态系统中能量和物质的代谢功能，提供一定的生物产量和产物，还具有涵养水源、保持水土、净化空气、消除噪声、调节气候、保护农田草原、改善环境质量等生态效能。

因此，自然资源与自然环境是自然物质条件的两种属性、两个侧面，在一定条件下两者可以相互转化。人类赖以生存、生活和生产所需的土地、土壤、水、森林、野生动植物等自然资源，也是在特定条件下人类所需的基本自然物质条件，也就是自然环境。不仅如此，由于现代文明的出现和人类对自然认识的肤浅性和渐进性，导致环境污染和生态破坏日趋严重，为了保护人类生存、生活和生产的环境，人们已逐渐摒弃传统的对环境要素中各种自然因子的放任自流的任意利用，而是将环境因素作为资源加以开发、保护和利用，所以有人将这类环境因素称之为环境资源，如水、大气、土壤等。

资源是经济发展的基础。人类进行生产和消费的内容多种多样，但从根本上都是利用和消耗自然资源。例如人类生活所需的食物是由水、土壤和大气中的 CO_2、O_2 等自然资源通过生态系统对太阳能的转化固定所形成；占地球总生物量近 90%的森林，既是氧气的重要来源，又是国民经济许多部门的基本生产资料，如木材加工业、造纸业、建筑业等。

在社会生产发展的初级阶段，生产工具的制造完全依赖于自然资源，如石器取之于岩石，木器取之于森林，铜器来源于矿层；人类劳动的对象如土地、动植物体和水等都是自然资源，人类驯化的动物还为人类提供劳动力等。

人类利用自然资源的历史证明，把自然资源看成是取之不尽、用之不竭的观点是错误的，认为可以随心所欲无限制地利用自然资源来发展经济，只会导致自然资源的枯竭和环境的破坏，并反过来制约经济的进一步发展，因而这种发展是不可持续的。如森林的大面积滥砍滥伐、草原的过度放牧等都引起了严重的水土流失和生态破坏，不仅制约本地区的经济发展，也给下游地区的生态经济带来严重的不良影响。

大量的事实告诉人们，人类利用自然资源发展经济的同时，必须注意保护资源。要把资源的利用与保护统一起来，需防止两种错误倾向：一种是强调经济发展，忽视对自然资源的保护；另一种是过分强调自然资源的保护，而限制了经济的发展。这两种倾向对社会经济的持续发展都是不利的。只有在"保护资源，节约和合理利用资源"、"开发利用与保护增值并重"的方针和"谁开发谁保护，谁破坏谁恢复，谁利用谁补偿"的政策下，依靠科技进步挖掘资源潜力，充分提高资源的利用效率，发展资源节约型经济，坚持经济效益、社会效益和生态环境效益相统一的原则，才能实现自然资源的高效持续利用。

四、资源蕴藏量

自然资源的蕴藏量有三个不同的概念，即已探明储量、未探明储量和蕴藏量。

1. 已探明储量

已探明储量是在现有的技术条件下，其资源位置、数量和质量可以得到明确证实的储量。已探明储量可分为：① 可开采储量——在目前的经济技术水平下有开采价值的资源；② 待开采储量——储量虽已探明，但由于经济技术条件的限制，尚不具备开采价值的资源。

2. 未探明储量

未探明储量是指目前尚未探明但可以根据科学理论推测其存在或应当存在的资源。未探明储量可分为：① 推测存在的储量——可据现有科学理论推测其存在的资源；② 应当存在的资源——今后由于科学的发展可以推测其存在的资源。

3. 蕴藏量

资源蕴藏量等于已探明储量与未探明储量之和，是指地球上所有资源储量的总和。对于可耗竭资源来说，蕴藏量是绝对减少的；对于可更新资源来说，蕴藏量是一个可变量。这个概念之所以重要，是因为它代表着地球上所有有用资源的最高极限。

第二节　自然资源的利用与保护

一、矿产资源的开发利用与保护

矿产是人类社会产生与发展过程中形成的一个概念，是指在目前科技和经济条件下，可供人类开发利用的矿物（矿物质）或其集结体——岩石。《中华人民共和国矿产资源法实施细则》中指出："矿产资源是指由地质作用形成的，具有利用价值的，呈固态、液态、气态的自然资源"。矿产资源是不可再生的自然资源，一般可分为能源、金属矿物和非金属矿物三大类。

世界上矿产资源分布极不均匀。以黑色金属、有色金属、贵金属和金刚石等固体矿产为例，其资源量主要分布在世界上几个国家或地区。如全球铬矿资源储量的82%、铂族金属储量的89%和黄金储量的41%分布在南非，钨矿储量的43%和稀土金属储量的42%在我国，铅矿储量的27%分布在澳大利亚，铜矿储量的26%分布在智利。

我国是世界上为数不多的矿产资源比较丰富、矿种比较齐全配套的国家之一。目前已发现矿产168种，探明储量的矿产有153种（其中，能源矿产7种，金属矿产54种，非金属矿产89种，水气矿产3种）。已发现矿床、矿点20余万个，如果把某些建筑材料矿产，如花岗岩、砂岩等也包括在内，矿床数量将更多，平均每10 000 km^2 陆地国土面积有200多个矿床、矿点。已发现的油气田400余处，固体矿产地约2万个。40多种主要矿产探明储量的潜在经济价值居世界第三位，仅次于前苏联和美国。

矿产资源开发面临的最大挑战之一是环境问题。在开发矿产资源取得巨大经济和社会效益的同时，引发的环境污染和生态破坏日趋严重，并呈发展趋势。在世界上，一些发达国家在治理与防止由于矿产开发而引起的环境问题方面有明显的进展，在经历了先污染、后治理过程后，走向了防止与治理结合的道路。而发展中国家由于经济状况所限，大多是处于以牺牲环境来获取矿产资源，破坏环境的势头有增无减。我国目前也处于这种状态，局部有改善，总体还在恶化，具体体现在以下几个方面：大气污染，酸雨严重；水位下降，水质恶化；堆积尾矿，挤占土地，污染环境。

矿产资源是人类社会生存和发展的重要物质基础，新中国成立 60 多年来，我国矿产勘查开发取得巨大的成就，探明一大批矿产资源，建成了比较完善的矿产供应体系，矿业作为国民经济的基础产业，提供了我国所需要的 95% 的能源、80% 的工业原材料和 70% 以上的农业生产资料，为支持经济高速发展、满足人民物质生活日益增长的需求提供了广泛的资源保障，作出了重要的贡献。目前我国经济快速、持续、稳定增长，但是高耗费、高排放、高污染、低效率的粗放型经济增长方式并没有得到根本的改变。随着经济规模的迅速扩大，资源消耗速度明显加快，需求迅速增长，资源供需形势日趋严峻，进口依赖程度越来越高，对经济发展的瓶颈制约日益凸现，矿产资源长期粗放式的过度开发，特别是一个时期以来的乱采乱挖，使得生态环境脆弱，污染问题突出，资源短缺与严重浪费并存，人口、资源和环境已经成为我国社会经济可持续发展的最重要制约因素。

党在十六届三中全会提出，坚持以人为本，树立全面协调可持续的发展观，这就要求我们在经济社会发展过程中，要充分地考虑人口承担力、资源支撑力、生态环境和社会的承受力，既要考虑当前发展的需要又要考虑未来发展的需要，既要满足当代人的利益又不能够牺牲后代人的利益，既要遵循经济规律又要遵循自然规律，既要讲究经济社会效益又要讲究生态环境效益，要控制人口、节约资源、保护环境，加强生态建设，实现社会经济与人口资源环境相协调。

二、土地资源的利用与保护

土地是最基本的自然资源，是农业的根本生产资料，是矿物质的储存场所，也是人类生活和生产活动的场所以及野生动物和家畜等的栖息所。总之，土地是陆地上一切可更新资源都赖以存在或繁衍的场所，因此，土地资源的合理利用就成为各种可更新资源的保护中心。

在全球 51 000 万 km^2 的总面积中，陆地占 29.2%，约 14 000 万 km^2，其中还包括南极大陆和其他大陆上高山冰川所覆盖的土地。如果减去这部分长年被冰雪覆盖的土地，则地球上无冰雪的陆地面积约 13 000 万 km^2。其中与人类关系最大的是可耕土地。世界上现有耕地 13.7 亿公顷，约占土地总面积的 10.5%。对于世界居民而言，这些土地无疑是一个巨大的数字。用当前世界总人口 60 亿计，人均占有 2.5 公顷。

考虑到土地的质量属性，则这些数字就得大打折扣了，从农业利用的角度来看，包括土地的地理分布、土层厚度、肥力高低、水源远近、潜水埋深和地势高低、坡度大小等，这些属性对农业生产都有着不同程度的影响。从工矿和城乡建设用地的角度，还要考虑地基的稳定性、承压性能和受地质地貌灾害（火山、地震、滑坡等）、气象灾害（干旱、暴雨、大风等）威胁的程度等。在土地质量诸要素中，还有一个重要的因素即土地的通达性，包括土地离现有居民点的远近，以及道路和交通情况等因素，这些因素影响着劳动力与机械到达该土地所消耗的时间和能量。

这样一来，则陆地面积中大约有20%处于极地和高寒地区，20%属于干旱区，20%为陡坡地，还有10%的土地岩石裸露，缺少土壤和植被。这4项共占陆地面积的70%，在土地利用上存在着不同程度的限制因素，即限制性环境。其余30%土地限制性较小，适宜于人类居住，称为适居地，也就是可居住的土地，包括可耕地和住宅、工厂、交通、文教和军事用地等。按人均2.5公顷的30%计算，人均占有0.75公顷。在适居地中，可耕地占60%～70%，折合人均面积为0.45～0.53公顷。

我国是土地资源相对贫乏、土地质量较差的国家。国土面积中干旱、半干旱土地大约占一半，山地、丘陵和高原占66%，平原仅占34%。而且随着人口的不断增长，工矿、交通、城市建设用地不断增加，人均耕地不断减少。与此同时，由于人类不合理的生产活动，致使水土流失严重，土地沙化、盐渍化和草场退化面积不断扩大而损失掉大片的良田。因此，合理地利用和保护有限的土地资源是关系到我国社会、经济和生态环境可持续发展的关键。我国土地总面积居世界第三位，但人均土地面积仅为0.777公顷，相当于世界人均土地的三分之一。其中耕地面积大约占世界总耕地的7%。虽然我们用世界上7%的耕地养活了22%的人口，取得了举世瞩目的成就，但这种情况不可能无休止地维持下去。引起土地资源危机的原因既有自然因素，又有人为影响，但其最主要的因素还是人类不合理的活动，具体体现在以下几个方面：耕地减少、水土流失、土地荒漠化。

1950～1990年间，世界人口增加整整一倍，全球人均耕地也恰恰减少一半。这表明，全球人口爆炸是构成全球人均耕地减少的主要因素。

水土流失是指土壤在水的浸润和冲击作用下，结构发生破碎和松散，随水流动而散失的现象。在自然条件下，降水所形成的地表径流会冲走一些土壤颗粒。但土壤如果有森林、野草、作物或植物的枯枝落叶等良好覆盖物的保护，则这种流失的速度非常缓慢，使土壤流失的量小于母质层变为土壤的量。在过度砍伐或过度放牧引起植被破坏的地方，水土流失更是逐渐加重。当今世界森林正以每年1 800～2 000万公顷的速度从地球上消失，全世界每年有260亿t土壤耕作层流失。这种人为的植被破坏是加速水土流失的根本原因。我国水土流失总面积356万km^2，其中水蚀165万km^2，风蚀191万km^2。在水蚀和风蚀面积中，水蚀风蚀交错区土壤侵蚀面积为26万km^2。按流失强度分，全国轻度水土流失面积为162万km^2，中度为80万km^2，强度为43万km^2，极强度为33万km^2，剧烈为38万km^2。黄河每年流出三门峡的泥沙量为16亿t，个别年份最大输沙量达26.5亿t，在世界上占第一位。

荒漠化是指由于气候变异和人为活动等因素，干旱、半干旱或亚湿润地区的土地退化。根据地表形态特征和物质构成，荒漠化分为风蚀荒漠化、水蚀荒漠化、盐渍化、冻融及石漠化。目前全国荒漠化土地面积超过262.2万km^2，占国土总面积的27.3%，其中沙化土地面积为168.9万km^2。荒漠化及其引发的土地沙化已成为严重制约我国经济社会可持续发展的重大环境问题。

合理地开发利用土地资源，维持土地数量相对稳定，保持土壤肥力的久用不衰是提高社会经济效益，促进生态良性循环，保证人类生存和发展的千秋大计。

三、水资源的利用与保护

水是人类生活和生产活动不可缺少的重要资源，是经济社会可持续发展的基础。水资源是一种可以更新的自然资源。广义水资源是指地球水圈中多个环节多种形态的水。狭义水资源是指参与自然界的水循环，通过陆海间的水分交换，陆地上逐年可得到更新的淡水资源，而大气降水是其补充源。狭义水资源是人类重点调查评价、开发利用和保护的水资源。

全球总贮水量估计为13.86亿km^3，但其中淡水总量仅为0.36亿km^3。除冰川和冰帽外，可利用的淡水总量不足世界总贮水量的1%。这部分淡水与人类的关系最密切，并且具有经济利用价值。虽然在较长时间内它可以保持平衡，但在一定时间、空间范围内，它的数量却是有限的，并不像人们所想象的那样可以取之不尽、用之不竭。

地球上各种形态的水都处在不断运动与相互转换之中，形成了水循环。水循环直接涉及自然界中一系列物理、化学和生物过程，对于人类社会的生产、生活以至整个地球生态都有着重要意义。

传统意义上的水循环即水的自然循环，它是指地球上各种形态的水在太阳辐射和重力作用下，通过蒸发、水汽输送、凝结降水、下渗、径流等环节，不断发生相态转换的周而复始的运动过程，如图2-1所示。

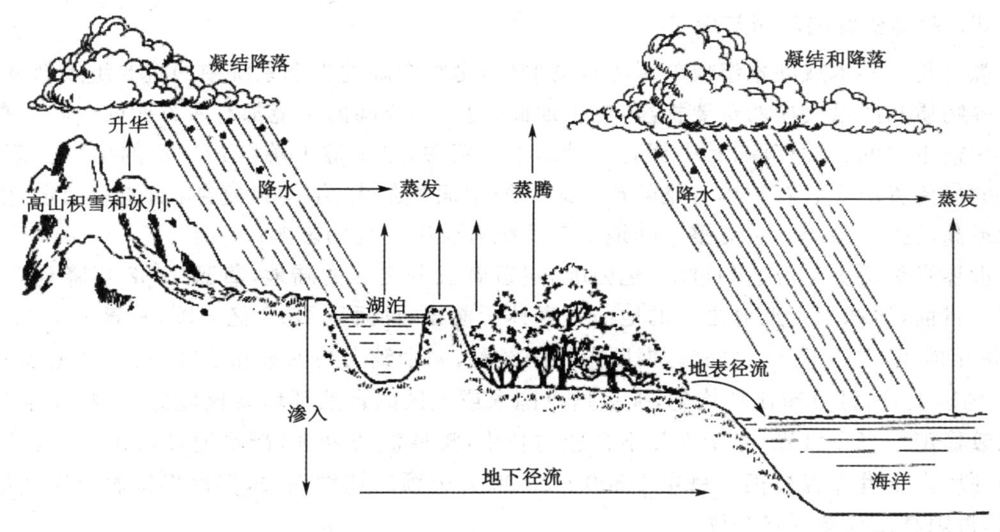

图2-1　自然水循环

水是关系人类生存发展的一项重要资源。人类社会为了生产、生活的需要，抽取附近河流、湖泊等水体，通过给水系统用于农业、工业和生活。在此过程中，部分水被消耗性使用掉，而其他则成为污、废水，需要通过排水系统妥善处理和排放。给水系统的水源和排水系统的受纳水体大多是邻近的河流、湖泊或海洋，取之于附近水体，还之于附近水体，形成另一种受人类社会活动作用的水循环，这一过程相对于水的自然循环而言，称之为水的社会循环。之所以称之为“循环”，是从天然水的资源效能角度而言的，它使附近水体中的水多次更换，多次使用，在一定的空间和一定的时间尺度上影响着水的自然循环。

千百年来，在人们的认识中水是取之不尽、用之不竭的天然源泉，因而没有引起人们的充分重视和爱惜，肆意污染和浪费。但近年来，越来越多的人已经警觉到，水资源并不像想象的那么丰富，目前这种不可持续的水资源利用方式已经对许多地区的人类生活、经济发展和生态环境造成严重的不利影响。

据联合国最近几年的统计显示:全世界淡水消耗自20世纪初以来增加了6～7倍,比人口增长速度高2倍。目前世界上有80个国家约15亿人严重的淡水不足,其中26个国家3亿多人口完全生活在缺水状态之中,据专家们估计,在2000年,大约30个国家的、占全世界20%的人口面临水资源短缺问题,到2025年,将会有大约50个国家的、占全世界30%(即23亿人)的人口面临淡水危机。在淡水消费增长的同时,淡水资源污染也日益严重。

我国水资源总量为2.8×10^{12} m^3(居世界第六位),但人均水量只有2 300 m^3左右,约为世界人均水量的四分之一(居世界第八十几位),许多地区已出现因水资源短缺影响人民生活、制约经济发展的局面。20世纪80年代以来,由于社会经济的高速发展,气候持续干旱,污染日益严重,中国不少地区出现了不断加剧的水资源短缺问题,特别是在北方及部分沿海地区,水资源的供需矛盾十分突出,已成为制约经济和社会发展的重要因素。

人类避免水资源危机所采取的行动主要有以下几方面:① 控制人口增长;② 改变观念,循环用水;③ 运用高新技术;④ 兴修水利,拦洪蓄水,植树造林,涵蓄水源;⑤ 发展水产淡水业。

四、森林资源的利用与保护

森林是由乔木或灌木组成的绿色植物群体,是整个陆地生态系统中的重要组成部分,是自然界物质和能量交换的重要枢纽,对于地面、地下和空间的生境都有多方面的影响。森林是一种极重要的自然资源,其中拥有大量的生物资源,是地球上蕴藏最丰富的生物群落,是巨大的遗传资源库。森林本身是陆地生态系统中面积最大、结构最复杂、功能最稳定、生物总量最高的生态系统。它对整个陆地生态系统有着决定性的影响。

世界森林历史上曾达到过76亿公顷,覆盖着三分之二的陆地,直到1862年降到55亿公顷。目前,地球上有五分之一的地面为森林所覆盖,总面积40.8亿公顷,总蓄积3 100亿m^3,每年能生产23亿m^3木材。据国内外的经验,一个较大的国家和地区,其森林覆盖率达到30%以上,而且分布比较均匀,那么这个国家或地区的自然环境就比较好,农牧业生产也就比较稳定。当今世界,由于人类不合理的利用,滥砍滥伐森林,严重地破坏了人类赖以生存的环境。全世界森林正以每年1 800～2 000万公顷的速度消失,据世界粮农组织卫星测定,热带雨林现仅剩9亿公顷。

据中国环境公报,我国现有林业用地26 300万公顷,森林面积15 900万公顷,活立木蓄积量1 248 800万m^3,森林蓄积量1 126 700万m^3。森林覆盖率为16.55%,比世界平均水平低10.45%;全国人均占有森林面积为0.128公顷,相当于世界人均森林面积的1/5;人均蓄积量为9.048 m^3,只有世界人均蓄积量的1/8。与前一次全国森林资源清查结果相比,森林面积、蓄积量继续保持双增长,林木的生长量大于消耗量。

森林除了给人类提供大量的直接产品外,在维护生态环境方面的功能十分突出,主要表现在以下几个方面:① 涵养水源和保持水土;② 吸收CO_2,放出O_2;③ 吸收有毒有害气体和监测大气污染;④ 驱菌和杀菌;⑤ 阻滞粉尘和减低噪声;⑥ 保护野生生物和美化环境;⑦ 防风固沙;⑧ 调节气候。

我国林业发展的总战略即总任务是:切实保护和经营好现有森林;大力造林、育林、扩大森林资源;永续、合理利用森林资源;充分发挥森林的多种功能和效益,逐步满足社会主义建设和人民生产生活的需要。

五、生物资源的利用与生物多样性保护

（一）生物资源的概念及其特性

生物资源通常指植物、动物和微生物，即可供人类利用的一切生命有机体的总和。

生物资源不同于其他自然资源，有其特殊的性质，因而在整个自然资源中起着桥梁的作用并占据中心地位。生物资源与非生物资源的本质区别在于生物资源可以不断自然更新和人为扩大繁殖，而非生物资源则不能。利用生物资源的这一特性，首先必须保护生物资源本身不断更新的生产能力，从而才有可能达到长期利用的目的。

生物资源都具有一定的地域性，即每一种生物都有其或大或小的特定的生长地理范围，而在植物里面表现得尤为突出。如巴西橡胶、可可只能在湿热带生长；瓜尔豆、牛油树只有在干热带方能生长良好；贝母、黄连只适应高海拔地区等。

生物具有遗传潜力的基因，存在于该种生物的种群之中，任何生物个体不能代表其种群的基因库。各种危及物种生存和繁殖的因素容易引发物种世代顺序的断裂，而种群的个体数减少到一定限度时，该生物的遗传基因便有丧失的危险，最终导致物种的解体。而物种的解体也就是资源的解体，因为物种绝种之后是不可能再造的。

生物与环境之间是相互作用的，它们一方面受制于环境因素，反过来又影响这些环境因素。植物在这方面的作用尤为显著。组成土壤有机物质的大部分是植物的产物；植物组成的植被具有保持水土、调节气候的作用。森林植被的恒温恒湿作用、涵养水源作用和巨大的热容量，具有保护农业生产和稳定生态环境的特殊作用。由于森林植被的破坏而造成区域气候诸要素的明显不利变化早已成为全球面临的严峻问题。

生物资源中的植物资源又有其独到之处，能直接利用太阳能，并将太阳能转换为化学能加以储存，在一定条件下释放出来或转变为热能。部分光合自养性微生物也有此功能。

（二）生物资源的利用

人类文明的早期，原始人利用生物资源主要是为了果腹，提供能量，生存繁衍。这类生物资源可归类为食用生物资源，主要有淀粉、糖料、蛋白质、油脂等各类。这类开发利用目前仍旧是人类对生物资源需求和重点研究的一个主要方面。

随着文明的发展，人们在长期与自然打交道的过程中，发现了一些动植物具有治疗某些疾病的作用，并开始了有意识的深入研究，因而利用生产资源的进程几乎同时进入了另一个阶段，所以可以说食药同源。我国对药物的利用历史源远流长，为世界医药作出了巨大贡献。在微生物中多种抗生素的发现，开创了这方面生物资源开发利用的新纪元。

在人类文明的一定阶段，生物资源在工业方面不同程度、不同规模地得到利用。但真正大规模集约化利用生物资源，还是近代工业革命之后的事。资本主义市场的不断扩大，对各种资源的需求也随之加剧。工业化对生物资源的利用目前已达到无以复加的地步，极大地改变了我们这个星球的面貌。对木材、造纸原料的需求就是一个很好的例证。近百年间，橡胶从热带雨林中原始部族中的小儿玩具一跃而成为工业重要原料和战略物资也是如此。而由于大量砍伐木材和毁林植胶已使热带雨林急剧萎缩，这不仅使区域气候诸要素发生显著的变化，也使全球生态系统产生不可逆转的不利变化。目前，利用集约化生物工程求得最大限度的商业利润已成为工业利用生物资源的一个崭新领域，也是解决人类迫在眉睫的资源危机的新世纪曙光。

人类在文明的成长过程中，审美意识逐渐增强，逐步懂得利用生物资源美化环境，历史

悠久的名贵花木、艳丽贝壳的室内装饰就是很好的例证。懂得利用生物资源进行环境改造则是人们在长期的生产实践中逐步摸索出来的,如利用植物防风固沙、改良环境、固氮增肥、改良土壤等。真正具有环保眼光,有意识地合理利用这一套生物资源则是比较近代的事物,如利用生物进行环境监测和抗污染等。这是生物科学发展到一定程度后开始的利用生物资源的一个高级历史进程。根据遗传学观点,每个物种都有自己的遗传特性;不同的遗传特性均应视为不同的种质。生物种质资源主要是指有用生物的种质资源。各种有用生物均隶属于相应分类等级的科、属、种,往往具有大量的近缘属种。长期栽培的植物、驯化的动物和有用微生物菌株,由于人为地定向培育皆具不同程度的特性,与其野生类型和不同区域形成的变型相比,往往具有不同程度的特性,构成了生物种质资源多样性的一个方面。

收藏、研究这些种质资源,对人类十分有益。国际上很多研究中心、机构都建立了各种相应的收藏种质资源的"种子库"或"种子银行"、"精卵库"、"细胞库"、"菌株库"乃至分子水平的"基因库",利用不同种质进行杂交,以期获得满足人们不同需求的新品种,获得了各种成功。特别是目前以 DNA 克隆、杂交、定向移植、异体表达等新技术为标志的生物基因工程的应用,在生物种质资源的收藏、研究和利用方面显示出极富魅力的前景。然而,由于植被的破坏和环境的恶化,当今世界种质的损失日趋严重,种质的消失是不能再造的。国际上十分重视生物种质的保护,成立了许多机构,提出了相应的行动纲领。

(三)生物多样性的保护

生物多样性是指活的有机体(包括植物、动物、微生物)的种类、变异及其生态系统的复杂性程度,它通常包含三个不同层次的多样性:一是遗传多样性,它是指遗传信息的总和,包含栖居于地球的植物、动物和微生物个体的基因;二是物种多样性,是指地球上生命有机体的多样化,估计在 500～5 000 万种之间;三是生态系统的多样性,与生物圈中的生境、生物群落和生态过程的多样化有关,也与生态系统内部由于生境差异和生态过程的多样化所引起的极其丰富的多样化有关。

生物多样性的重要性体现在以下几方面:① 为人类提供食物来源。人类的主要食物即作物、家禽、家畜均源自野生祖型。② 为人类提供药物来源。发展中国家 80%的人依靠野生动植物来源的药物治病,发达国家 40%以上的药物依靠自然资源。③ 为人类提供各种工业原料。如木材、纤维、橡胶、造纸原料、天然淀粉、油脂等。④ 生物多样性保存了物种的遗传基因。为人类繁殖良种提供了遗传材料,用它作为外源基因,可培养出更多、更有价值的生物新品种。⑤ 生物多样性为维护自然界生态平衡、保持水土、促进重要营养元素的物质循环等方面起着重要作用。

生物多样性的保护方法分四种:一是就地保护,大多是建立自然保护区,比如卧龙大熊猫自然保护区等;二是迁地保护,大多转移到动物园或植物园,比如,水杉种子带到南京的中山陵植物园种植等;三是开展生物多样性保护的科学研究,制定生物多样性保护的法律和政策;四是开展生物多样性保护方面的宣传和教育。

其中最重要的是就地保护,可以免去人力、物力和财力消耗,对人和自然都有好处。就地保护利用原生态的环境使被保护的生物能够更好地生存,不用再花时间去适应环境,能够保证动物和植物原有的特性。

政府有关部门重视对生物资源的有效保护。2003 年 1 月,中国科学院倡导启动一项濒危植物抢救工程,计划在 15 年内将所属 12 个植物园保护的植物种类从 1.3 万种增加到2.1

万种，并建立总面积为458 km^2 的世界最大的植物园。此项工程中，用于收集珍稀濒危植物的资金达3亿多元，将以秦岭、武汉、西双版纳和北京等地为中心建设基因库。

拯救濒危野生动物工程也初见成效，全国已建立250个野生动物繁育中心，专项实施大熊猫、朱鹮等七大物种拯救工程。目前，被视为中国“国宝”、也被称为动物“活化石”的大熊猫野生种群数量保持在1 000只以上，生存环境继续得到良好改善；朱鹮种群数量由7只增加到250只左右，濒危状况得以进一步缓解；扬子鳄的人工饲养数量接近1万条；海南坡鹿由26只增加到700多只；遗鸥种群数量由2 000只增加到1万多只；难得一见的老虎也不时在东北、华东和华南地区现身；对白暨豚人工繁殖的研究正在加速进行，由于坚持不懈地打击盗猎，加上国际社会多个动物保护组织的配合，曾遭受疯狂非法屠杀致使其数量急剧下降的藏羚羊得以休养生息，目前数量稳定在7万只左右。

六、海洋资源的利用与保护

海洋约占地球面积的71%，贮水量为13.7亿 km^3，占地球总水量的77.2%。它不仅起着调节陆地气候，为人类提供航行通道的作用，而且蕴藏着丰富的资源。自从人类出现以来，海洋就成为人类获取资源的宝库。人类对海洋的开发和利用越来越受到重视。海洋中一切可被人类利用的物质和能量都叫海洋资源，预计在21世纪，海洋将成为人类获取蛋白质、工业原料和能源的重要场所。

海洋中有80余种元素，尤其是Na^+、K^+、Cl^-、I^-、Br^-等非常丰富，每立方千米海水中含NaCl 12 000多万吨，据预测如果将渤海海水中的氯化钠全部提取出来足有583亿t，够10亿人吃10万年。在1 000 t海水中，可提取32 t食盐、3 t氢氧化镁、4 t芒硝、0.5 t钾、65 g溴、26 g硼、3 g铀、170 g锂，所制得的食盐是化工上制取纯碱、烧碱、盐酸、氯及各种氯化物的原料。镁在海水中的含量也很高，浓度可达1.29 g/m^3，仅次于氯和钠，居第三位。海盐产量高的国家多利用制盐的苦卤($MgCl_2$)生产各种镁化物(生产1 t食盐可得0.5 t苦卤)，或直接从海水中提取镁盐。镁和镁盐是工业和国防上的重要原料，主要用于铝镁合金、照相材料、镁光弹、焰火、制药和钙镁磷肥料等。

海底石油的中国大陆架藏量尤为丰富。因受太平洋板块和欧亚板块挤压的应力作用，中国的大陆架都属陆缘的现代凹陷区，在中、新生代发育了一系列的断裂带，形成许多沉积盆地。中国大陆长江、黄河、珠江等大河挟带大量有机质泥沙入海，使这些盆地形成几千米厚的沉积层，伴随地壳构造运动产生大量热能加速有机物转化为石油，成为今天的大陆架油气田。自北向南由渤海起经黄海、东海至冲绳、台西南、珠江口、琼东南、北部湾、曾母暗沙等16个以新生代沉积物为主的中、新生代沉积盆地，这些中国大陆架盆地面积之广、沉积物之厚、油气资源之丰富在各大洋中是少见的。据估计，中国近海石油与中国陆地石油储量相当约40亿～150亿t(300亿～1 120亿桶)。其中渤海、黄海各为7.47亿t(56亿桶)、东海为17亿t(128亿桶)、南海(包括台湾海峡)为11亿t(80亿桶)，钓鱼岛周围东海大陆架海域亦储藏丰富的石油，据估计有几十亿吨。

在滨海的砂层中，因长期经受地壳运动和海水筛分作用，为形成各种金属和非金属矿床创造了有利条件，常蕴藏着大量的金刚石、砂金、砂铂、石英以及金红石、锆石、独居石、钛铁矿等稀有金属，因为它们在滨海地带富集成矿，所以称“滨海砂矿”。近几十年内发现并开采的深海锰矿，是一种含Mn、Fe、Cu、Ni、Co等二十几种金属元素经济价值很高的矿瘤。地质学家称之为锰结核矿，是一种含锰品位很高的富矿。它在大洋海底，据测算仅太平洋底就有数千亿吨，它所含的锰矿，按目前消耗水平，以每年 140×10^{4} t 计算可以供应 14 万年。

汹涌澎湃的海洋永远不会停息，真正拥有用之不竭的动力资源。目前正在研究利用的海洋动力资源有潮汐发电、海浪发电、温差发电、海流发电、海水浓差发电和海水压力差的能量利用等，通称为海洋能源。其中潮汐发电应用较为普遍，并具有较大规模的实用意义。

中国沿海和近海的海洋能蕴藏量估计为 10.4 亿 kW，其中潮汐能1.9 亿 kW、海浪能1.5 亿 kW、温差能 5.0 亿 kW、海流能 1.0 亿 kW、盐差能 1.0 亿 kW。可开发利用的装机容量潮汐能为 2 000 万 kW，海浪能为 3 000 万～3 500 万 kW。海洋能与其他能源比较，具有资源丰富、不会污染、占地少、可综合利用等优点。它的不足之处是密度小、稳定性差、设备材料及技术要求高、开发利用工艺复杂、成本高等。然而由于石化燃料和煤等不可再生能源对环境污染造成严重的挑战，所以海洋可再生能源的开发利用是人类新能源开发的曙光。

海洋的污染是由于人类的活动改变了海洋原来的状态，使人类和生物在海洋中的各种活动受到不利的影响。由于海水水量之巨大和海浪波涛之澎湃，一般的污染在大洋中容易驱散，通过大海得到自净。同时因为海洋容量非常大，以至包括海洋深层的海水循环一周需要数百年，因此海洋遭受的重型污染影响海洋机能所潜在的危机可能暂不易发现，一旦出现问题，可能就非人类力量所能解决的了。海洋污染的主要表现有赤潮、黑潮和原油泄漏造成海湾大面积污染。

20 世纪中期，从 1954 年《国际防止海上油污公约》开始，到目前已建立了为数众多的公约，但迄今为止，真正履行仍然非常困难。近年来海上巨型油轮事故泄漏原油使海洋生态遭受严重污染的事件不断发生。近十年来的海湾战争大量原油流入海洋等已使人触目惊心。所以，海洋环境生态保护确实任重道远，国与国之间在公海发生大片油污染事件连国际法庭也望油兴叹！但即使如此，国际公约还是目前保护海洋生态环境的唯一出路。

第三节　能源与环境

一、能源的分类

能源的种类繁多，随着能源研究的发展和技术的进步，更多新型的能源被开发利用，使得能源种类在不断增加。能源的分类有许多形式。世界能源委员会推介的能源分类为：固体燃料、液体燃料、水能、核能、电能、太阳能、生物质能、风能、海洋能和地热能等。

1. 固体燃料

固体燃料是呈固态的化石燃料、生物质燃料及其加工处理所得的固态燃料，能产生热能或动力的固态可燃物质，大多含有碳或碳氢化合物。天然的有木材、泥煤、褐煤、烟煤、无烟煤、油页岩等。经过加工而成的有木炭、焦炭、煤砖、煤球等。此外，还有一些特殊品种，如固体酒精、固体火箭燃料。与液体燃料或气体燃料相比，一般固体燃料燃烧较难控制，效率较低，灰分较多。可直接用做燃料，也可用做制造液体燃料和气体燃料的原料或化工产品的原料。

2. 液体燃料

液体燃料是在常温下为液态的天然有机燃料及其加工处理所得的液态燃料，能产生热能或动力的液态可燃物质，主要含有碳氢化合物或其混合物。天然的有天然石油或原油。

加工而成的有由石油加工而得的汽油、煤油、柴油、燃料油等，用油页岩干馏而得的页岩油，以及由一氧化碳和氢合成的人造石油等。液体的燃料相比固体燃料有下列优点：① 比具有同量热能的煤约轻 30%，所占空间约少 50%；② 可贮存在离炉子较远的地方，贮油柜可不拘形式，贮存便利还胜过气体燃料；③ 可用较细管道输送，所费人工也少；④ 燃烧容易控制；⑤ 基本上无灰分。液体燃料用于内燃机和喷气机等。可用做制造油气和增碳水煤气的原料，也可用做有机合成工业的原料。

固体煤变成油通常有直接液化和间接液化两种方法。煤的直接液化又称“加氢液化”，主要是指在高温高压和催化剂作用下，对煤直接催化加氢裂化，使其降解和加氢转化为液体油品的工艺过程；煤的间接液化是先将煤气化，生产出原料气，经净化后再进行合成反应，生成油的过程。煤直接液化就是用化学方法，把氢加到煤分子中，提高它的氢碳原子比。在煤直接液化过程中，催化剂是降低生产成本和降低反应条件苛刻度的关键。

3. 水能

水能是天然水流蕴藏的位能、压能和动能等能源资源的统称。采用一定的技术措施，可将水能转变为机械能或电能。水能资源是一种自然能源，也是一种可再生资源。构成水能能源的最基本条件是水流和落差（水从高处降落到低处时的水位差），流量大，落差大，所包含的能量就大，即蕴藏的水能资源大。全世界江河的理论水能资源为 48.2 万亿 kW·h/a，技术上可开发的水能资源为 19.3 万亿 kW·h。中国的江河水能理论蕴藏量为 6.91 亿 kW·h/a，每年可发电 6 万多亿 kW·h，可开发的水能资源约 3.82 亿 kW·h，年发电量 1.9 万亿 kW·h。水能是清洁的可再生能源，但和全世界能源需要量相比，水能资源仍很有限。

4. 核能

核能是由于原子核内部结构发生变化而释放出的能量。核能通过三种核反应之一释放：① 核裂变，打开原子核的结合力；② 核聚变，原子的粒子熔合在一起；③ 核衰变，自然的慢得多的裂变形式。核聚变是指由质量小的原子，主要是指氘或氚，在一定条件下（如超高温和高压），发生原子核互相聚合作用，生成新的质量更重的原子核，并伴随着巨大的能量释放的一种核反应形式。原子核中蕴藏巨大的能量，原子核的变化（从一种原子核变化为另外一种原子核）往往伴随着能量的释放。如果是由重的原子核变化为轻的原子核，叫核裂变，如原子弹爆炸；如果是由轻的原子核变化为重的原子核，叫核聚变，如太阳发光发热的能量来源。相比核裂变，核聚变几乎不会带来放射性污染等环境问题，而且其原料可直接取自海水中的氘，来源几乎取之不尽，是理想的能源方式。

5. 电能

电能是表示电流做多少功的物理量，指电以各种形式做功的能力（所以有时也叫电功）。它分为直流电能、交流电能，这两种电能均可相互转换。电能是无限能源。日常生活中使用的电能主要来自其他形式能量的转换，包括水能（水力发电）、内能（俗称热能，火力发电）、原子能（原子能发电）、风能（风力发电）、化学能（电池）及光能（光电池、太阳能电池等）等。电能也可转换成其他所需能量形式。它可以有线或无线的形式做远距离的传输。

6. 太阳能

太阳能是太阳以电磁辐射形式向宇宙空间发射的能量，是太阳内部高温核聚变反应所释放的辐射能，其中约二十亿分之一到达地球大气层，是地球上光和热的源泉。自地球形成生物就主要以太阳提供的热和光生存，而自古人类也懂得以阳光晒干物件，并作为保存食物的方法，如制盐和晒咸鱼等。但在化石燃料减少情况下，才有意把太阳能进一步发展。太阳能的利用有被动式利用(光热转换)和光电转换两种方式。太阳能发电是一种新兴的可再生能源。广义上的太阳能是地球上许多能量的来源，如风能、化学能、水的势能等。

7. 生物质能

生物质能是绿色植物通过叶绿素将太阳能转化为化学能存储在生物质内部的能量。它直接或间接地来源于绿色植物的光合作用，可转化为常规的固态、液态和气态燃料，取之不尽、用之不竭，是一种可再生能源，同时也是唯一一种可再生的碳源。生物质能的原始能量来源于太阳，所以从广义上讲，生物质能是太阳能的一种表现形式。有机物中除矿物燃料以外的所有来源于动植物的能源物质均属于生物质能，通常包括木材、森林废弃物、农业废弃物、水生植物、油料植物、城市和工业有机废弃物、动物粪便等。地球上的生物质能资源较为丰富，而且是一种无害的能源。地球每年经光合作用产生的物质有 1 730 亿 t，其中蕴含的能量相当于全世界能源消耗总量的 10～20 倍，但目前的利用率不到 3%。

8. 风能

风能是空气流动所具有的能量。由于地面各处受太阳辐照后气温变化不同和空气中水蒸气的含量不同，因而引起各地气压的差异，在水平方向高压空气向低压地区流动，即形成风。风能资源取决于风能密度和可利用的风能年累积小时数。风能密度是单位迎风面积可获得的风的功率，与风速的三次方和空气密度成正比关系。据估算，全世界的风能总量约 1 300 亿 kW，中国的风能总量约 16 亿 kW。

9. 海洋能

海洋能是蕴藏在海洋中的可再生能源，包括潮汐能、波浪能、海流及潮流能、海洋温差能和海洋盐度差能。海洋通过各种物理过程接收、储存和散发能量，这些能量以潮汐、波浪、温度差、盐度梯度、海流等形式存在于海洋之中。地球表面积约为 5.1×10^8 km^2，其中陆地表面积为 1.49×10^8 km^2；海洋面积达 3.61×10^8 km^2。以海平面计，全部陆地的平均海拔约为 840 m，而海洋的平均深度却为 380 m，整个海水的容积多达 1.37×10^9 km^3。一望无际的大海，不仅为人类提供航运、水源和丰富的矿藏，而且还蕴藏着巨大的能量，它将太阳能以及派生的风能等以热能、机械能等形式蓄在海水里，不像在陆地和空中那样容易散失。海洋能有三个显著特点：① 蕴藏量大，并且可以再生不绝。② 能流的分布不均、密度低。③ 能量多变、不稳定。

10. 地热能

地热能即地球内部隐藏的能量，是驱动地球内部一切热过程的动力源，其热能以传导形式向外输送。地球内部的温度高达 7 000 ℃，而在 80～100 km 的深度处，温度会降至 650～1 200 ℃。透过地下水的流动和熔岩涌至离地面 1～5 km 的地壳，热力得以被转送至较接近地面的地方。高温的熔岩将附近的地下水加热，这些加热了的水最终会渗出地面。运用地热能最简单和最合乎成本效益的方法，就是直接取用这些热源，并抽取其能量。地热能是可再生资源。地热发电实际上就是把地下的热能转变为机械能，然后再将机械能转变为电能的能量转变过程。目前开发的地热资源主要是蒸汽型和热水型两类。

二、世界能源消费现状和趋势

能源是人类社会发展的重要基础资源。随着世界经济的发展、世界人口的剧增和人民生活水平的不断提高，世界能源需求量持续增大，由此导致对能源资源的争夺日趋激烈、环境污染加重和环保压力加大。近几年出现的“油荒”、“煤荒”和“电荒”以及前一阶段国际市场高油价加重了人们对能源危机的担心，促使人们更加关注世界能源的供需现状和趋势，也更加关注中国的能源供应安全问题。

（一）世界能源消费现状及特点

① 受经济发展和人口增长的影响，世界一次能源消费量不断增加。随着世界经济规模的不断增大，世界能源消费量持续增长。1990 年世界国内生产总值为 26.5 万亿美元（按 1995 年不变价格计算），2000 年达到 34.3 万亿美元，年均增长 2.7%。根据多年《BP 世界能源统计 2010》，1973 年世界一次能源消费量仅为 57.3 亿 t 油当量，2003 年为 97.4 亿 t 油当量，2010 年已达到 120.02 亿 t 油当量，过去近 40 年来，世界能源消费量年均增长率为1.9%左右。

② 世界能源消费呈现不同的增长模式，发达国家增长速率明显低于发展中国家。过去几十年来，北美、中南美洲、欧洲、中东、非洲及亚太等六大地区的能源消费总量均有所增加，但是经济、科技比较发达的北美洲和欧洲两大地区的增长速度非常缓慢，其消费量占世界总消费量的比例也逐年下降。其主要原因，一是发达国家的经济发展已进入到后工业化阶段，经济向低能耗、高产出的产业结构发展，高能耗的制造业逐步转向发展中国家；二是发达国家高度重视节能与提高能源使用效率。

③ 世界能源消费结构趋向优质化，但地区差异仍然很大。自 19 世纪 70 年代的产业革命以来，化石燃料的消费量急剧增长。初期主要是以煤炭为主，进入 20 世纪以后，特别是第二次世界大战以来，石油和天然气的生产与消费持续上升，石油于 20 世纪 60 年代首次超过煤炭，跃居一次能源的主导地位。虽然 20 世纪 70 年代世界经历了两次石油危机，但世界石油消费量却没有丝毫减少的趋势。此后，石油、煤炭所占比例缓慢下降，天然气的比例上升。同时，核能、风能、水力、地热等其他形式的新能源逐渐被开发和利用，形成了目前以化石燃料为主和可再生能源、新能源并存的能源结构格局。到 2010 年年底，化石能源仍是世界的主要能源，在世界一次能源供应中约占 87.0%，其中，石油占 33.6%、煤炭占 29.6%、天然气占 23.8%。非化石能源和可再生能源虽然增长很快，但仍保持较低的比例，约为 13.0%。

由于中东地区油气资源最为丰富、开采成本极低，故中东能源消费的 97%左右为石油和天然气，该比例明显高于世界平均水平，居世界之首。在亚太地区，中国、印度等国家煤炭资源丰富，煤炭在能源消费结构中所占比例相对较高，其中中国能源结构中煤炭所占比例高达 68%左右，故在亚太地区的能源结构中，石油和天然气的比例偏低（约为 47%），明显低于世界平均水平。除亚太地区以外，其他地区石油、天然气所占比例均高于 60%。

④ 世界能源资源仍比较丰富，但能源贸易及运输压力增大。根据《BP 世界能源统计 2010》，截至 2010 年年底，全世界剩余石油探明可采储量为 1 888.8 亿 t，同比增长 0.5%。其中，中东地区占 55%，北美洲占 5%，中、南美洲占 17%，欧洲占 10%，非洲占 10%，亚太地区占 3%。中东地区需要向外输出约 8.8 亿 t，非洲和中南美洲的石油产量也大于消费量，而亚太、北美和欧洲的产销缺口却很大。

煤炭资源的分布也存在巨大的不均衡性。截至 2010 年年底，世界煤炭剩余可采储量为 8 609 亿 t，储采比高达 192（年），欧洲、北美和亚太三个地区是世界煤炭主要分布地区，三个地区合计占世界总量的 92%左右。同期，天然气剩余可采储量为 187.1 万亿 km^3，储采比达到 59%。中东和东欧地区是世界天然气资源最丰富的地区，两个地区占世界总量的

71.8%，而其他地区的份额仅为2%～8%。随着世界一些地区能源资源的相对枯竭，世界各地区及国家之间的能源贸易量将进一步增大，能源运输需求也相应增大，能源储运设施及能源供应安全等问题将日益受到重视。

（二）世界能源供应和消费趋势

根据美国能源信息署（EIA）最新预测结果，随着世界经济、社会的发展，未来世界能源需求量将继续增加，预计，2020年世界能源需求量将达到128.89亿t油当量，2025年达到136.50亿t油当量，年均增长率为1.2%。欧洲和北美洲两个发达地区能源消费占世界总量的比例将继续呈下降的趋势，而亚洲、中东、中南美洲等地区将保持增长态势。伴随着世界能源储量分布集中度的日益增大，对能源资源的争夺将日趋激烈，争夺的方式也更加复杂，由能源争夺而引发冲突或战争的可能性依然存在。

随着世界能源消费量的增大，二氧化碳、氮氧化物、灰尘颗粒物等环境污染物的排放量逐年增大，化石能源对环境的污染和全球气候的影响将日趋严重。据EIA统计，1990年世界二氧化碳的排放量约为215.6亿t，2001年达到239.0亿t，预计2025年将达到371.2亿t，年均增长1.85%。

面对以上挑战，未来世界能源供应和消费将向多元化、清洁化、高效化、全球化和市场化方向发展。

1. 多元化

世界能源结构先后经历了以薪柴为主、以煤为主和以石油为主的时代，现在正在向以天然气为主转变，同时，水能、核能、风能、太阳能也正得到更广泛的利用。可持续发展、环境保护、能源供应成本和可供应能源的结构变化决定了全球能源多样化发展的格局。天然气消费量将稳步增加，在某些地区，燃气电站有取代燃煤电站的趋势。未来，在发展常规能源的同时，新能源和可再生能源将受到重视。2003年初英国政府首次公布的《能源白皮书》确定了新能源战略，到2010年，英国的可再生能源发电量占英国发电总量的比例要从目前的3%提高到10%，到2020年达到20%。

2. 清洁化

随着世界能源新技术的进步及环保标准的日益严格，未来世界能源将进一步向清洁化的方向发展，不仅能源的生产过程要实现清洁化，而且能源工业要不断生产出更多、更好的清洁能源，清洁能源在能源总消费中的比例也将逐步增大。在世界消费能源结构中，煤炭所占的比例将由目前的26.47%下降到2025年的21.72%，而天然气将由目前的23.94%上升到2025年的28.40%，石油的比例将维持在37.60%～37.90%的水平。同时，过去被认为是“脏”能源的煤炭和传统能源薪柴、秸秆、粪便的利用将向清洁化方面发展，洁净煤技术（如煤液化技术、煤气化技术、煤脱硫脱尘技术）、沼气技术、生物柴油技术等将取得突破并得到广泛应用。一些国家，如法国、奥地利、比利时、荷兰等已经关闭其国内的所有煤矿而发展核电，他们认为核电就是高效、清洁的能源，能够解决温室气体的排放问题。

3. 高效化

世界能源加工和消费的效率差别较大，能源利用效率提高的潜力巨大。随着世界能源新技术的进步，未来世界能源利用效率将日趋提高，能源强度将逐步降低。

4. 全球化

由于世界能源资源分布及需求分布的不均衡性，世界各个国家和地区已经越来越难以依靠本国的资源来满足其国内的需求，越来越需要依靠世界其他国家或地区的资源供应，世界贸易量将越来越大，贸易额呈逐渐增加的趋势。以石油贸易为例，世界石油贸易量由1985年的12.2亿t增加到2000年的21.2亿t和2002年的21.8亿t，年均增长率约为3.46%，超过同期世界石油消费1.82%的年均增长率。在可预见的未来，世界石油净进口量将逐渐增加，年均增长率达到2.96%。预计2020年将达到4 080万桶/d，2025年将达到4 850万桶/d。世界能源供应与消费的全球化进程将加快，世界主要能源生产国和能源消费国将积极加入到能源供需市场的全球化进程中。

5. 市场化

由于市场化是国际经济的主体，特别是世界各国市场化改革进程的加快，世界能源利用的市场化程度越来越高，世界各国政府直接干涉能源利用的行为将越来越少，而政府为能源市场服务的作用则相应增大，特别是在完善各国、各地区的能源法律法规并提供良好的能源市场环境方面，政府将更好地发挥作用。当前，俄罗斯、哈萨克斯坦、利比亚等能源资源丰富的国家，正在不断完善其国家能源投资政策和行政管理措施，这些国家能源生产的市场化程度和规范化程度将得到提高，有利于境外投资者进行投资。

三、中国能源的特点和发展趋势

（一）中国能源的特点

从中国能源资源的总体情况看，其特点可以概括为：总量较丰、人均较低、分布不均、开发较难。因此，我国的能源呈现如下特征。

① 总量比较丰富。化石能源和可再生能源资源较为丰富。其中，煤炭占主导地位。2006年，煤炭保有资源量10 345亿t，剩余探明可采储量约占世界的13%，列世界第三位。油页岩、煤层气等非常规化石能源储量潜力比较大。水力资源理论蕴藏量折合年发电量为6.19万亿kW·h，经济可开发年发电量约1.76万亿kW·h，相当于世界水力资源量的12%，列世界首位。

② 人均拥有量较低。煤炭和水力资源人均拥有量相当于世界平均水平的50%，石油、天然气人均资源量仅相当于世界平均水平的1/15左右。耕地资源不足世界人均水平的30%，生物质能源开发也受到制约。

③ 赋存分布不均。煤炭资源主要赋存在华北、西北地区，水力资源主要分布在西南地区，石油、天然气资源主要赋存在东、中、西部地区和海域。而我国主要能源消费区集中在东南沿海经济发达地区，资源赋存与能源消费地域存在明显差别。

④ 开发难度较大。与世界能源资源开发条件相比，中国煤炭资源地质开采条件较差，大部分储量需要井工开采，极少量可供露天开采。石油、天然气资源地质条件复杂，埋藏深，勘探开发技术要求较高。未开发的水力资源多集中在西南部的高山深谷，远离负荷中心，开发难度和成本较大。非常规能源资源勘探程度低，经济性较差。

（二）中国能源的发展趋势

伊拉克战争、哥本哈根气候会议的召开都毫无疑问地说明能源、环境、经济等各方面的发展需求与制约，世界终端能源结构必将发生很大的变化，总的发展趋势为：通过管网输送的能源（电力、热、氢等）增多，固化能源（煤、生物质等）和液化能源比例下降。

我国煤炭剩余可开采储量为900亿t，可供开采不足百年；石油剩余可开采储量为

23 亿 t，仅可供开采 14 年；天然气剩余可开采储量为 6 310 亿 m^3，可供开采不过 32 年。

到 2020 年，我国人口按 14 亿～15 亿计算，则需要 26 亿～28 亿 t 标准煤，由此可推测在 2020 年前我国的能源结构不会有太大变化，仍以煤、石油、天然气为主，但其消费比例中下降的部分会被新能源(水电、风能、核能等)所代替。

到 2050 年，人口按 15 亿～16 亿计算，则需 35 亿～40 亿 t 标准煤，煤炭资源量能够满足需求量，但是石油就主要依靠进口。新能源中水电由于是清洁能源而且我国水能资源理论储藏量近 7 亿 kW・h，占我国常规能源资源量的 40%，是仅次于煤炭资源的第二大能源资源，可推测在 2020～2050 年间我国能源还是以煤为主，水电消费比例逐渐排升到第二位，石油、天然气将逐渐被其他能源取代。

由于我国煤炭的开采大部分属于掠夺性开采，估计到 2100 年煤炭资源已贫缺。而由于科技的高速发展，太阳能、水能、风能、核能等新型能源的利用将更为普遍，更为高效，而且太阳能作为取之不尽、用之不竭的能源是能源开发的首选资源。我国 2/3 的国土属于太阳能丰富区，全国陆地每年接受的太阳辐射能相当于 70 300 亿 GJ。

可预测在 2050～2100 年，我国的能源结构会有很大的调整，并能更好的完善，会以太阳能为主要能源，水能、风能、核能也会相继提升消费比例，而石化能源将逐渐被取代。

中国有自己的国情，中国能源资源储量结构的特点及中国经济结构的特色决定在可预见的未来，我国以煤炭为主的能源结构将不大可能改变，我国能源消费结构与世界能源消费结构的差异将继续存在，这就要求中国的能源政策，包括在能源基础设施建设、能源勘探生产、能源利用、环境污染控制等方面的政策应有别于其他国家。鉴于我国人口多、能源资源特别是优质能源资源有限，以及正处于工业化进程中等情况，应特别注意依靠科技进步和政策引导，提高能源效率，寻求能源的清洁化利用，积极倡导能源、环境和经济的可持续发展。

为保障能源安全，我国一方面应借鉴国际先进经验，完善能源法律法规，建立能源市场信息统计体系，建立我国能源安全的预警机制、能源储备机制和能源危机应急机制，积极倡导能源供应在来源、品种、贸易、运输等方面的多元化，提高市场化程度；另一方面应加强与主要能源生产国和消费国的对话，扩大能源供应网络，实现能源生产、运输、采购、贸易及利用的全球化。

思考题

1. 试说明自然资源的特点。自然资源应如何分类？
2. 试阐述自然资源与环境和人类的关系。
3. 说明自然资源蕴藏量的不同概念，并阐述相互的关系。
4. 我国矿产资源有什么特点？
5. 试分析我国土地资源的现状和面临的压力。
6. 水资源是一种可以更新的自然资源，为什么人类又面临缺水的严重挑战？
7. 什么是生物多样性？
8. 能源有哪些分类？什么是生物质能？
9. 试阐述世界能源消费现状和趋势。
10. 中国能源有什么特征？并说明其发展趋势。

第三章　大气环境保护

空气是人类和所有生命体赖以生存的基本条件之一，如果没有空气，人类就无法生存，植物就无法进行光合作用。如果空气被污染，混入许多有毒、有害物质，这些物质就会直接危害人体健康和生态系统。随着经济的快速增长，人类对环境的作用日益增强，大气(空气)污染问题也愈加严峻。大气污染对人的影响不同于水污染和土壤污染，它不仅时间长，而且范围广(既有地域性，更有全球性的影响，例如温室效应、酸雨、臭氧层破坏等问题)。世界上发生过的严重“公害事件”中，大多数是大气污染造成的。因此，研究大气污染问题在目前就显得更加迫切。

第一节　大气与大气污染

一、大气圈结构

大气圈又叫大气层。大气圈的范围是有限的，但其最外层边界很难确定。一般认为，从地球表面到高空 1 000～1 400 km，可看做是大气层的厚度，超过 1 400 km 就是宇宙空间了。观测证明，大气在垂直方向上的温度、物质组成与物理性质有显著的差异。根据大气温度垂直分布的特点，大气结构可分为五层，如图 3-1 所示。

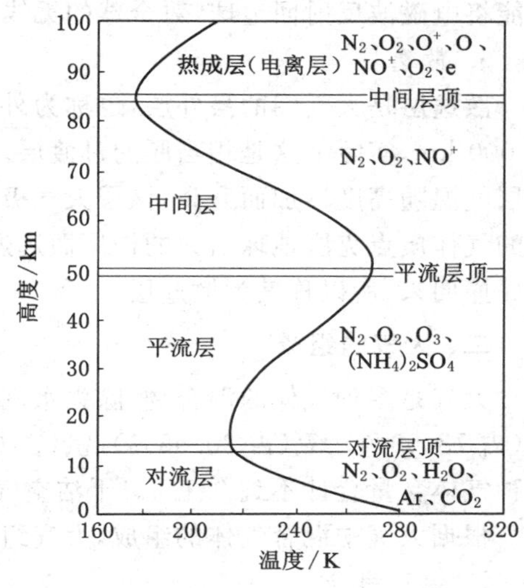

图 3-1　大气圈层状结构

1. 对流层

对流层是地球大气圈中最下部的一层，底界是地面。对流层内具有强烈的空气对流作用，强度因纬度而异。一般对流作用在低纬度较强、高纬度较弱，所以对流层的厚度从赤道向两极减小，在低纬度地区为 17～18 km，高纬度地区为 8～9 km，其平均厚度约为 12 km。对流层的上界称为“对流层顶”，是厚约几百米到 1～2 km 的过渡层。对流层相对大气层总厚度而言很薄，但其空气质量却占整个大气质量的 3/4。

由于对流层不能直接从太阳光得到热能，只能从地面反射得到热能，因而该层大气温度随高度升高而降低，平均高度每升高 100 m 约降低 0.65 ℃。对流层中存在着极其复杂的气象条件，地面水蒸气、尘埃和微生物等进入此层，将形成雨、雪、雾、霜、露、云、扬尘等一系列现象。

另外，人类活动排放的污染物主要聚集在对流层中，大气污染也主要发生在这一层。因此，对流层与人类关系最密切，其状况对人类健康和生态系统影响最大，特别是靠近地面的 1～2 km 范围内。

2. 平流层

对流层之上是平流层。这一层空气比较干燥，几乎没有水汽和尘埃，性质非常稳定，不存在雨、雪等大气现象，是现代超音速飞机飞行的理想场所。平流层高度约 50～55 km，厚度约为 38 km。平流层的温度先是随高度增加变化很小，到 30～35 km 高度温度约为 −55 ℃，再向上温度则随高度的上升而增加，到平流层顶升至 −3 ℃以上。引起这一层空气温度随高度升高而上升的主要原因，是由于该层中臭氧能够强烈吸收来自太阳的紫外线，分解成分子氧和原子氧，这些分子氧和原子氧又能很快地重新结合生成臭氧，释放出大量的热能。这样，阳光自上射入加热，所以高度愈高，气温就愈高。

3. 中间层

由平流层顶至 85 km 高处范围内的大气称为中间层，其厚度约 35 km。由于该层中没有臭氧这一类可直接吸收太阳辐射能量的组分，因此其温度垂直分布的特点是气温随高度的增加而迅速降低，中间层顶温度可降到 −83 ℃左右，而中间层底部由于接受了平流层传递的热量，因而温度最高。这种温度分布上低下高的特点，使得中间层空气再次出现较强的垂直对流运动。

4. 热成层（电离层）

热成层位于 85～800 km 的高度之间。由于太阳光线和宇宙射线的作用，该层空气的分子大部分都发生了电离，带电粒子的密度较高，故此层又称电离层。由于电离后的原子氧强烈地吸收太阳紫外线，使温度迅速上升，因此，随着高度增加，该层温度又急剧上升。电离层能将电磁波反射回地球，对全球的无线电通讯具有重要意义。

5. 散逸层

散逸层是大气圈的最外层，也称为外层大气，其高度在 800 km 以上，厚度为 15 000～24 000 km，实际上这是相当厚的过渡层。由于该层大气直接吸收太阳紫外线的热量，所以该层气温随高度增加而升高，该层大气极为稀薄，气温高，分子运动速度快，以致一个高速运动的气体质点克服地球引力的作用而逃逸到宇宙空间去，就很难再有机会被上层的气体质点碰撞回来，所以称其为散逸层。

二、大气的组成

大气是多种气体的混合物，除去水汽和杂质外的空气称为干洁空气。它的主要成分有：氮（占 78.09%）、氧（占 20.95%）、氩（占 0.93%），三者共计约占空气总量的 99.97%，其他各种气体含量合计不到 0.1%。干洁空气中各组分的比例如表 3-1 所示。

根据大气中混合气体的组成，大气组分通常分为如下三个部分。

1. 恒定组分

大气中恒定组分由氮、氧、氩三种气体加上微量的氖、氦、氪、氙、氡等稀有气体构成。大

表 3-1 干洁空气组成

气体名称	含量(体积分数)/%	气体名称	含量(体积分数)/%
氮(N_2)	78.09	甲烷(CH_4)	$1.0\times10^{-4}\sim1.2\times10^{-4}$
氧(O_2)	20.95	氪(Kr)	1.0×10^{-4}
氩(Ar)	0.93	氢(H_2)	0.5×10^{-4}
二氧化碳(CO_2)	0.02～0.04	氙(Xe)	0.08×10^{-4}
氖(Ne)	18×10^{-4}	二氧化氮(NO_2)	0.02×10^{-4}
氦(He)	5.24×10^{-4}	臭氧(O_3)	0.01×10^{-4}

约在 90 km 的高度范围以内,氮、氧两种组分的比例几乎没有什么变化。实际上,上面所说的干洁空气也属于恒定组分。其组成较稳定的主要原因是分子氮和其他惰性气体的性质不活泼,而自然界中由于燃烧、氧化、岩石风化、呼吸、有机物腐解所消耗的氧基本上又由植物光合作用释放的氧而得到补偿。

2. 可变组分

可变组分主要指空气中的二氧化碳(CO_2)和水蒸气。正常情况下,二氧化碳(CO_2)含量为 0.02%～0.04%,水蒸气含量一般在 4%以下,热带地区有时达 4%,而在南北极则不到 0.1%。这些组分的含量,随季节、气象和人类活动的影响而变化。目前,由于经济的高速发展,人口的急剧膨胀,二氧化碳(CO_2)含量不断上升,已成为一个重要的环境问题而引起了人们的高度关注。

3. 不定组分

大气中不定组分的来源主要有两个方面:一是自然界火山爆发、森林火灾、海啸、地震等灾难引起的,如尘埃、硫、硫化氢、硫氧化物、氮氧化物、盐类及恶臭气体,这些不定组分进入大气中,常会造成局部和暂时性污染;二是由于人类生产活动、人口密集、城市工业布局不合理和环境设施不完善等人为因素造成的,如煤烟、粉尘、硫氧化物、氮氧化物等,这些气体是形成空气污染的主要根源。

三、大气污染的定义及污染源

(一) 大气污染的定义

大气污染是指大气中污染物质的浓度达到了有害程度,以致破坏生态系统和人类正常生存发展的条件,对人和物造成危害的现象。根据大气组成知道,大气中痕量组分含量极少,但在一定条件下,大气中出现了原来没有的微量物质,其数量和持续时间,均足以对生态系统和人类以及物品、材料等产生不利的影响和危害时,这时的大气状况被认为是受到了污染。

造成大气污染的原因包括人类活动和自然过程两个方面。其中人类活动是造成大气污染的主要原因,如工业废气、燃烧、汽车尾气等。随着人类经济活动和生产的迅速发展,在大量消耗能源的同时,将大量的废气、烟尘物质排入大气,严重影响了大气环境质量,特别是在人口稠密的城市和工业集中的区域,大气污染尤为严重。自然过程则包括了火山喷发、森林火灾、海啸、土壤和岩石的风化以及大气圈的空气运动等自然现象。它导致一些非自然大气组分如硫氧化物、氮氧化物、颗粒物、硫化氢、盐类等进入大气引起污染。一般说来,这种情况只占大气污染很小一部分。

（二）大气污染源

根据污染物的来源，一般可分为自然源和人为源。

由各种自然现象，例如森林火灾造成的烟尘、火山喷发产生的火山灰、二氧化硫、干燥地区的风沙等引起的大气污染，称之为自然污染源。这些污染源目前还难以控制，也不是环境科学讨论的重点。

环境科学研究的大气污染源，主要是人为污染源。所谓人为污染源一般指产生或排放大气污染物的设备、装置、场所等。在环境科学中，根据不同的研究目的以及污染源的特点，污染源的类型有五种分类方法。

1. 按污染源存在形式

① 固定污染源——排放污染物的装置、场所位置固定，如火力发电厂、烟囱、炉灶等。

② 移动污染源——排放污染物的装置、设施位置处于运动状态，如汽车、火车、轮船等。

2. 按污染的排放方式

① 点源——集中在一点或在可当做一点的小范围内排放污染物，如高烟囱。

② 面源——在一个大范围内排放污染物，如许多低矮烟囱集合起来而构成的一个区域性的污染源。

③ 线源——沿着一条线排放污染物，如汽车、火车等。

3. 按污染物排放空间

① 高架源——在距地面一定高度处排放污染物，如高烟囱。

② 地面源——在地面上排放污染物，如居民煤炉、露天储煤场等。

4. 按污染物排放时间

① 连续源——连续排放污染物，如火力发电厂烟囱等。

② 间断源——排放污染时断时续，如取暖锅炉、饭店炉灶排气筒等。

③ 瞬时源——无规律的短时间排放污染物，如工厂事故排放等。

5. 按污染物产生类型

按人类生产和生活活动方式，可将污染物划分为工业污染源、生活污染源和交通运输污染源。这种分类方法是污染调查、环境影响评价最常用的方法。

(1) 工业污染源

工业企业是大气污染的主要来源。污染物的数量、种类与工矿企业的性质、规模、工艺过程、原料和产品等因素有关。火力发电厂、金属冶炼厂、化工厂及水泥厂等各种类型的工业企业，在原材料及产品的运输、破碎、煅烧等环节以及由各种原料制成成品的过程中都会有大量废气排放。

(2) 生活污染源

生活污染源主要来自居民区。例如家庭炉灶、北方农村冬季燃煤取暖设备、垃圾存放设施等。

(3) 交通运输污染源

交通污染源是由汽车、火车及船舶等交通工具排放尾气所造成的，主要原因是汽油、柴油等燃料的燃烧。但就目前情况看，排放污染物最多的还是汽车，工业发达的国家城市中，汽车已成为重要的大气污染源。

四、大气污染物及其来源

由各种污染源排入大气中的污染物种类很多，据不完全统计，目前被人们注意到或已经对环境和人类产生危害的大气污染物大约有100种之多。其中排放量多、影响范围广、对人类环境威胁较大、具有普遍性的污染物有颗粒物质、硫氧化物(SO_x)、氮氧化物(NO_x)、一氧化碳(CO)、碳氢化合物(CH)、光化学氧化剂等。

排放到大气中的污染物，在与正常的空气成分相混合过程中，在一定条件下会发生各种物理、化学变化，形成新的污染物质。因此，大气中的污染物又可进一步分为一次污染物和二次污染物。

(一) 一次污染物

一次污染物又称原发性污染物，是指从污染源直接排出，且进入大气后其性状、性质没有发生变化的污染物。这些污染物包括气体、蒸气和颗粒物，主要的一次污染物是颗粒物、硫氧化物、碳氧化物、氮氧化物、碳氢化合物等物质。

1. 颗粒物

颗粒物是除气体之外的包含于大气中的物质，包括各种各样的固体、液体和气溶胶。其中固体的有灰尘、烟尘、烟雾，以及液体的云雾和雾滴，其粒径分布大致在200～0.1 μm之间。颗粒物按粒径大小可分为两类。

(1) 降尘

降尘指粒径大于10 μm，在重力作用下可以降落下来的颗粒状物质。它主要产生于固体破碎、燃烧产物的颗粒结块及研磨粉碎的细碎物质。自然界刮起的尘埃、沙尘暴也可产生降尘。

(2) 飘尘

飘尘指粒径小于10 μm的颗粒状物质，包括粒径为10～0.25 μm的在空气中等速沉降的雾尘，以及粒径小于0.1 μm的随空气分子做布朗运动的云雾尘。由于这些物质粒径小，重量轻，在大气中呈悬浮状态，且分布极为广泛，其粒子可通过呼吸道侵入人体，对健康具有很大的危害。

2. 硫氧化物

硫氧化物表示为SO_x，包括二氧化硫(SO_2)、三氧化硫(SO_3)、三氧化二硫(S_2O_3)、一氧化硫(SO)和过氧化硫。其中SO_2是一种无色、具有刺激性气味的不可燃气体，是大气中分布最广、影响最大的主要污染物。SO_2和飘尘具有协同效应，两者结合起来对人体危害更大。

大气中的硫氧化物主要是人类活动产生的，大部分来自煤和石油的燃烧、石油炼制、有色金属冶炼、硫酸制备等。自然的硫源主要是生物产生的硫化氢氧化而成为硫的氧化物。人类活动排放的二氧化硫每年多达1.5亿t，在各种污染物中，其排放总量仅次于一氧化碳，排第二位。其中2/3来自于煤的燃烧，约1/5来自于石油的燃烧，特别是火力发电厂的排放量约占SO_2排放量的一半。

SO_2在大气中最多只能存在1～2天，极不稳定。在相对湿度比较大以及有催化剂存在时，可发生催化氧化反应，生成SO_3，进而生成H_2SO_4或硫酸盐，所以SO_2是形成酸雨的主要因素。硫酸盐在大气中可存留1周以上，能飘移至100 km以外，造成远离污染源的区域性污染。SO_2也可在太阳紫外线的照射下，发生光化学反应，生成SO_3和硫酸雾，从而降低大气的能见度，对环境和人体产生危害。

3. 碳氧化物

碳氧化物主要有两种物质，即CO和CO_2，CO_2是大气的正常组成成分，CO则是大气中很普遍的排量极大的污染物，全世界CO每年排放量约为2.1亿t。

CO是无色、无臭的有毒气体。大气中的CO是碳氢化合物燃烧不完全的产物，主要来源于燃料的燃烧和加工、汽车尾气排放。CO的化学性质稳定，在大气中不易与其他物质发生化学反应，可以在大气中停留几个月的时间。大气中的CO虽可转化为CO_2但速度很慢，而大气中的CO浓度多年来始终保持在一个水平上，并未发现持续增加，这一事实表明自然界肯定存在着强大的消除CO的机制，有迹象表明，CO的氧化作用有助于CO的消除，但更主要的可能是土壤微生物的代谢作用，这一系列作用能将CO转化为CO_2。

一般城市空气中的CO水平对植物及有关的微生物均无害，但对人类则有害，因为它能与血红素作用生成羧基血红素(carboxyhemoglobin，简写为COHb)，实验证明，血红素与一氧化碳的结合能力比与氧的结合能力大200～300倍，因此，使血液携带氧的能力降低而引起缺氧，症状有头痛、晕眩等，同时还使心脏过度疲劳，致使心血管工作困难，终至死亡。

CO_2是大气中一种“正常”成分，它主要来源于生物的呼吸作用和化石燃料等的燃烧。CO_2参与地球上的碳平衡，有重大的意义。然而，由于当今世界人口急剧增加，化石燃料大量使用，使大气中的CO_2浓度逐渐增高，造成全球性的气候变暖。

4. 氮氧化物

氮氧化物包括一氧化二氮(N_2O)、一氧化氮(NO)、二氧化氮(NO_2)、三氧化二氮(N_2O_3)、四氧化二氮(N_2O_4)和五氧化二氮(N_2O_5)等多种形态。人为活动排放到大气中的主要是NO和NO_2，它们是常见的大气污染物。

全球每年排放NO_x的量为10亿t，其中95%来自于自然发生源，即土壤和海洋中有机物的分解。人为发生源主要是化石燃料的燃烧过程排放的，如飞机、汽车、内燃机及工业窑炉的燃烧以及来自生产、使用硝酸的过程，如氮肥厂、有机中间体厂、有色及黑色金属冶炼厂等。造成空气污染的氮氧化物主要是一氧化氮(NO)和二氧化氮(NO_2)，既是形成酸雨的主要物质之一，也是形成大气中光化学烟雾的重要物质。

5. 碳氢化合物

碳氢化合物(CH)包括烷烃、烯烃和芳烃等复杂多样的含碳和氢的化合物。大气中大部分的碳氢化合物来源于植物的分解，人类排放的量虽然小，却非常重要。碳氢化合物的人为来源主要是石油燃料的不充分燃烧过程和蒸发过程，其中汽车排放量占有相当的比重，石油炼制、化工生产等也产生多种类型的碳氢化合物。

目前，虽未发现城市中的碳氢化合物浓度直接对人体健康的影响，但它是形成光化学烟雾的主要成分，碳氢化合物中的多环芳烃化合物，如3,4-苯并芘，具有明显的致癌作用，已引起人们的密切关注。

(二) 二次污染

1. 二次污染物的反应

二次污染物又称续发性污染物，是指排入大气中的一次污染物在大气中互相作用，或与大气中正常组分发生化学反应，以及在太阳辐射的参与下引起光化学反应而产生的与一次污染物的物理、化学性质完全不同的新的大气污染物。主要有以下几种反应。

① 气体污染物之间的化学反应(可在有催化剂或无催化剂作用下发生)。常温下，有催化剂存在时，硫化氢和二氧化硫气体污染物之间的反应，是其中的一例。

$$2H_2S + SO_2 \xrightarrow{\text{催化剂}} 3S + 2H_2O$$

② 空气中粒状污染物对气体污染物的吸附作用，或粒状污染物表面上的化学物质与气体污染物之间的化学反应。例如尘粒中的某些金属氧化物与二氧化硫直接反应，生成硫酸盐。

$$4MgO + 4SO_2 \longrightarrow 3MgSO_4 + MgS$$

③ 气体污染物在太阳光作用下的光化学反应。

NO_2 是污染空气中最重要的光吸收物质，光解过程如下：

$$NO_2 + h\nu \longrightarrow NO + O$$

$$O + O_2 + M \longrightarrow O_3 + M$$

HNO_3 的光解过程如下：

$$HNO_3 + h\nu \longrightarrow HO \cdot + NO_2$$

有 CO 存在时：

$$HO \cdot + CO \longrightarrow CO_2 + H \cdot$$

$$H \cdot + O_2 + M \longrightarrow HO_2 \cdot + M$$

$$2HO_2 \longrightarrow H_2O_2 + O_2$$

④ 气体污染物在气溶胶中的溶解作用。

2. 二次污染物的种类

二次污染物颗粒小，一般在 0.01～1.0 μm 之间，但其毒性比一次污染物更强，最常见的二次污染物有光化学烟雾、酸雨等。

(1) 光化学烟雾

大气中氮氧化物、碳氢化合物等一次污染物，在太阳紫外线的作用下，发生光化学反应，生成浅蓝色的烟雾型混合物的污染现象，叫光化学烟雾。光化学烟雾的表现特征是烟雾弥漫，大气能见度降低。一般发生在大气相对湿度较低、气温为 24～32 ℃的夏季晴天。20 世纪 40 年代首先在美国的洛杉矶发现。50 年代以后，光化学烟雾在美国其他城市和世界各地，如日本、加拿大、法国、澳大利亚等国的大城市相继发生过。70 年代，我国兰州西固石油化工区也出现光化学烟雾。

形成光化学烟雾，除了有产生光化学烟雾的物质前提外，还必须有一定的气象和地理条件。概括起来说，光化学烟雾形成条件包括：第一，大气中存在 NO_2 和碳氢污染物，这是形成烟雾的前提，而这些污染物可来自以石油为燃料的厂矿企业、汽车等。第二，必须有充足的阳光，产生 290～430 nm 的紫外辐射，使 NO_2 光解，但近地表的太阳辐射受天顶角的影响。一般来说，天顶角越小，紫外辐射越强。所以地理纬度超过 60 ℃的地区，由于天顶角较大，小于 430 nm 的光很难到达地表面，这些地区就不易产生光化学烟雾。就时间季节而论，夏季的天顶角比冬天小，所以夏季中午前后光线强时，出现光化学烟雾的可能性最大。第三是地理气象条件，天空晴朗、高温低湿和有逆温层存在，或由于地形条件，导致烟雾在地面附近聚集不散者，易于形成光化学烟雾。

光化学烟雾的发生机制十分复杂。有人用烟雾室模拟，发现其化学反应式多达242个。光化学烟雾反应除生成臭氧、过氧乙酰硝酸酯(PAN)、甲醛、酮、丙烯醛之外，近来还发现了一种与PAN类似的物质过氧苯酰硝酸酯(PBN)。此外，大气中 SO_2 也会被 HO、HO_2 和 O_3 氧化生成硫酸和硫酸盐，它们也是光化学烟雾气溶胶中的重要组分。

光化学烟雾的危害非常大。烟雾中的甲醛、丙烯醛、PAN、O_3 等，能刺激人眼和上呼吸道，诱发各种炎症。臭氧浓度超过嗅觉一定阈值时，会导致哮喘发作。臭氧还会伤害植物，使叶片上出现褐色斑点。PAN则能使叶背面呈银灰色或古铜色，影响植物的生长，降低它抵抗害虫的能力。此外，PAN和 O_3 还能使橡胶制品老化、染料褪色，并对油漆、涂料、纺织纤维、尼龙制品等造成损害。

(2) 酸雨

它是指pH值小于5.6的雨、雪或其他的大气降水，是大气污染的一种表现。由于人类活动的影响，大气中含有大量 SO_x 和 NO_x 等酸性氧化物，通过一系列化学反应转化成硫酸和硝酸随着雨水的降落而沉降到地面，故称酸雨。酸雨不但使土壤、湖泊、河流发生酸化，而且还能腐蚀建筑材料、金属框架等。

五、大气污染的危害

大气是一切生物生存的最重要的环境要素之一。随着人类活动的增强，大气质量发生了很大改变，大气污染越来越严重。混进了许多有毒、有害物质的大气不但危害人体健康、影响动植物生活、损害各种各样的材料、制品，而且对全球气候的变化也产生了极大的影响。

(一) 对人体健康的危害

大气被污染后，由于污染物的来源、性质、浓度和持续时间的不同，污染地区的气象条件、地理环境等因素的差别，甚至人的年龄、健康状况的不同，对人均会产生不同的危害。

大气中有害物质主要通过下述三个途径侵入人体造成危害：第一，通过人的直接呼吸而进入人体；第二，附着在食物或溶于水，随饮食、饮水而侵入人体；第三，通过接触或刺激皮肤而进入人体，尤其是脂溶性物质更易从完整的皮肤渗入人体。大气污染对人体的影响，首先是感觉上受到影响，随后在生理上显示出可逆性反应，再进一步就出现急性危害的症状。大气污染对人的危害大致可分急性中毒、慢性中毒、致癌三种。

1. 急性中毒

存在于大气中的污染物浓度较低时，通常不会造成人体的急性中毒，但是在某些特殊条件下，如工厂在生产过程中出现特殊事故，大量有害气体逸散，外界气象条件突变等，便会引起附近居民人群的急性中毒。历史上曾发生过数起大气污染急性中毒事件，最典型的是1952年伦敦烟雾事件，4天内死亡4 000人。

2. 慢性中毒

大气污染对人体健康慢性毒害作用的主要表现是污染物质在低浓度、长期连续作用于人体后所出现的患病率升高现象。目前，虽然很难确切地说明大气污染与疾病之间的因果关系，但根据临床发病率的统计调查研究证明，慢性呼吸道疾病与大气污染有密切关系。

3. 致癌、致畸、致突变作用

随着工业、交通运输业的发展，大气中致癌物质的含量和种类日益增多，比较确定有致癌作用的物质有数十种。例如，某些多环芳烃(如3,4-苯并芘)、脂肪烃类、金属类(如砷、铍、镍等）。这种作用是长期影响的结果，是由于污染物长时间作用于机体，损害体内遗传物质，引起突变，如果诱发成肿瘤就称致癌作用；如果是使生殖细胞发生突变，后代机体出现各种异常，称致畸作用；如果引起生物体细胞遗传物质和遗传信息发生突然改变，又称致突变作用。

（二）对植物的危害

大气污染对植物的危害，随污染物的性质、浓度和接触时间，植物的品种和生长期以及气象条件等的不同而异。气体状污染物通常都是经叶背的气孔进入植物体，然后逐渐扩散到海绵组织、栅栏组织，破坏叶绿素，使组织脱水坏死，或干扰酶的作用，阻碍各种代谢机能，抑制植物的生长。粒状污染物则能擦伤叶面、阻碍阳光、影响光合作用，影响植物的正常生长。

污染物对植物的危害也可分为急性、慢性和不可见三种。急性危害是在污染物浓度很高的情况下，短时间内所造成的危害。它常使作物产量显著降低，不同的污染物往往表现出各自特有的危害症状。慢性危害是指低浓度的污染物在长时间内造成的危害。它也能影响植物生长发育，有时表现出与急性危害相似的症状，但大多数症状是不明显的。不可见危害只造成植物生理上的障碍，在某种程度上抑制植物的生长，但在外观上一般看不出症状。对植物生长危害较大的大气污染物主要是二氧化硫、氟化物和光化学烟雾。

1. 二氧化硫（SO_2）

二氧化硫对植物的危害，首先从叶背气孔周围细胞开始，逐渐扩散到海绵和栅栏组织细胞，使叶绿素破坏，组织脱水坏死，形成许多退色斑点。受二氧化硫伤害的植物，初期主要在叶脉间出现白色“烟斑”，轻者只在叶背气孔附近，重者则从叶背到叶面均出现“烟斑”，这是二氧化硫危害的主要特征，后期叶脉也退成白色，叶片脱水，逐渐枯萎。

不同植物受二氧化硫危害的程度是有差异的。对二氧化硫反应敏感的植物有大麦、小麦、棉花、大豆、梨、落叶松等；对二氧化硫有抗性的植物有玉米、马铃薯、柑橘、黄瓜、洋葱等。

2. 氟化物

大气中的氟化物主要是氟化氢和四氟化硅。它们对植物的危害症状表现为从气孔或水孔进入植物体内，但不损害气孔附近的细胞，而是顺着导管向叶片尖端和边缘部分移动，在那里积累到足够的浓度，并与叶片内钙质反应，生成难溶性氟化钙类沉淀于局部，从而干扰酶的催化活性，阻碍代谢机制，破坏叶绿素和原生质，使得遭受破坏的叶肉因失水干燥而褐色。当植物在叶尖、叶边出现症状时，几小时便出现萎缩现象，同时绿色消退，变成黄褐色，2～3 天后变成深褐色。

较低浓度的氟化物就能对植物造成危害，同时它能在植物体内积累，故其危害程度并不是与浓度和时间的乘积成正比，而是时间起着主要作用。在有限浓度内，接触时间越长，氟化物积累越多，受害就越重。受害的植物一旦被人或牲畜所食，便会使人和牲畜受氟危害。

对氟化物敏感的植物有玉米、苹果、葡萄、杏等；具有抗性的植物有棉花、大豆、番茄、烟草、扁豆、松树等。

3. 光化学烟雾

光化学烟雾中对植物有害的成分主要是臭氧、氮氧化物等。臭氧对植物的危害主要是从叶背气孔侵入，通过周边细胞、海绵细胞间隙，到达栅栏组织，使其首先受害，然后再侵害海绵细胞，形成透过叶片的坏死斑点。同时，植物组织机能衰退，生长受阻，发芽和开花受到抑制，并发生早期落叶、落果现象。

对臭氧敏感的植物有烟草、番茄、马铃薯、花生、大麦、小麦、苹果、葡萄等；具抗性的植物有胡椒、松柏等。

4. 其他污染物

氮氧化物进入植物叶气孔后易被吸收产生危害，最初叶脉出现不规则的坏死，然后细胞破裂，逐步扩展到整个叶片。过氧乙酰硝酸酯(PAN)是光化学烟雾的剧毒成分。它在中午强光照时反应强烈，夜间作用降低。PAN 危害植物的症状表现为叶子背面气室周围海绵细胞或下表皮细胞原生质被破坏，使叶背面逐渐变成银灰色或古铜色，而叶子正面却无受害症状。

对 PAN 敏感的植物有番茄和木本科植物；对 PAN 抗性强的植物有玉米、棉花等。

（三）其他危害

大气污染除了对人体健康、对植物生长造成严重的危害外，对金属制品、油漆涂料、皮革制品、纸制品、纺织衣料、橡胶制品和建筑材料也会造成损害。这种损害包括玷污性损害和化学性损害两个方面，会造成很大的经济损失。玷污性损害是造成各种器物表面污染不易清洗除去；化学性损害是由于污染物对各种器物的化学作用，使器物腐蚀变质。如二氧化硫及其生成的硫酸雾对建筑、雕塑、金属、皮革等腐蚀力很强，也使纸制品、纺织品、皮革制品等腐化变脆，使各种油漆涂料变质变色，降低保护效果。光化学烟雾能使橡胶轮胎龟裂和老化，电镀层加速腐蚀。另外，高浓度的氮氧化物能使化学纤维织物分解销蚀。

（四）对气候的影响

人类活动对气候造成的影响，包括全球性和区域性两方面。对区域气候变化的影响主要表现在影响城市气候方面。在城市地区，由于人口稠密、建筑物多、工业集中等，造成城市温度比周围郊区高的现象，即把城市区域看成是一个比周围农村温暖的岛屿地区(其温度一般高 0.5～2 ℃)，又称“热岛”效应。如美国洛杉矶市区年平均温度比周围农村约高出0.5～1.5 ℃。产生热岛效应的原因，是城市蓄热量大，水的径流快、蒸发量少，人口密集放出的热量多等。这些热量加热城市内空气，使之温度上升。如果城市上空存在逆温层，这些热空气就会流向较冷的邻近郊区，而郊区的冷空气就会沿地面流入城市，形成“城市风”，围绕城市的大气就会构成所谓“城市圆拱”。

影响全球气候变化的因素很多，很复杂，它虽然受天文地理方面因素的影响，但最主要还是与人类活动的不断增强有直接关系。近几十年来，气候异常、全球变暖、两极的臭氧空洞的不断扩大、世界各地不同程度地沉降酸雨等全球性气候问题已让人类深深陷入环境危机当中。这一系列由于大气污染导致的全球性和区域性的环境问题目前已引起了全世界普遍关注。不论是发达国家还是发展中国家，都应为此进行努力，作出贡献，在公平合理的原则上，承担起各自的责任与义务。

第二节　大气污染物的扩散

一个区域的大气污染程度取决于该区域内排放污染物的源参数、气象条件和近地表下垫面的状况。

污染源包括排放污染物的数量、组成、排放方式、污染源的几何形状、相对位置、密集程度及污染源的高度等。排入大气的污染物通常由各种气体和固体颗粒组成,它们的性质是由它们的化学成分决定的。不同的化学成分在大气中造成的化学反应和被清除过程不同,粒径大小不同的固体颗粒在大气中的沉降速度及清除过程是不同的,因此对浓度分布的影响也不同。按污染源的几何形状分类,可分为点源、面源和线源;按排放污染物的持续时间分类,有瞬时源、间断源和连续源;按排放源的高度分类可分为地面源、高架源等。不同类型的污染源有不同的排放方式,污染物进入大气的初始状态也不一样,因此其浓度分布就不同,计算污染物浓度的公式也不同。但污染源的几何形状和排放方式只是相对的。例如,通常将工厂烟囱看做高架连续源,繁忙的公路作为连续线源,而城市居民区的家庭炉灶当做面源。各个污染源结合在一起,则可看成复合源。

气象条件和下垫面状况影响着大气对污染物的稀释扩散速率和迁移转化途径。因此,在污染源参数一定的条件下,气象条件和下垫面状况是影响大气污染的重要因素。本节主要讨论气象条件和近地表下垫面的状况对污染物扩散的影响。

一、影响大气污染物扩散的气象因素

事实证明风向、风速、大气的稳定度、降水情况和雾是影响空气污染的重要气象因素。

(一) 风的影响

风对空气中污染的扩散影响包括风向和风速的大小两个方面。风向影响着污染物的扩散方向。任何地区的风向,一年四季都在变化,但是也都有它自己的主导方向。风速的大小决定着污染物扩散的快慢和稀释程度。通常,污染物在大气中的浓度与平均风速成反比。若风速增大一倍,则下风向污染物的浓度将减少一半。

由于地面对风的摩擦阻碍作用,所以风速随高度的下降而减小(表 3-2)。100 m 高处的风速,约为 1 m 高处的 3 倍。

表 3-2　　风速随高度的变化

高度/m	0.5	1	2	16	32	100
风速/(m/s)	2.4	2.8	3.3	4.7	5.5	8.2

为了表示风向、风速对空气污染物的扩散的影响,可以采用风向频率玫瑰图和污染系数玫瑰图。

所谓风向频率,就是指某方向的风占全年各风向总和的百分率。如果从一个原点出发,画许多根辐射线,每一条辐射线的方向就是某个地区的一种风向,而线段的长短则表示该方向风的风向频率,将这些线段的末端逐一连接起来,就得到该地区的风向频率玫瑰图(图 3-2)。

污染系数表示风向、风速联合作用对空气污染物的扩散影响,其值可由下式计算:

$$污染系数=\frac{风向频率}{该风向的平均风速}$$

显然,不同方向的污染系数不尽相同,其大小则表示该方向空气污染的轻重。如果也像绘制风向频率玫瑰图那样,在从某原点出发的辐射线上,截取一定长短的线段,表示该方向上污染系数的大小,并把各线段的末端逐一连接起来,就得到污染系数玫瑰图。风向频率玫瑰图和污染系数玫瑰图,都能直观地反映一个地区的风向,或风向与风速联合作用对空气污

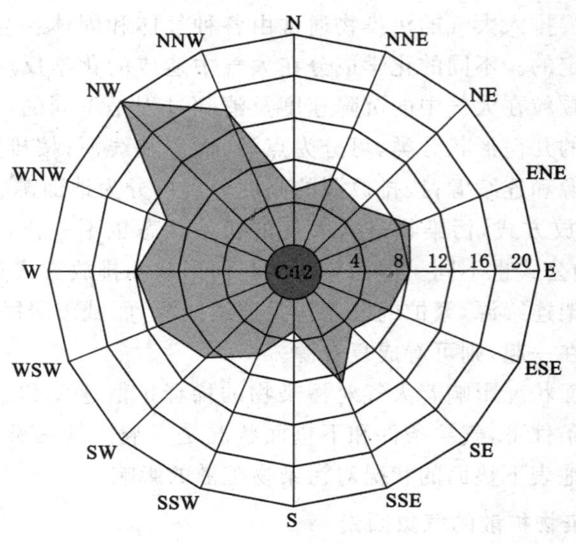

图 3-2 风向频率玫瑰图

染物的扩散影响。换言之，由图可直观看到某地区的某个方向上，由于风的作用，容易造成严重的空气污染。

（二）大气稳定性的影响

在地球表面的上方，大气温度随高度变化的速率，是气象变化的一个重要因素，它直接影响空气的垂直混合状况。换言之，大气温度随高度的变化情况与大气的稳定性关系密切，同时影响着受污染的空气被较洁净的空气混合而稀释其污染浓度的作用。以下简要介绍大气温度随高度的变化情况。

将大气温度沿垂直方向随高度变化的速率称为垂直降温率，并用式(3-1)表示：

$$r=-\frac{\mathrm{d}T}{\mathrm{d}h} \tag{3-1}$$

式中 r——垂直降温率；

T——温度，℃；

h——离地面的高度，m。

垂直绝热降温率是指空气在绝热条件下上升时，由于上升气块所受的压力降低而膨胀，消耗了内能，使气块温度随之下降的速率。绝热就是指该气块与其周围不存在任何热交换。由于干空气可近似看做理想气体，气压随高度变化的关系如式(3-2)所示：

$$\frac{\mathrm{d}p}{\mathrm{d}h}=-\rho g \tag{3-2}$$

式中 p——大气压力，Pa；

h——高度，m；

ρ——空气密度，kg/m^3；

g——重力加速度，m/s^2。

利用有关热力学公式，可以推导出计算垂直绝热降温率的数学表达式：

$$r=-\frac{\mathrm{d}T}{\mathrm{d}h}=\frac{Mg}{C_{pm}} \tag{3-3}$$

式中 M——空气的相对分子质量；

C_{pm}——空气的定压摩尔热容。

把相应的数值代入式(3-3)后，便可求得 r 值：

$$r \approx \frac{0.98\ ℃}{100\ \mathrm{m}} \approx \frac{1\ ℃}{100\ \mathrm{m}}$$

这就是说，当空气绝热上升时，离开地面每升高 100 m，气温下降 1 ℃。通常把这个 r 值称为空气的绝热降温率。显然，这是针对理想情况的，实际情况并非如此。由于各地区空气的成分、干湿等差异，所以 r 值也就不总是等于 1 ℃/100 m。例如 $r>1$ ℃/100 m，就是超绝热降温率。此时气块上升的降温率大于绝热降温率，造成气块的温度低于理想的温度。冷者下沉，下沉后受到地表的辐射热又上升，结果发生垂直混合。显然，此时大气是不稳定的，它有利于空中的污染物扩散。从控制空气污染的角度出发，这是我们所期待的气象条件。与此相反，当 $r<1$ ℃/100 m，即次绝热降温时，空气是稳定的，此时空气上升的降温率低于绝热降温率，以致气块的温度稍高于理想的温度。这样，不同高度的空气层之间，就很难发生垂直混合，因此空气基本上是稳定的，这会使空气中污染物积累起来。绝热降温时空气稳定于原点时高度与温度的变化如图 3-3 所示。由此可知，绝热降温率成为气层稳定与不稳定的分界线，如图 3-4 所示。

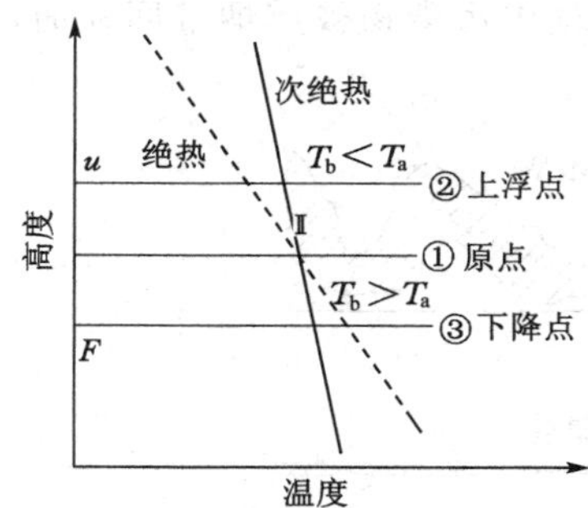

图 3-3 绝热降温时空气稳定于原点

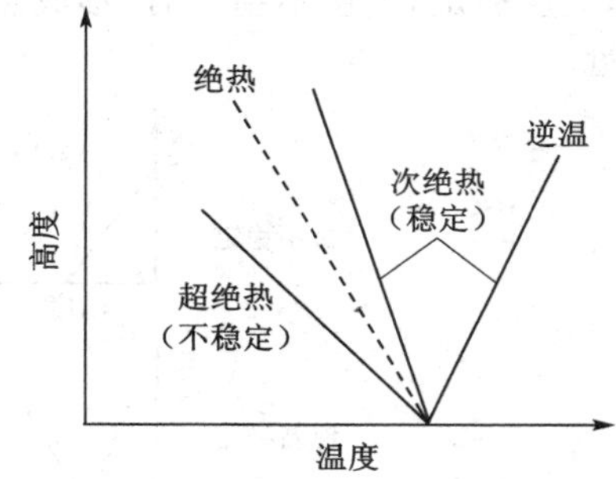

图 3-4 绝热降温率成为气层稳定与不稳定的分界线

下面将气体方程式与图 3-3 相结合，简要说明次绝热降温时，气块稳定于原点的道理。把相应的数值代入上述公式后，便可求得 r 值。假设有一气块在次绝热降温的大气中运动，并设想该气块与周围空气之间有一气膜分隔开，而且气块在垂直运动的过程中，其温度变化的规律服从绝热降温率。

理想气体的状态方程式表示如下：

$$p=\rho RT \tag{3-4}$$

式中 p——压力，Pa；

ρ——气体的密度，kg/m^3；

R——理想气体常数；

T——绝对温度，K。

以下标“b”表示气块中的空气，“a”表示周围的空气，则分别得到：

$$p_a=\rho_a RT_a \tag{3-5}$$

$$p_b = \rho_b R T_b \tag{3-6}$$

若忽略气块内张力所引起的影响，则气块处于原点处的内外气压相等，所以有：

$$\rho_a = \rho_b \left(\frac{T_b}{T_a}\right) \tag{3-7}$$

当气块由原点上升到 u 点时，因周围气温 T_a 高于气块内部温度 T_b，即气块较重，所以下降返回原点；当气块下降到点 F 时，则周围气温 T_a 低于气块内部温度 T_b，此时气块较轻，重新上浮返回原点，结果气块不上不下，保持在原点稳定。因此，空中污染物也就不能扩散开。

假如高度增大时，气温反而上升，即 $dT>0$，或垂直降温率 $r=-dT/dh<0$，则该空气层便称为逆温层。此时上层空气密度低，下层空气密度高，空气在垂直方向上不存在任何运动，大气层异常稳定，以致常常发生空气污染事故。习惯上把出现逆温层所在的高度称为逆温高度，而把开始出现逆温至逆温消失的高度范围，称为逆温层厚度。逆温层内的最大温度差，称为逆温强度。

不同降温率对烟囱的排烟形式影响很大。如图 3-5 所示，超绝热降温时，大气不稳定，出现波浪型排烟，它能使污染物随风速扩散。逆温时，由于大气稳定，形成扇型排烟，它严重地妨碍空中污染物的垂直运动，只能朝水平方向扩散；当大气的上层为逆温，下层是超绝热降温，即上层稳定，下层不稳定时，形成熏烟型排烟，空气中污染物被熏烟带回地面，使污染更为严重。

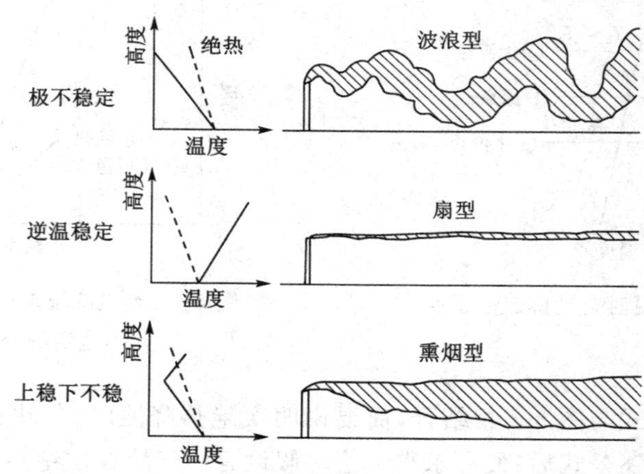

图 3-5　大气稳定性与烟囱排烟类型

（三）降水的影响

各种形式的降水，特别是降雨，能有效地吸收、淋洗空气中的各种污染物。所以大雨之后，空气格外清新，就是这个道理。

（四）雾的影响

有雾的天气属于静风状况，进入到大气的污染物很难扩散，雾像一顶盖子，它会使空气污染状况加剧。

以上所讨论的风、大气的稳定性、降水情况及雾的出现，就是影响空气污染物扩散的主要气象因素。

二、大气污染物扩散与下垫面的关系

地面是一个凸凹不平的粗糙曲面，当气流沿地面流过时，必然要同各种地形地物发生摩擦作用，使风向、风速同时发生变化，其影响程度与各障碍物的体积、形状、高低有密切关系。

山脉的阻滞作用对风速有很大影响，尤其是封闭的山谷盆地，因四周群山的屏障影响，往往是静风，小风频率占优势，不利于大气污染物的扩散。

城市中的高层建筑物、体形大的建筑物和构筑物，都能造成气流在小范围内产生涡流，阻碍气流运动，减小平均风速，降低近地面风速梯度，并使风向摆动很大，近地面风场变得很不规则，一般规律是建筑物背风区风速下降，在局部地区产生涡流，不利于气体扩散。

山风和谷风的方向是相反的，但比较稳定。在山风与谷风的转换期间，风的方向是不稳定的，山风和谷风均可能出现时而山风时而谷风的现象。这时如果有大量污染物排入山谷中，由于风向的摆动，污染物不易扩散，在山谷中停留很长时间，可能造成大气污染。

（一）城市下垫面的影响

由于城市与郊区相比，地面建筑物密集，道路硬化等，容易吸收更多的太阳热能，造成了城乡大气的温度差异，从而引起局地风，也就是所谓的城市热岛环流。造成城乡温度差异的主要原因是：① 城市人口密集、工业集中，能耗水平高；② 城市的覆盖物（如建筑物、水泥路面等）热容量大，白天吸收太阳辐射热，夜间放热缓慢，使低层空气变暖；③ 城市上空笼罩着一层烟雾和 CO_2，使地面有效辐射减弱。因此，城市市区净热量比周围乡村多，故平均气温比周围乡村高（尤其是夜间），于是形成了所谓城市热岛。据统计，城乡年平均温差一般为0.4～1.5 ℃，有时可达 6.0～8.0 ℃。温差与城市的大小、性质、当地气候条件和纬度有关。

由于城市温度经常比乡村地区高（尤其是夜间），气压比乡村低，所以能形成一种从周围乡村吹向城市市区的特殊局地风，称为城市热岛环流或城市风。这种风在市区汇合就会产生上升气流。因此，若城市周围有较多生产污染物的工厂，就会使污染物在夜间向城市中心输送，造成严重污染，尤其是夜间城市上空有逆温层存在时，污染更加严重。“热岛效应”引起的城乡空气环流如图 3-6 所示。

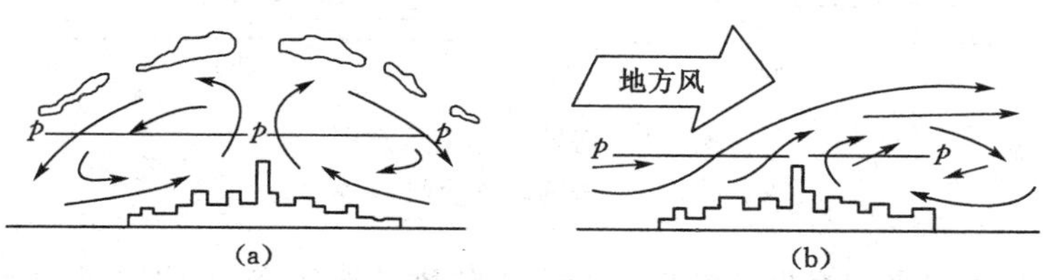

图 3-6　热岛效应引起的城乡空气环流示意图

(a) 静风时；(b) 有地方风时

（二）山区下垫面的影响

山谷风发生在山区，是以昼夜为周期的局地环流，山谷风在山区最为常见，主要是由于山坡和山沟受热不均而产生的，如图 3-7 所示。在昼间，太阳首先照到山坡上，使山坡上大气比山沟地带同一高度的大气温度高，形成了由沟谷吹向山坡的风，称为谷风。在高空形成了由山坡吹向山谷的反谷风。它们同山坡上升气流和谷地下降气流一起形成了山谷风局地环流。在夜间，山坡和山顶比谷地冷却得快，使山坡和山顶的冷空气顺山坡下滑到谷底，形成了山风。它们同山坡下降气流和谷地上升气流一起构成了山谷风局地环流。

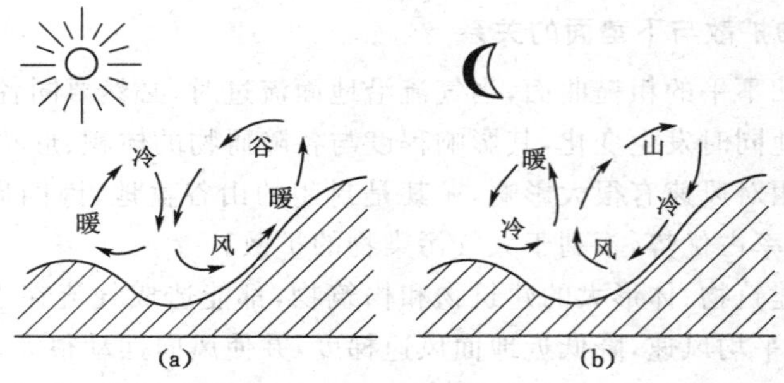

图 3-7　山谷风环流示意图

(a) 昼间;(b) 夜间

（三）水陆交界区的影响

在水陆交界地区(主要指海陆交界地带)由于地面和水面的温差,形成以昼夜为周期的大气局地环流,称为海陆风。海陆风是由于陆地和海洋的热力性质差异而引起的,如图 3-8 所示。在昼间,由于太阳辐射,陆地升温比海洋快,在海陆大气之间产生了温度差、气压差,使低空大气由海洋流向陆地,形成海风,高空大气从陆地流向海洋,形成反海风。它们和陆地上的上升气流和海洋上的下降气流一起形成了海陆风局地环流。在夜晚,由于有效辐射发生了变化,陆地比海洋降温快,在海陆之间产生了与白天相反的温度差、气压差,使低空大气从陆地流向海洋,形成陆风,高空大气从海洋流向陆地,形成反陆风。它们同陆地下降气流和海面上升气流一起构成了海陆风局地环流。

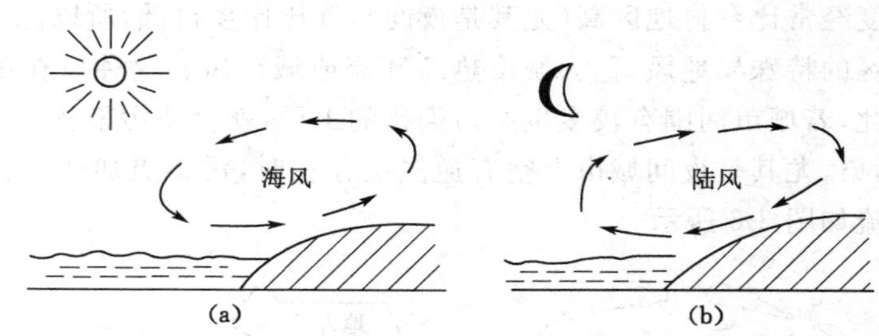

图 3-8　海陆风环流示意图

(a) 昼间;(b) 夜间

在大湖泊、江河和水陆交界地带也会产生水陆风局地环流,但水陆风的活动范围和强度比海陆风要小。由此可知,建在海边地区的工厂所排放的污染物扩散必须考虑海陆风的影响,因为有可能出现夜间随陆风吹到海面上的污染物,在昼间又随海风吹回来,或者进入海陆风局地环流中,使污染物不能充分扩散稀释而造成污染。

第三节　大气污染治理技术简介

一、颗粒污染物的治理技术

从废气中将颗粒物分离出来并加以捕集、回收的过程称为除尘。实现这一过程的设备、装置称为除尘器。

（一）除尘装置的技术性能指标

全面评价除尘装置性能应包括技术指标和经济指标两项内容。技术指标常以气体处理量、净化效率、压力损失等参数表示，而经济指标则包括设备费、运行费、占地面积等内容。本节主要介绍其技术性能指标。

1. 烟尘的浓度表示

根据含尘气体中含尘量的大小，烟尘浓度可表示为以下两种形式。

（1）烟尘的个数浓度

单位气体体积中所含烟尘颗粒的个数，称为烟尘的个数浓度，单位为个/cm^3。

（2）烟尘的质量浓度

每单位标准体积含尘气体中悬浮的烟尘质量数，称为烟尘的质量浓度，单位为 mg/m^3。

实际应用中常用质量浓度表示烟尘的浓度。

2. 除尘装置气体处理量

该项指标表示的是除尘装置在单位时间内所能处理烟气量的大小，是表明除尘装置处理能力大小的参数，烟气量一般用体积流量表示（m^3/h 或 m^3/s）。

3. 除尘装置的效率

除尘装置的效率是表示除尘装置捕集粉尘效果的重要指标，也是选择、评价除尘装置的最主要参数，可用总效率、分级效率、通过率、多级除尘效率等表示。

（1）总效率（除尘效率）

总效率是指在同一时间内，由除尘装置除下的粉尘量与进入除尘装置的粉尘量的百分比，常用符号 η 表示。总效率所反映的是除尘装置净化程度的平均值，它是评价除尘装置性能的重要技术指标。

（2）分级效率

分级效率是指除尘装置对以某一粒径为中心、粒径宽度为 Δd 范围的烟尘的除尘效率，具体数值是用同一时间内除尘装置除下的该粒径范围内的烟尘量占进入除尘装置的该粒径范围内的烟尘量的百分比来表示的，符号为 η_d。

总除尘效率只是表示对气流中各种粒径的颗粒污染物去除效率的平均值，而不能说明对某一粒径范围粒子的去除能力，因此不能完全反映除尘器效果的好坏。引入分级效率后，即可根据对不同粒径的粉尘去除情况，更准确地判断除尘效果的好坏，这样可以根据要处理的烟气中的粒径分布情况，选择更适宜的除尘装置。

（3）通过率（除尘效果）

通过率是指没有被除尘装置除下的烟尘量与除尘装置入口烟尘量的百分比，用符号 ε 表示。

在对烟气进行除尘时，主要关心的是除尘后气体中还含有多少烟尘量。单从除尘效率看，除尘装置的这种性能差异表现得不明显，若用通过率来表示，这种差异就可比较清楚地显示出来。

（4）多级除尘效率

在实际应用的除尘系统中，为了提高除尘效率，经常把两种或多种不同规格或不同形式的除尘器串联使用。这种多级净化系统的总效率称为多级除尘效率，一般用 $\eta_{总}$ 来表示。

4. 除尘装置的压力损失

压力损失是表示除尘装置消耗能量大小的指标，有时也称压力降。压力损失的大小用除尘装置进出口处气流的全压差(Δp)来表示。

(二) 除尘装置的分类

除尘器种类繁多，根据不同的原则，可对除尘器进行不同的分类。

依照除尘器除尘的主要机理可将其分为机械式除尘器、过滤式除尘器、湿式除尘器、静电除尘器等四类。

根据在除尘过程中是否使用水或其他液体可分为：湿式除尘器、干式除尘器。

此外，按除尘效率的高低还可将除尘器分为高效除尘器、中效除尘器和低效除尘器。

近年来，为提高对微粒的捕集效率，还出现了综合几种除尘机理的新型除尘器，如声凝聚器、热凝聚器、高梯度磁分离器等。

(三) 各类除尘装置

1. 机械式除尘器

机械式除尘器是通过质量力的作用达到除尘目的的除尘装置。质量力包括重力、惯性力和离心力，主要除尘器形式为重力沉降室、惯性除尘器和离心式除尘器(旋风除尘器)等。

(1) 重力沉降室

重力沉降室是利用粉尘与气体的密度不同，使含尘气体中的尘粒依靠自身的重力从气流中自然沉降下来，达到净化目的的一种装置。重力沉降室分为单层和多层重力沉降室，结构示意图如图 3-9 所示。

含尘气流进入沉降室后，通过横断面比管道大得多的沉降室时，流速大大降低，气流中大而重的尘粒，在随气流流出沉降室之前，由于重力的作用，缓慢下落至沉降室底部而被清除。

重力沉降室是各种除尘器中最简单的一种，只能捕集粒径较大的尘粒，一般对 50 μm 以上的尘粒具有较好的捕集作用，而对于小于 50 μm 的尘粒捕集效果差，因此除尘效率低，只能作为初级除尘手段。

(2) 惯性除尘器

利用粉尘与气体在运动中的惯性力的不同，使粉尘从气流中分离出来的方法称为惯性力除尘。常用方法是使含尘气流冲击在挡板上，气流方向发生急剧改变，气流中的尘粒惯性较大，不能随气流急剧转弯，便从气流中分离出来。一般情况下，惯性气流中的气流速度较高，气流方向转变角度愈大，气流转换方向次数愈多，则对粉尘的净化效率愈高，但压力损失也会愈大。图 3-10 为惯性除尘原理示意图。

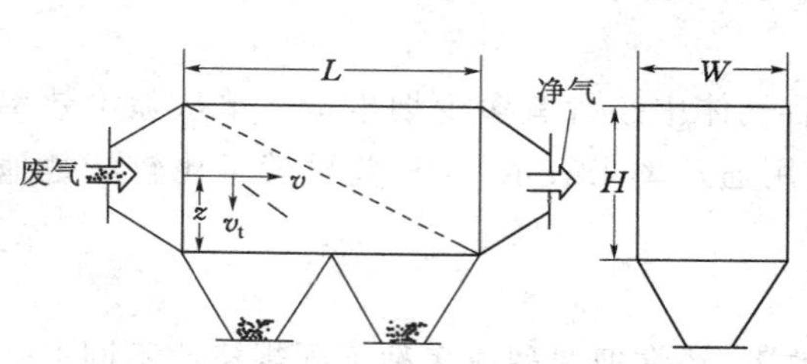

图 3-9　重力沉降室结构示意图

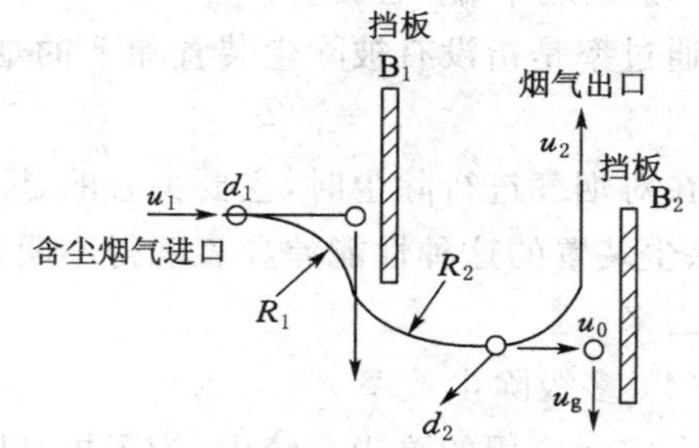

图 3-10　惯性除尘原理示意图

惯性除尘器适于非黏性、非纤维性粉尘的去除，设备结构简单，阻力较小，但其分离效率较低，约为 50%～70%，只能捕集 10～20 μm 以上的粗尘粒，故只能用于多级除尘中的第一级除尘。

(3) 离心式除尘器

使含尘气流沿一定方向做连续的旋转运动，粒子在随气流旋转中获得离心力，使粒子从气流中分离出来的装置为离心式除尘器，也称为旋风除尘器。

图 3-11 为一旋风除尘器的工作原理示意图。普通旋风除尘器是由进气管、排气管、圆筒体、圆锥体和灰斗组成。在机械式除尘器中，离心式除尘器是效率最高的一种。它适用于非黏性及非纤维性粉尘的去除，对大于 50 μm 的颗粒具有较高的去除效率，属于中效除尘器，且可用于高温烟气的净化，因此是应用广泛的一种除尘器。它多应用于锅炉烟气除尘、多级除尘及预除尘。它的主要缺点是对细小尘粒(<5 μm)的去除效率较低。

2. 过滤式除尘器

过滤式除尘是使含尘气体通过多孔滤料，把气体中的尘粒截留下来，使气体得到净化的方法。按滤尘方式有内部过滤与外部过滤之分。内部过滤是把松散多孔的滤料填充在框架内作为过滤层，尘粒是在滤层内部被捕集(如颗粒层过滤器)。外部过滤是用纤维织物、滤布等作为滤料，通过滤料的表面捕集尘粒，故称为外部过滤。这种除尘方式最典型的装置是袋式除尘器。机械清灰袋式除尘器是过滤式除尘器中应用最广泛的一种，如图 3-12 所示。

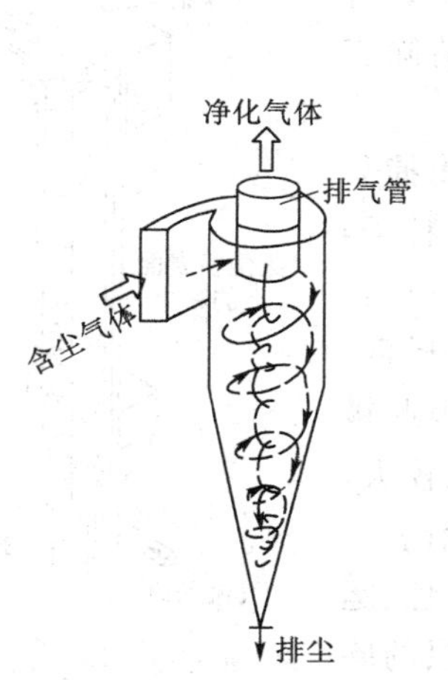

图 3-11　旋风除尘器工作原理示意图

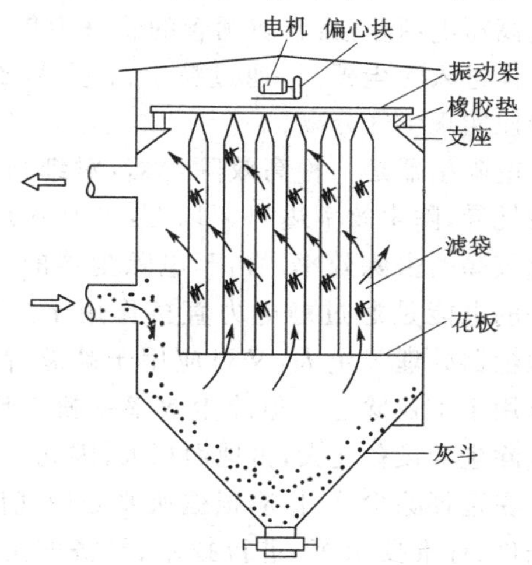

图 3-12　机械清灰袋式除尘器

用棉、毛、有机纤维、无机纤维等材料做成滤袋，滤袋是袋式除尘器中最主要的滤尘部件，滤袋的形状有圆形和扁圆形两种，应用最多的为圆形滤袋。袋式除尘器广泛用于各种工业废气除尘中，它属于高效除尘器，除尘效率大于 99%，对细粉有很强的捕集能力，对颗粒性质及气量适应性强，同时便于回收干料。

袋式除尘器不适于处理含油、含水及黏结性粉尘，同时也不适于处理高温含尘气体，一般情况下被处理气体温度应低于 100 ℃，在处理高温烟气时需预先对烟气进行冷却降温。

3. 湿式除尘器

湿式除尘也称为洗涤除尘。该方法是用液体(一般为水)洗涤含尘气体，使尘粒与液膜、液

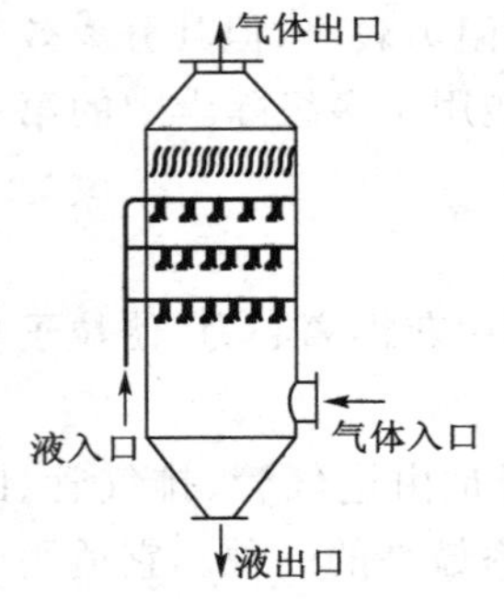

图 3-13 喷淋洗涤示意图

滴或气泡碰撞而被吸附，凝集变大，尘粒随液体排出，气体得到净化。

由于洗涤液对多种气态污染物具有吸收作用，因此它既能净化气体中的固体颗粒物，又能同时脱除气体中的气态有害物质，这是其他类型除尘器所无法做到的，某些洗涤器也可以单独充当吸收器使用。

湿式除尘器种类很多，主要有各种形式的喷淋塔、离心喷淋洗涤除尘器和文丘里式洗涤器等。图 3-13 为喷淋洗涤装置的示意图。

湿式除尘器结构简单、造价低、除尘效率高，在处理高温、易燃、易爆气体时安全性好，在除尘的同时还可去除气体中的有害物。

湿式除尘器的缺点是用水量大，易产生腐蚀性液体，产生的废液或泥浆需进行适当处理，否则会造成二次污染，且在寒冷地区和冬季易结冰。

4. 静电除尘器

静电除尘是利用高压电场产生的静电力（库仑力）的作用实现固体粒子或液体粒子与气流分离的方法。

常用的除尘器有管式与板式两大类型，由放电极与集尘极组成，管式电除尘器的示意图如图 3-14 所示。

图 3-14 中所示的放电极为一用重锤绷直的细金属线，与直流高压电源相接，金属圆管的管壁为集尘极，与地相接。含尘气体进入除尘器后，通过粒子荷电、粒子沉降、粒子清除三个阶段实现尘气分离。

电除尘器是一种高效除尘器，对细粉尘及雾状液滴捕集性能优异，除尘效率达 99%以上，对于小于 1 μm 的粉尘粒子，仍有较高的去除效率。由于电除尘器的气流通过阻力小，且消耗的电能是通过静电力直接作用于尘粒上，因此能耗低。电除尘器处理气量大，又可应用于高温、高压的场合，因此被广泛用于工业除尘。但除尘效率受粉尘比电阻的影响较大，且电除尘器设备庞大，占地面积大，因此一次性投资费用高。

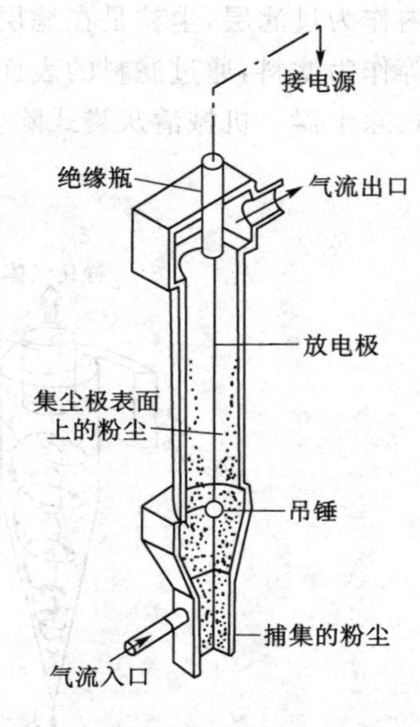

图 3-14 管式电除尘器示意图

在选择除尘器时，应根据所要处理气体和颗粒物特性、运行条件、标准要求等，进行技术、经济的全面考虑。理想的除尘器在技术上应满足工艺生产和环境保护的要求，同时在经济上要合理。

二、气态污染物的治理技术

工农业生产、交通运输和人类生活活动中所排放的气态有害物质种类繁多，依据这些物质不同的化学性质和物理性质，可以采用吸收法、吸附法、催化法、燃烧法、冷凝法等不同的技术方法进行处理。

（一）主要治理方法

1. 吸收法

吸收法是采用适当的液体作为吸收剂，使含有有害物质的废气与吸收剂接触，废气中的有害物质被吸收于吸收剂中，使气体得到净化的方法。在吸收过程中，用来吸收气体中有害组分的液体叫做吸收剂，被吸收的气体组分称为吸收质，而吸收了吸收质后的液体叫做吸收液。

吸收过程中，依据吸收质与吸收剂是否发生化学反应，可将吸收分为物理吸收与化学吸收。在处理气量大、有害组分浓度低为特点的各种废气时，化学吸收的效果要比单纯物理吸收好得多，因此在用吸收法治理气态污染物时，多采用化学吸收法。

吸收法具有设备简单、捕集效率高、应用范围广、一次性投资低等特点。但由于吸收是将气体中的有害物质转移到了液体中，因此对吸收液必须进行妥善处理，否则容易引起二次污染。此外，由于吸收温度越低效果越好，因此在处理高温烟气时，必须对排气进行降温预处理。

2. 吸附法

吸附法治理废气就是使废气与比表面积大的多孔性固体物质相接触，将废气中的有害组分吸附在固体表面上，使其与气体混合物分离，达到净化目的。具有吸附作用的固体物质称为吸附剂，被吸附的气体组分称为吸附质。

当吸附进行到一定程度时，为了回收吸附质以及恢复吸附剂的吸附能力，需采用一定的方法使吸附质从吸附剂上解脱下来，称为吸附剂的再生。吸附法治理气态污染物应包括吸附及吸附剂再生的全部过程。

吸附法的净化效率高，特别是对低浓度气体具有很强的净化能力。若单纯就净化程度说，只要吸附剂用量足够，就可以达到任何要求的净化程度。因此，吸附法特别适用于排放标准要求严格，或有害物浓度低、用其他方法达不到净化要求的气体净化，常作为深度净化手段或联合应用净化方法时的最终控制手段。吸附效率高的吸附剂，如活性炭、活性氧化铝、分子筛等，价格一般都比较昂贵，因此必须对失效吸附剂进行再生，重复使用吸附剂，以降低吸附的费用，常用的再生方法有升温脱附、减压脱附、吹扫脱附等。再生的操作比较麻烦，且必须专门供应蒸汽或热空气等满足吸附剂再生的需要，使设备费用和操作费用增加，这一点限制了吸附方法的应用。另外，由于一般吸附剂的容量有限，因此对高浓度废气的净化，不宜采用吸附法。

3. 催化法

催化法净化气态污染物是利用催化剂的催化作用，使废气中的有害组分发生化学反应后转化为无害物质或易于去除物质的一种方法。

催化方法净化效率较高，净化效率受废气中污染物浓度影响较小。而且在治理过程中，无需将污染物与主气流分离，可直接将主气流中的有害物转化为无害物，避免了二次污染。但所用催化剂价格较贵，操作上要求较高，废气中的有害物质很难作为有用物质进行回收等是该法存在的缺点。

4. 燃烧法

燃烧净化法是对含有可燃有害组分的混合气体进行氧化燃烧或高温分解，从而使这些有害组分转化为无害物质的方法。燃烧法主要应用于碳氢化合物、一氧化碳、恶臭、沥青烟、黑烟等有害物质的净化治理。实际应用的燃烧净化方法有三种，即直接燃烧、热力燃烧与催化燃烧。

燃烧法工艺比较简单，操作方便，可回收燃烧后的热量，但不能回收有用物质，需对燃烧后的废气进行处理，否则容易造成二次污染。

5. 冷凝法

冷凝法是采用降低废气温度或提高废气压力的方法，使一些易于凝结的有害气体或蒸汽态的污染物冷凝成液体并从废气中分离出来。

冷凝法只适用于处理高浓度的有机废气，常用做吸附、燃烧等净化高浓度废气的前处理，以减轻后续处理装置的负荷。冷凝法的设备简单、操作方便，并可回收到纯度较高的产物，因此也成为气态污染物治理的主要方法之一。

(二) 低浓度 SO_2 废气治理

对低浓度 SO_2 废气的治理，目前常用的方法有抛弃法和回收法两种。抛弃法是将脱硫的生成物作为固体废物抛掉，方法简单、费用低廉。回收法是将 SO_2 转变成有用的物质加以回收，成本高，所得副产品存在着应用及销路问题，但有利于保护环境。可根据实际情况进行选择。

目前，在工业上应用的处理 SO_2 废气的方法主要为湿法，即用液体吸收剂洗涤烟气，吸收烟气所含的 SO_2。其次为干法，即用吸附剂或催化剂脱除废气中的 SO_2。

1. 湿法

(1) 氨法

用氨水作为吸收剂处理废气中的 SO_2，由于氨易挥发，实际上此法是用氨水与 SO_2 反应后生成的亚硫酸铵水溶液作为吸收 SO_2 的吸收剂，主要反应如下：

$$(NH_4)_2SO_3+SO_2+H_2O \longrightarrow 2NH_4HSO_3$$

通入氨后的再生反应为：

$$NH_4HSO_3+NH_3 \longrightarrow (NH_4)_2SO_3$$

对吸收后的混合液用不同的方法处理可得到不同的副产物。若用浓硫酸或浓硝酸等对吸收液进行酸解，所得到的副产物为高浓度 SO_2、$(NH_4)_2SO_3$ 或 NH_4NO_3，该法称为氨—酸法。若用 NH_3、NH_4HCO_3 等将吸收液中的 NH_4HSO_3 中和为 $(NH_4)_2SO_3$ 后，经分离可得到副产物 $(NH_4)_2SO_3$，此法不消耗酸，称为氨—亚氨法。若将吸收液用 NH_3 中和，使吸收液中的 NH_4HSO_3 全部变为 $(NH_4)_2SO_3$，再用空气对 $(NH_4)_2SO_3$ 进行氧化，则可得到副产物 $(NH_4)_2SO_4$，该法称为氨—硫铵法。

氨法工艺成熟，流程、设备简单，操作方便，副产的 SO_2 可生产液态 SO_2 或制硫酸，硫铵可做化肥，亚铵可用于治浆造纸代替烧碱，是一种较好的方法。该法适用于处理硫酸生产过程的尾气，但由于氨易挥发，吸收剂消耗量大，因此缺乏氨源的地方不宜采用此法。

(2) 钠碱法

本法是用氢氧化钠或碳酸钠的水溶液作为开始吸收剂，与 SO_2 反应生成 Na_2SO_3 继续吸收 SO_2，主要吸收反应为：

$$NaOH+SO_2 \longrightarrow NaHSO_3$$

$$2NaOH+SO_2 \longrightarrow Na_2SO_3+H_2O$$

$$Na_2SO_3+SO_2+H_2O \longrightarrow 2NaHSO_3$$

生成的吸收液为 Na_2SO_3 和 $NaHSO_3$ 的混合液。用不同的方法处理吸收液，可得不同的副产物。将吸收液中的 $NaHSO_3$ 用 NaOH 中和，得到 Na_2SO_3。由于 Na_2SO_3 的溶解度较 $NaHSO_3$ 低，它可从溶液中结晶出来，经分离可得副产物 Na_2SO_3，析出结晶后的母液作为吸收剂循环使用，该法称为亚硫酸钠法。若将吸收液中的 $NaHSO_3$ 加热再生，可得到高

浓度 SO_2 作为副产物，而得到的 Na_2SO_3 经结晶分离溶解后返回吸收系统循环使用，此法称为亚硫酸钠循环法或威尔曼洛德钠法。

钠碱吸收剂吸收能力大，不易挥发，对吸收系统不存在结垢、堵塞等问题。亚硫酸钠法工艺成熟、简单，吸收效率高，所得副产品纯度高，但耗碱量大，成本高，因此只适于中小气量烟气的治理。而吸收液循环法可处理大气量烟气，吸收效率可达 90%以上，是应用最多的方法之一。

（3）钙碱法

此法是用石灰石、生石灰或消石灰的乳浊液为吸收剂吸收烟气中 SO_2 的方法，对吸收液进行氧化可得到副产物石膏，通过控制吸收液的 pH 值，可以副产半水亚硫酸钙。

钙碱法所用吸收剂价廉易得，吸收效率高，回收的产物石膏可用做建筑材料，而半水亚硫酸钙是一种钙塑材料，用途广泛，因此成为目前吸收脱硫应用最多的方法。该法存在的最主要问题是吸收系统容易结垢、堵塞。另外，由于石灰乳循环量大，使设备体积增大，操作费用增高。

（4）双碱法

双碱法烟气脱硫工艺是为了克服石灰石—石灰法容易结垢的缺点而发展起来的。它先用碱金属盐类的水溶液吸收 SO_2，然后在另一石灰反应器中用石灰或石灰石将吸收 SO_2 后的溶液再生，再生后的吸收液再循环使用，最终产物以亚硫酸钙和石膏形式析出。

钠—钙双碱法[Na_2CO_3—$Ca(OH)_2$]采用纯碱吸收 SO_2，石灰还原再生，再生后吸收剂循环使用，无废水排放。主要反应如下：

吸收反应：

$$Na_2CO_3+SO_2=Na_2SO_3+CO_2$$

$$2Na_2SO_3+O_2=2Na_2SO_4$$

再生反应：

$$Ca(OH)_2+Na_2SO_3+\frac{1}{2}H_2O=2NaOH+CaSO_3\cdot\frac{1}{2}H_2O\downarrow$$

氧化反应：

$$2CaSO_3\cdot H_2O+O_2+3H_2O=2(CaSO_4\cdot 2H_2O)$$

锅炉烟气经风机加压之后，经预脱硫塔进行一级脱硫除尘，烟气被增湿降温后进入主脱硫塔内。烟气与脱硫液中的碱性脱硫剂在雾化区内充分接触反应，完成烟气的进一步脱硫吸收和除尘。经脱硫后的烟气通过塔顶除雾装置除去水雾后的烟气可直接进入烟道并由烟囱排放。

反应后的脱硫液进入再生罐，在再生罐内，脱硫液与 $Ca(OH)_2$ 溶液充分混合再生，再生好的浆液经除渣分离，除渣分离后的清液流入脱硫液储罐，循环利用。

2. 干法

（1）活性炭吸附法

在有氧及水蒸气存在的条件下，用活性炭吸附 SO_2。由于活性炭表面具有催化作用，使吸附的 SO_2 被烟气中的 O_2 氧化为 SO_3，SO_3 再和水蒸气反应生成硫酸。生成的硫酸可用水洗涤下来，或用加热的方法使其分解，生成浓度高的 SO_2，此 SO_2 可用来制酸。

活性炭吸附法由于活性炭吸附容量有限，因此对吸附剂要不断再生，操作复杂。另外为保证吸附效率，烟气通过吸附装置的速度不宜过大，不适于大量烟气的处理，而所得副产物硫酸浓度较低，需进行浓缩才能应用。

（2）催化氧化法

在催化剂的作用下可将 SO_2 氧化为 SO_3 后进行净化。

干式催化氧化法可用来处理硫酸尾气，此技术成熟，已成为制酸工业的一部分。但用此法处理电厂锅炉烟气及炼油尾气，在技术上、经济上还存在一些问题需要解决。

（三）含 NO_x 废气的治理

对含 NO_x 的废气可采用多种方法进行净化治理（主要是治理生产工艺尾气），主要有吸收法、吸附法、催化法等。

1. 吸收法

目前常用的吸收剂有碱液、稀硝酸溶液和浓硫酸等。

常用的碱液有氢氧化钠、碳酸钠、氨水等。碱液吸收设备简单，操作容易，投资少，但吸收效率较低，特别是对 NO 吸收效果差，只能消除 NO_2 所形成的黄烟，达不到去除所有 NO_x 的目的。用稀硝酸吸收硝酸尾气中的 NO_x，不仅可以净化排气，而且可回收 NO_x 用于制硝酸，但此法只能应用于硝酸的生产过程中，应用范围有限。

2. 吸附法

用吸附法吸附 NO_x 已有工业规模的生产装置，可以采用的吸附剂为活性炭、沸石分子筛等。

活性炭对低浓度 NO_x 具有很高的吸附能力，并且经解吸后可回收浓度高的 NO_x，但由于温度高时活性炭容易燃烧，给吸附和再生造成困难，限制了该法的使用。

丝光沸石分子筛是一种极性很强的吸附剂，当含 NO_x 废气通过时，废气中极性较强的 H_2O 分子和 NO_2 分子被选择性吸附在表面上，并进行反应生成硝酸放出 NO。新生成的 NO 和废气中原有的 NO 一起，与被吸附的 O_2 进行反应生成 NO_2，生成的 NO_2 再与 H_2O 反应，重复上一个反应步骤，使废气中的 NO_x 被除去。对被吸附的硝酸和 NO_x，可用蒸汽置换的方法将其脱附下来，脱附后的吸附剂经干燥、冷却后，即可重新用于吸附操作。

分子筛吸附法适于净化硝酸尾气，可将浓度为 $(1.5\sim3.0)\times10^{-3}$ 的 NO_x 降低到 5×10^{-5} 以下，而回收的 NO_x 可生产 HNO_3，因此是一个很有前途的方法。该法的主要缺点是吸收剂吸附容量较小，因而需要频繁再生。

3. 催化还原法

在催化剂的作用下，用还原剂将废气中的 NO_x 还原为 N_2 和 H_2O 的方法称为催化还原法。根据还原剂与废气中的 O_2 发生作用与否，可将催化还原法分为两类。

（1）非选择性催化还原

在催化剂的作用下，还原剂不加选择地与废气中的 NO_x 和 O_2 同时发生反应，可用 H_2 和 CH_4 等作为还原剂气体。该法由于存在着与 O_2 的反应过程，放热量大，因此在反应中必须使还原剂过量并严格控制废气中的含氧量。

（2）选择性催化还原

在催化剂的作用下，还原剂只选择性地与废气中的 NO_x 发生反应，而不与废气中的 O_2 发生反应。常用的还原剂气体为 NH_3 和 H_2S 等。

催化还原法适用于硝酸尾气与燃烧烟气的治理，并可处理大气量的废气，技术成熟、净化效率高，是治理 NO_x 废气的较好方法。由于反应中使用了催化剂，对气体中杂质含量要求严格，因此对进气体需作预处理。该法进行废气治理时，不能回收有用物质，但可回收热量。应用效果好的催化剂一般均含有铂、钯等贵金属组分，价格比较昂贵。

此外还有催化分解和热炭层法等。

（四）有机废气及恶臭治理

有机废气是指含各种碳氢化合物的气体。这些碳氢化合物中很多具有毒性，同时又是造成环境恶臭的主要根源。只不过由于一些引起恶臭的物质阈值较低，因此在以消除恶臭为主要目的的净化中，要求得更为严格。对有机废气的净化治理，常用的方法是吸收法、吸附法和燃烧法。

1. 吸收法

吸收法采用水溶液或有机溶剂进行吸收，适用于高浓度有机废气的治理，具有操作简单、投资少等优点，因而针对不同的有机污染物，选择吸收效率高、经济实用的吸收剂，将是解决吸收法应用的关键。

2. 吸附法

吸附法是目前净化有机废气应用最普遍的方法。常用的吸附剂有活性炭、离子交换树脂等，其中应用最多的是活性炭。当用活性炭做吸附剂吸附到一定程度时，吸附达到饱和，这时要对活性炭进行再生。再生一般是采用通入蒸汽使吸附质脱附的方法，脱附气体经冷凝后回收。

吸附过程方法简单，对低浓度废气净化效率高，并且对大多数有机物组分均具有较强的净化能力，因此应用广泛。但再生的吸附流程复杂、操作费用高、操作复杂。

3. 燃烧法

碳氢化合物大多是可燃的物质，因此可用燃烧的方法或加热分解的方法将其转化为 CO_2 和 H_2O 而加以净化，并回收热量。

（1）直接燃烧

将废气中的碳氢化合物作为燃料烧掉，而使废气净化，这种方法只适于高浓度有机废气的治理。

（2）热力燃烧

通过燃烧辅助材料，将有机废气升温到有机物分解所需的温度，使碳氢化合物受热分解，这种方法可净化有机物含量较低的废气，因此是治理有机废气的主要方法之一。

（3）催化燃烧

催化燃烧时要求的反应温度低，又属于无焰燃烧，因此安全性好。在进行催化燃烧时，首先要把被处理的废气预热到催化剂的起燃温度，预热方法可以采用电加热或烟道气加热。预热到起燃温度的气体进入催化床层进行反应，反应后的高温气体可引出用来加热进口冷气体，以节约预热能量。

三、洁净燃烧技术(煤炭洁净燃烧技术)

洁净煤技术是指从煤炭开发到利用的全过程中旨在减少污染排放与提高利用效率的加工、燃烧、转化及污染控制等新技术。

传统意义上的洁净煤技术主要是指煤炭的净化技术及一些加工转换技术，即煤炭的洗选、配煤、型煤以及粉煤灰的综合利用技术。目前意义上洁净煤技术是指高技术含量的洁净煤技术,发展的主要方向是煤炭的气化、液化、煤炭高效燃烧与发电技术等,是当前世界各国解决环境问题的主导技术之一,也是高新技术国际竞争的一个重要领域。根据我国国情,洁净技术包括:选煤、型煤、水煤浆、超临界火力发电、先进的燃烧器、流化床燃烧、煤气化联合循环发电、烟道气净化、煤炭气化、煤炭液化、燃料电池。上述技术可归纳为直接燃烧煤洁净技术和煤转化为洁净燃料技术。

(一) 直接燃烧煤洁净技术

直接燃烧煤洁净技术是在直接烧煤的情况下需要采用的技术措施。

1. 燃烧前的净化加工技术

主要包括煤炭分选、型煤加工和水煤浆技术。原煤分选采用筛分、物理选煤、化学选煤和细菌脱硫方法,可以除去或减少灰分、矸石、硫等杂质;型煤加工是把散煤加工成型煤,由于成型时加入石灰固硫剂,可减少二氧化硫排放,减少烟尘,还可节煤;水煤浆是选用优质低灰原煤制成,可以代替石油。

2. 燃烧中的净化燃烧技术

主要是流化床燃烧技术和先进燃烧器技术。流化床又叫沸腾床,有泡床和循环床两种,由于燃烧温度低,可减少氮氧化物排放量,煤中添加石灰可减少二氧化硫排放量,炉渣可以综合利用,而且能烧劣质煤。先进燃烧器技术是指改进锅炉、窑炉结构与燃烧技术,减少二氧化硫和氮氧化物的排放技术。

3. 燃烧后的净化处理技术

主要是消烟除尘和脱硫脱氮技术。消烟除尘技术很多,静电除尘器、袋式除尘器效率最高,可达 99%以上,电厂一般多采用此技术。脱硫有干法和湿法两种,干法是用浆状石灰喷雾与烟气中二氧化硫反应,生成干燥颗粒硫酸钙,用集尘器收集;湿法是用石灰水淋洗烟尘,生成浆状亚硫酸排放。它们脱硫效率可达 90%以上。

(二) 煤转化为洁净燃料技术

煤转化为洁净燃料的技术主要有四种方法。

1. 煤的气化技术

煤的气化有常压气化和加压气化两种方法,它是在常压或加压条件下,保持一定温度,通过气化剂(空气、氧气和蒸汽)与煤炭反应生成煤气,煤气的主要成分是一氧化碳、氢气、甲烷等可燃气体。用空气和蒸汽做气化剂,煤气热值低;用氧气做气化剂,煤气热值高。煤在气化中可脱硫除氮,排去灰渣,因此,煤气就变成了洁净燃料。

2. 煤的液化技术

煤的液化有间接液化和直接液化两种方法。间接液化是先将煤气化,然后再把煤气液化,如煤制甲醇,可替代汽油,我国已有应用。直接液化是把煤直接转化成液体燃料,比如直接加氢将煤转化成液体燃料,或煤炭与渣油混合成油煤浆反应生成液体燃料。

3. 煤气化联合循环发电技术

这种技术先把煤制成煤气,再用燃气轮机发电,排出高温废气烧锅炉,再用蒸汽轮机发电,整个发电效率可达 45%。我国正在开发研究中。

4. 燃煤磁流体发电技术

当燃煤得到的高温等离子气体高速切割强磁场,就直接产生直流电,然后把直流电转换成交流电。发电效率可达 50%～60%。我国正在开发研究这种技术。

四、低碳的发展趋势

(一) 低碳经济

所谓低碳经济，是指在可持续发展理念指导下，通过技术创新、制度创新、产业转型、新能源开发等多种手段，尽可能地减少煤炭、石油等高碳能源消耗，减少温室气体排放，达到经济社会发展与生态环境保护双赢的一种经济发展形态。

“低碳经济”是以低能耗低污染为基础的经济。在全球气候变化的背景下，“低碳经济”、“低碳技术”日益受到世界各国的关注。

(二) 低碳经济提出的背景

随着全球人口数量的增加和经济规模的不断增长，化石能源、生物能源等常规能源的使用造成的环境问题及其后果不断地为人们所认识，近年来，废气污染、光化学烟雾、水污染和酸雨等的危害，以及大气中二氧化碳浓度升高带来的全球气候变化，已被确认为人类破坏自然环境、不健康的生产生活方式所致。在此背景下，“碳足迹”、“低碳经济”、“低碳技术”、“低碳发展”、“低碳生活方式”、“低碳社会”、“低碳城市”、“低碳世界”等一系列新概念、新政策应运而生。

(三) 低碳技术

低碳技术是指涉及电力、交通、建筑、冶金、化工、石化等部门以及在可再生能源及新能源、煤的清洁高效利用、油气资源和煤层气的勘探开发、二氧化碳捕获与埋存等领域开发的有效控制温室气体排放的新技术。低碳技术分为三个类型。

1. 减碳技术

减碳技术是指高能耗、高排放领域的节能减排技术，煤的清洁高效利用、油气资源和煤层气的勘探开发技术等。

2. 无碳技术

无碳技术是指核能、太阳能、风能、生物质能等可再生能源技术。在过去 10 年里，世界太阳能电池产量年均增长 38%，超过 IT 产业。全球风电装机容量 2008 年在金融危机中逆势增长 28.8%。

3. 去碳技术

典型的去碳技术是二氧化碳捕获与埋存(CCS)。

(四) 低碳的发展趋势

世界主要发达国家近年来都在致力于新能源技术和清洁能源技术的开发利用，以期抢占低碳经济发展的制高点。到 2013 年为止，欧盟计划投资 1 050 亿欧元用于绿色经济；美国能源部最近投资 31 亿美元用于碳捕获及封存技术研发；英国 2009 年 7 月公布了《低碳产业战略》；我国科技部、教育部、基金委、中科院和许多省市已经部署了发展低碳技术的计划，2007 年 4 月低碳经济和中国能源与环境政策研讨会在北京举行，中科院 2009 年启动了《太阳能行动计划》。

第四节　全球大气环境问题及其防治对策

随着世界人口的快速增长、经济的发展，资源和能源的消耗也在不断地增加，人类生活和生产过程排放出的各种化学物质，给自然净化作用造成了巨大负担。这不仅使区域性环境问题的范围明显地扩大，而且由于氟利昂、二氧化碳、酸性物质等大量排放到大气中，导致了气温变暖、臭氧层破坏及酸沉降等全球性大气环境问题。这些问题由于其影响面大，已被提到国际议事日程上，引起了全世界的关注。

一、温室效应及防治对策

为了应对全球气温变暖，联合国于 2009 年 12 月 7 日至 18 日在丹麦首都哥本哈根召开了哥本哈根世界气候大会，全称是《联合国气候变化框架公约》第 15 次缔约方会议暨《京都议定书》第 5 次缔约方会议，这次会议也被称为哥本哈根联合国气候变化大会。192 个国家的环境部长和其他官员们在哥本哈根召开联合国气候会议，商讨《京都议定书》一期承诺到期的后续方案，就未来应对气候变化的全球行动签署新的协议。这是继《京都议定书》之后又一具有划时代意义的全球气候协议书。

根据 2007 年在印尼巴厘岛举行的第 13 次缔约方会议通过的《巴厘岛路线图》的规定，2009 年末在哥本哈根召开的第 15 次会议将努力通过一份新的《哥本哈根议定书》，以代替 2012 年即将到期的《京都议定书》，目的是通过一个共同文件来约束温室气体的排放。因此，此次会议被视为全人类联合遏制全球变暖行动的一次很重要的努力。

气候科学家们表示全球必须停止增加温室气体排放，并且在 2015～2020 年间开始减少排放。科学家们预计防止全球平均气温再上升 2 ℃，到 2050 年，全球的温室气体减排量需达到 1990 年水平的 80%。这是一项十分艰巨的任务，需要全球所有国家共同努力。

（一）近百年来的全球气候

图 3-15 是 100 多年全球地表温度每年和每 5 年平均值的变化曲线。由图可以看出，100 多年来全球平均地表温度经历了冷—暖—冷—暖两次波动，总的趋势是波动上升的。图 3-15 中曲线表明，19 世纪末到 20 世纪初的 20 年中，全球气候偏冷。到 20 世纪 20 年代，全球气温迅速上升，形成 100 多年来的第一个增暖期。20 世纪 30～40 年代全球气温比 19 世纪下半叶平均高约 0.3～0.4 ℃，40 年代后期全球气温开始下降，50 年代后期全球平均气温比 40 年代下降了 0.2 ℃左右。进入 80 年代后，全球气温再次明显上升，总体上看，21 世纪初全球平均气温比 19 世纪下半叶升高了约 0.8 ℃。

通常所谓的“全球变暖”指的是全球平均地表气温的升高。这首先是因为，地面是人类的主要活动空间，地面气温与人类关系最为密切；其次是个别地区的冷暖常常受天气形势（如冷暖气流等）的影响，例如在同一季节，有的地区异常偏冷，而有的地区又异常偏暖。所

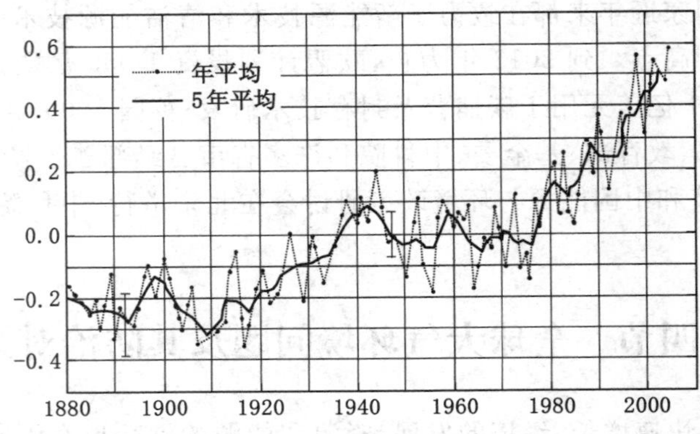

图 3-15　全球 100 多年地表温度变化曲线

以，只有采取全球平均气温资料，才能更好地反映全球气候变化的总体趋势。100多年来全球气温变化的特点如下所述：

① 全球气温上升趋势明显，平均大约上升0.8 ℃；

② 全球气温的变化不呈直进式，而是呈现冷暖交替的波动。

（二）温室效应与温室气体

1. 温室效应

温室效应，又称“花房效应”，是大气保温效应的俗称。大气能使太阳短波辐射到达地面，但地表向外放出的长波热辐射却被大气吸收，这样就使地表与低层大气温度增高，因其作用类似于栽培农作物的温室，故名温室效应。地球大气有类似玻璃温室的温室效应，其作用的加剧是当今全球变暖的主导因素。自工业革命以来，人类向大气中排放的二氧化碳等吸热性强的温室气体逐年增加，大气的温室效应也随之增强。

2. 温室气体

地球的大气层中重要的温室气体包括下列数种：水蒸气（H_2O）、臭氧（O_3）、二氧化碳（CO_2）、氧化亚氮（N_2O）、甲烷（CH_4）、氢氟氯碳化物类（CFCs，HFCs，HCFCs）、全氟碳化物（PFCs）及六氟化硫（SF_6）等。由于水蒸气及臭氧的时空分布变化较大，因此在进行减量措施规划时，一般都不将这两种气体纳入考虑。在1997年于日本京都召开的联合国气候变化纲要公约第三次缔约国大会中所通过的《京都议定书》，明确针对六种温室气体进行削减，包括上述所提及的二氧化碳（CO_2）、甲烷（CH_4）、氧化亚氮（N_2O）、氢氟碳化物（HFCs）、全氟碳化物（PFCs）及六氟化硫（SF_6）。其中后三类气体造成温室效应的能力最强，但对全球升温的贡献百分比来说，由于二氧化碳（CO_2）含量较多，所占的比例也最大，约为55%，因此，CO_2成为温室气体的代名词。全球温室气体在大气中的浓度变化和累计温室效应分别如表3-3、表3-4所示。由表3-3可知，全球主要温室气体呈增长趋势。

表3-3　全球温室气体在大气中的浓度变化　$\times 10^{-6}$

温室气体	1750年	1995年	2009年
CO_2	280	360	386.8
CH_4	0.7	1.7	1.854
N_2O	0.08	0.31	0.322
CFCs	0	0.009	—

表3-4　各种温室气体的累计温室效应

温室气体	对温室效应的贡献	
	质量基准/kg^{-1}	质量基准/mol^{-1}
CO_2	1	1
CH_4	20	20
N_2O	300	300
CFC_{11}	4 000	11 000
CFC_{12}	8 000	20 000

温室气体对地球辐射热量的收支平衡起重要作用。由图 3-16 可知，CO_2 吸收带在波长 12 500～17 000 nm 之间，正是在这一谱段地球射出的长波受到很大削弱。而在波长为 7 500～13 000 nm 间的长波辐射被削减较少，有 70%～90%的地球长波辐射是从这个波段散失到宇宙空间去的。这一谱段也常被称为大气窗。在这一谱段中有 N_2O、CH_4、O_3、氟利昂等微量气体的吸收带。一旦这些微量气体大量增多，在 7 500～13 000 nm 谱段的地球长波辐射也将被大量吸收，即地球赖以散失辐射热量的大气窗被关闭，温室效应就会加剧。

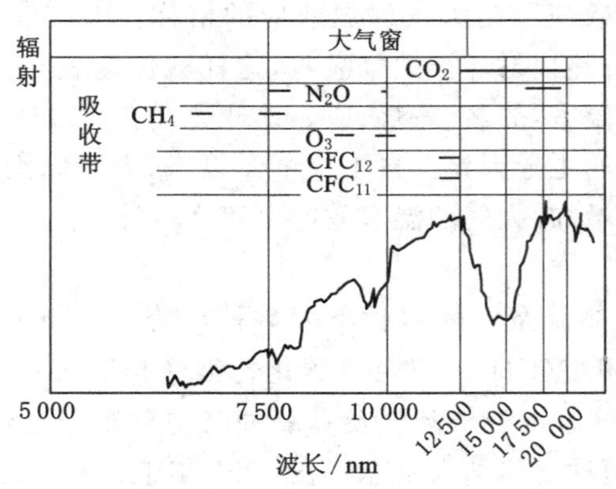

图 3-16 温室气体的吸收带

3. 温室气体浓度变化与地球变暖趋势

引起气温变化的因素是多方面的，可分为自然因素和人为因素。自然因素包括太阳活动、陆地形态变化(如火山爆发)、地表反照率变化(如冰雪层、沙漠地、植被覆盖区和水面等)；人为因素指人类社会活动对气候的影响，如城市化、森林砍伐、过度放牧、土地不合理利用，以及由于工业化引起的大气中 CO_2 和其他微量气体浓度的变化等。气体变化本身又可分为长期气候变化和短期气候变化。自然因素在短期内的变化是不显著的，而人为因素如 CO_2 和其他微量气体浓度的持续增加，会对短期气候尤其是区域性气候变化带来较显著的影响。

在工业化以前，1750 年大气中 CO_2 浓度为 280×10^{-6}，而到 2009 年已上升到 386.8×10^{-6}，200 多年增长了 30%多。大气中 CO_2 浓度急剧增加的原因主要有两个：首先，随着工业化的发展和人口剧增，人类消耗的化石燃料迅速增加，燃烧产生的 CO_2 释放进入大气层，使大气中 CO_2 浓度增加；其次，全球大片森林的毁坏，一方面使森林吸收的 CO_2 大量减少，另一方面烧毁森林时又释放大量的 CO_2，使大气中 CO_2 含量增多。

目前，化石能源消耗量在不断增加，占全部能源消耗的 87%。据世界环保组织统计，19 世纪 60 年代每年排放到大气中的 CO_2 只有 0.9 亿 t 左右，1990 年世界 CO_2 的排放量约为 215.6 亿 t，2001 年达到 239.0 亿 t，2010 年达到了 277.2 亿 t，年均增长 1.85%。排放到大气中的 CO_2 主要是燃烧化石燃料产生的，约占排放总量的 70%。其余为森林毁坏造成的，主要发生在发展中国家，尤其是热带雨林地区，如巴西、印度尼西亚等。热带森林以平均每年 900～2 450 公顷的速度从地球上消失。

其他温室气体如甲烷(CH_4)的温室效应比 CO_2 大 20 倍，因此它的浓度持续增长也是不容忽视的。根据对南极冰芯成分的分析，工业化以前大气中甲烷浓度仅为 0.7×10^{-6} 左右，目前则为 1.854×10^{-6}，近 200 年增长了 1 倍多，而且每年以 1.1%的速率增加。据研究，大气中甲烷的含量与世界人口密切相关，在过去 600 年中，大气中甲烷浓度的增长与世界人口的增长趋势是一致的。

氢氟氯碳化物类（氟利昂是典型的代表）是人类的工业产品，其中起温室作用的主要是 CFC_{11} 和 CFC_{12}，在大气中寿命可达 70～120 年。美国国家海洋和大气管理局地球系统研究实验室的科学家们所进行的研究表明，氢氟碳化物对气候的影响可能远比人们所预想的要大。氢氟碳化物虽然不含有破坏地球臭氧层的氯或溴原子，但却是一种极强的温室气体，其对气候变暖的作用远比等量的二氧化碳要强，有的氢氟碳化物的致暖效应要比二氧化碳高几千倍。

另一种温室气体是 N_2O，大气中 N_2O 的排放源包括自然源和人为源。自然源包括海洋、森林、草地等。人为源包括生物质燃烧及工业排放。土壤 N_2O 的排放约占全球 N_2O 排放的 60%左右。由于施用化肥的影响，N_2O 在大气中的浓度也在缓慢增长，年增长率为0.2%～0.3%。

总之，温室气体浓度在不断增加，与此同时全球气候逐渐变暖。许多科学家认为，温室气体的增多可能是近百年来全球变暖的原因之一。用最先进的气候全循环模型进行的试验证明，大气中 CO_2 浓度或其当量增加 1 倍，地球表面平均气温将升高 1.5～4.5 ℃。

（三）温室效应对人类的影响

全球气温变暖势必对人类生活产生影响，这种影响究竟有多大还有待进一步研究，但初步的研究成果是值得注意的。

1. 沿海地区的海岸线变化

有两种过程会导致海平面升高。第一种是海水受热膨胀引起水平面上升。第二种是冰川和格陵兰及南极洲上的冰块融化使海洋水分增加。

全球气温变暖使海水平面上升的原因在于，随着气温升高，海水温度也随之升高，海水将会由于升温而膨胀，促使海水平面升高。据估计，在综合考虑海水膨胀，南极、北极和高山冰雪融化等因素的前提下，当全球增温 1.5～4.5 ℃时，海水平面可能上升 20～165 cm。据统计，100 多年来全球气候增暖为 0.8 ℃，全球海水平面大约上升了 10～15 cm。

海平面上升主要使沿海地区受到威胁，全球第一个被海水淹没的有人居住岛屿是位于南太平洋国家——巴布亚新几内亚的岛屿卡特瑞岛。沿海低地也有被淹没的危险，如“水城”威尼斯、“低地之国”荷兰等。海拔稍高的沿海地区的海滩和海岸也会遭受侵蚀，需耗费巨资修建海岸维护工程。另外，海平面上升还会引起海水倒灌、洪水排泄不畅、土地盐渍化等后果。

2. 气候带移动

气候带移动包括温度带的移动和降水带的移动。

全球变暖会引起温度带的北移。一般说来，在北纬 20°～80°之间，每隔 10 个纬度温度相差 7 ℃，因此，按照全球平均增暖 3.5 ℃计算，温度带平均北移 5 个纬度。但不同纬度地区增暖幅度是不一样的，低纬地区增暖幅度小，温度带移动幅度也小，中纬度地区增暖幅度大，温度带北移也较大。

温度带移动会使大气运动发生相应的变化，全球降水也将改变。一般说来，低纬度地区现有雨带的降水量会增加，高纬度地区冬季降雪量也会增多，而中纬度地区夏季降水将会减少。

气候带的移动会引起一系列的环境变化。对于大多数干旱、半干旱地区，降水的增多可以获得更多的水资源。但是，对于低纬度热带多雨地区，则面临着洪涝威胁。而对于降水减少的地区，如北美洲中部、中国西北内陆地区等，则会因为夏季雨量的减少，变得更加干旱，造成供水紧张，严重威胁这些地区的工农业生产和人们的日常生活。

3. 地球上史前病毒发作

温室效应可使史前致命病毒威胁人类。美国科学家发出警告，由于全球气温上升引起北极冰层融化，被冰封十几万年的史前致命病毒可能会重见天日，导致全球陷入疫症恐慌，人类生命受到严重威胁。

纽约锡拉丘兹大学的科学家在《科学家杂志》中指出，早前他们发现一种植物病毒TOMV，由于该病毒在大气中广泛扩散，推断在北极冰层也有其踪迹。于是研究员从格陵兰抽取4块年龄由500～14万年的冰块，结果在冰层中发现TOMV病毒。研究员指出该病毒表层被坚固的蛋白质包围，因此可在逆境中生存。

这项新发现令研究人员相信，一系列的流行性感冒、小儿麻痹症和天花等疫症病毒可能藏在冰块深处，目前人类对这些原始病毒缺乏抵抗能力，当全球气温上升令冰层融化时，这些埋藏在冰层几千年或更长时间的病毒便可能会复活，形成疫症。科学家表示，虽然他们不知道这些病毒的生存希望，或者其再次适应地面环境的能力，但肯定不能抹杀病毒卷土重来的可能性。

（四）控制温室效应的对策

全球气温变暖问题在两个方面有别于其他全球环境问题：① 全球变暖问题主要是由CO_2引起的，而CO_2是由消费能源产生的，与人们的生产和生活有着密切的关系，人类不易加以防止；② 全球变暖问题具有很大的不确定性。对于温室效应气体的排放源、吸收源、物质循环机制等尚未彻底搞清楚的问题，比其他全球环境问题更多，因而其解决方法也与其他环境问题有所不同。

控制气温变暖、减少温室气体排放的基本对策如下。

1. 调整能源战略

当今世界各国一次能源消费结构均以化石燃料为主，全球化石燃料消费量占一次能源消费总量的87%左右，燃烧化石燃料每年排入大气中的CO_2多达50亿t。调整能源战略可以从提高现有能源利用率，以及向清洁能源转化等方面着手。提高现有能源利用率，减少CO_2排放可以采取以下几方面措施：

① 采用高效能转化设备；

② 采用低耗能工艺；

③ 改进运输，降低油耗，改善汽车燃料状况，减少机动车尾气排放；

④ 研发新型节能家用电器；

⑤ 改进建筑保温；

⑥ 利用废热、余热集中供暖；

⑦ 加强废旧物资回收利用；

⑧ 鼓励使用太阳能，开发替代能源。

能源消耗转化是指从使用含碳量高的燃料（如煤炭）转向含碳量低的燃料（如天然气），

或转向不含碳的能源(如太阳能、风能、核能、地热能、水能、海洋能等)。这些选择将使我们由减少 CO_2 排放向着低碳经济、低碳生活的方向迈进。

2. 保护森林对策

据统计,全世界每年约有 1 200 万公顷的森林消失(其中大多数是对全球生态平衡至关重要的热带雨林),造成每年从空气中少吸收 4 亿 t CO_2。林地可以净化大气,调节气候,吸收 CO_2。为抑制 CO_2 增长,应在保护现有森林的基础上大面积植树造林。

3. 全面禁用氟氯碳化物

目前,全球各国正在朝此方向努力,倘若努力能够实现,根据估计到 2050 年可以对温室效应发挥 3%左右的抑制效果。

4. 提高环境意识,促进全球合作

缺乏环境意识是环境灾害发生的重要原因,为此,应通过各种渠道和宣传工具,进行危机感、紧迫感和责任感的教育,使越来越多的人认识到温室灾害已经开始,气候有可能日益变暖,人类应为自身和全球负责,建立长远规划,防止气候恶化。

上述环境问题是没有国界的,必须把地球环境作为整体统一考虑、合作治理,认真对待地球变暖问题,否则各国的长远发展都是无法实现的。

二、酸雨及防治对策

(一) 酸雨现象及其发展

酸雨一词最早是由英国化学家史密斯(R. A. Smith)使用的。他在 1852 年分析曼彻斯特地区的雨水时,发现地区雨水成分中含有硫酸或酸性硫酸盐,并在 1872 年所著《空气和降雨:化学气候学的开端》一书中,首次使用"酸雨"这个词。从 19 世纪 80 年代到 20 世纪中期,北欧地区先后发现降水化学成分的变化。斯堪的纳维亚半岛的科学家们认为,降水的硫酸和硝酸是其周围大的空气污染源排放的 SO_2 和 NO_x 所造成的,并且发现酸化的水体中鱼类种群减少。在 20 世纪 50 年代后期,酸雨在比利时、荷兰和卢森堡被发现,10 年后,酸雨在德国、法国、英国等地区相继出现。在 1972 年斯德哥尔摩召开的第一次人类环境会议上,瑞典人 Bert Bolin 等向大会做了题为"跨越国境的空气污染,空气和降水中硫对环境的影响"的报告,提出了湖泊受到酸雨污染,严重威胁生态,如不采取措施,将会对环境造成灾难性影响的论断。

进入 20 世纪 80 年代后,酸雨的危害更加严重,并且扩展到了世界范围。原先多发生在北欧国家的酸雨已扩展到中欧和东欧,而且程度也更严重。欧洲大气化学监测网近 20 年连续监测结果表明,欧洲雨水的酸度每年增加 10%,斯堪的纳维亚半岛南部、瑞典、丹麦、波兰、德国等酸雨的 pH 值多为 4.0~4.5。在北美地区,酸雨也成为棘手问题,pH 值为 3~4 的酸雨已司空见惯,美国已有 15 个州的酸雨 pH 值在 4.8 以下。加拿大酸雨受害面积已达 120 万~150 万 km^2。酸雨的危害已扩大到发展中国家,其中一些地区的土壤酸化程度已经能够使森林遭到破坏。

我国对酸雨的监测与研究起步较晚。1979 年开始在北京、上海、南京、重庆、贵阳等地开展对降水化学成分的测定。

2000 年,监测的 254 个城市中,157 个城市出现过酸雨,占 61.8%,其中 92 个城市年均 pH 值小于 5.6,占 36.2%。2002 年酸雨控制区内 109 个城市中,pH 值小于或等于 5.6 的城市 79 个,占监测城市数的 72.5%。pH 值最小为 4.04。

根据国家环境保护部公布的《2010年全国环境质量状况报告》，2010年，全国酸雨面积约120万km^2，约占国土面积的12.6%，与2009年基本持平，较2005年下降1.3%，总体略有减小。较重酸雨区(pH年均值低于5.0)和重酸雨区(pH年均值低于4.5)的面积基本稳定。酸雨集中分布于长江沿线及以南、青藏高原以东地区。全国酸雨分布区域、酸雨类型未出现明显变化，降水中主要致酸物质为硫酸盐。我国长江以南的四川、贵州、广东、广西、江西、江苏、浙江已经成为世界三大酸雨区之一。

(二) 酸雨的形成

降水的酸度是由降水中酸性和碱性化学物质间的化学平衡决定的。大气中可能形成酸的物质是：含硫化合物——SO_2、SO_3、H_2S、$(CH_3)_2S$、$(CH_3)_2S_2$、COS、CS_2、CH_3SH、硫酸盐和H_2SO_4；含氮化合物——NO、NO_2、N_2O、硝酸盐、HNO_3以及氯化物和HCl等。这些物质有可能在降水过程中进入降水，使其呈酸性。普遍认为主要的成酸基质是SO_2和NO_x，其形成的酸占酸雨中的总酸量因地而异。国外酸雨中硫酸与硝酸之比为2∶1，我国酸雨以硫酸为主，硝酸含量不足10%。

1. 天然排放的含硫化合物与含氮化合物

含硫化合物与含氮化合物的天然排放源可分为非生物源和生物源。非生物源排放包括海浪溅沫、地热排放气体与颗粒物、火山喷发等。海浪溅沫的微滴以气溶胶形式悬浮在大气中，海洋中硫的气态化合物，如H_2S、SO_2、$(CH_3)_2S$在大气中氧化，形成硫酸。火山活动也是主要的天然硫排放源，据估计，内陆火山爆发排放到大气中的硫约为3 000 kt/a。生物源排放主要来自有机物腐败、细菌分解有机物的过程，以排放H_2S、DMS(二甲基硫)、COS(羰基硫)为主，它们可以氧化为SO_2而进入大气。全球天然源硫排放量估计为5 000 kt/a，全球天然源氮排放量，主要由于闪电造成的NO_x，较难准确估算。

2. 人为排放的硫化合物与氮化合物

大气中大部分硫和氮的化合物是由人为活动产生的，而化石燃料燃烧造成的SO_2与NO_x排放，是产生酸雨的根本原因。这已从欧洲、北美历年排放SO_2与NO_x的递增量与出现酸雨的频率及降水酸度上升趋势得到证明。

由于燃烧化石燃料及施用农田化肥，全球每年约有0.7亿～0.8亿t氮进入自然界，同时向大气排放约1亿t硫。这些污染物主要来自占全球面积不到5%的工业化地区——欧洲、北美东部、日本及中国部分区域。上述区域人为排放硫量超过天然排放量的5～12倍。

进入21世纪以来SO_2排放的上升趋势有所减缓，主要是因为减少了对化石燃料的依赖，更广泛地采用了低硫燃料以及安装污染控制装置(如烟气脱硫装置)。

我国的能源消耗以燃煤为主，在能源中约占70%，我国酸沉降主要来自SO_2，2005年二氧化硫排放总量高达2 549万t，2009年有所减少，SO_2排放总量2 214.4万t。

3. 酸雨形成过程

人为源和天然源排放的硫化合物和氮化合物进入大气后，经历扩散、转化、运移以及被雨水吸收、冲刷、清除等过程。气态的SO_2、NO_x在大气中可以氧化成不易挥发的硝酸和硫酸，并溶于云滴或雨滴而成为降水成分。它们的转化速率受气温、辐射、相对湿度以及大气成分等因素的影响。

(1) SO_2氧化途径

在清洁干燥的大气中，SO_2氧化为SO_3的速度是很慢的，但由于SO_2往往与尘埃、烟雾同时排放，而且接触氧化作用是SO_2转化的主要途径，SO_2在尘埃上以Mn、Fe等金属作为催化剂，经放热氧化为SO_3后，又与水结合生成H_2SO_4，其反应式如下：

$$SO_2+O_2\xrightarrow{\text{催化剂}}SO_3$$

$$SO_3+H_2O\longrightarrow H_2SO_4$$

总反应方程式如下：

$$2SO_2+2H_2O+O_2\xrightarrow{\text{催化剂(金属盐)}}2H_2SO_4$$

SO_2在大气中也会通过光化学氧化而转变为SO_3，继而生成H_2SO_4。如果含有SO_2的大气还含有氮氧化物和碳氢化合物，在阳光照射下，SO_2的光氧化速率会明显加快。

(2) NO_x氧化途径

造成大气污染的氮化合物通常指NO和NO_2，NO的氧化可以有以下两条途径，其中以第一条途径为主，是NO氧化成NO_2。

反应式为：

$$NO+O_3\longrightarrow NO_2+O_2$$

这个反应进行得很迅速，当NO和O_3浓度均为0.1×10^{-6}时，全部氧化仅需约20 s。

NO也可被大气中的自由基氧氧化成NO_2。

第二条途径是NO氧化成HONO(亚硝酸)和HNO_3。

反应式为：

$$NO+OH\cdot\rightleftharpoons HONO$$

$$NO+HO_2\cdot\longrightarrow HNO_3$$

NO_2的氧化也有两条途径：第一条途径是NO_2转化成HNO_3。大气中的NO_2与氢氧自由基作用，可转化为$HONO_2$：

$$NO_2+OH\cdot+M\longrightarrow HONO_2+M$$

此外，也可通过以下途径生成HNO_3：

$$NO_2+O_3\longrightarrow NO_3+O_2$$

$$NO_3+NO_2+M\longrightarrow N_2O_5+M$$

$$N_2O_5+H_2O\longrightarrow 2HONO_2$$

第二条途径是NO_2转化为过氧化乙酰基硝酸酯和过氧硝酸(HO_2NO_2)，转化过程比较复杂。其中过氧化乙酰基硝酸酯(PAN)为重要的二次污染物，是光化学烟雾的主要成分，它在大气中比HO_2NO_2稳定一些，在NO_2的转化过程中起重要作用。

氮化合物在大气中经过一系列化学变化，最终产生硝酸或硝酸盐，成为干沉降或随降水降落。

(三) 酸雨的危害

酸雨在国外被称为"空中死神"，其危害主要表现在以下四个方面。

1. 酸雨对水生生态系统的危害

酸雨会使湖泊水体变成酸性，导致水生生物死亡。在瑞典有9万个湖泊，其中2万个已遭到不同程度的酸雨损害(占20%以上)，4 000个生态系统已被完全破坏。挪威南部5 000个湖泊中有1 750个已经鱼虾绝迹。加拿大安大略省已有2 000～4 000个湖泊变成酸性，鳟鱼和鲈鱼已不能生存。美国对纽约东北部的阿几隆达克山区进行的调查表明，该地区

214 个湖泊中,pH 值在 5 以下的已达半数之多,82 个湖泊已无鱼类生存。

研究表明,酸雨危害水生生态系统,一方面是通过湖水 pH 值降低导致鱼类死亡,另一方面是由于酸雨浸渍了土壤,侵蚀了矿物,使铝元素和其他重金属元素沿着基岩裂缝流入附近水体,影响水生生物生长或致其死亡。当水中铝含量达到 0.2 mg/L 时,就会杀死鱼类。同时对浮游植物和其他水生植物起营养作用的磷酸盐,由于附着在铝上,难于被生物吸收,其营养价值就会降低,并使赖以生存的水生生物的初级生产力降低。另外,瑞典、加拿大和美国的一些研究揭示,在酸性水域,鱼体内汞浓度增高。若这些含有高水平汞的水生生物进入人体,势必会对人类健康带来潜在的有害影响。

2. 酸雨对陆地生态系统的影响

近年来,人们普遍将大面积的森林死亡归因于酸雨的危害。在德国,横贯巴伐利亚州山区的 12 000 公顷森林有 1/4 坏死,波兰已观察到针叶林大面积枯萎,面积达 24 万公顷,捷克的受害森林占森林总面积的 1/5。

酸雨对森林的危害可分为四个阶段。第一阶段,酸雨增加了硫和氮,使树木生长呈现受益倾向。第二阶段,长年酸雨使土壤中和能力下降,以及 K、Ca、Mg、Al 等元素淋溶,使土壤贫瘠。第三阶段,土壤中的铝和重金属元素被活化,对树木生长产生毒害,当根部的 Ca/Al 比率小于 0.15 时,所溶出的铝具有毒性,抑制树木生长,而且酸性条件有利于病虫害的扩散,危害树木,这时生态系统已失去恢复力。第四阶段,如树木遇到持续干旱等诱发因素,土壤酸化程度加剧,就会引起根系严重枯萎,致使树木死亡。

3. 酸雨对各种材料的影响

酸雨加速了许多用于建筑结构、桥梁、水坝、工业装备、供水管网、地下储罐、水轮发电机、动力和通信电缆等材料的腐蚀。

酸雨能严重损害古迹。我国故宫的汉白玉雕刻、雅典巴特农神殿和罗马的图拉真凯旋柱,正在受到酸性沉积物的侵蚀。其主要反应式是:

$$CaCO_3 + H_2O \xrightarrow{SO_2} CaSO_3 \cdot H_2O + CO_2\uparrow + H_2O \xrightarrow{\frac{1}{2}O_2} CaSO_4 \cdot 2H_2O$$

$$CaCO_3 + SO_4^{2-} + 2H^+ + H_2O \longrightarrow CaSO_4 \cdot 2H_2O + CO_2\uparrow$$

$$CaCO_3 + 2NO_3^- + 2H^+ \longrightarrow Ca(NO_3)_2 + CO_2\uparrow + H_2O$$

溶解下来的 $CaSO_4$ 部分侵入颗粒间缝隙,大部分被雨水带走或以结壳形式沉积于大理石表面并逐渐脱落,从而使建筑物受到破坏。

酸雨腐蚀金属材料的过程,对于活泼金属(如铁)是置换反应,对于不活泼金属(如铜、钢),则是电化学过程:

$$O + H_2O + 2e \longrightarrow 2OH^- \text{(阴极反应)}$$

$$M \longrightarrow M^{2+} + 2e \text{(阳极反应)}$$

被腐蚀的金属生成难溶的氧化物,或生成离子被雨水带走。

4. 酸雨对人体健康的影响

酸雨对人体健康产生间接的影响。酸雨使地面水变成酸性,水中金属含量增高,饮用这种水或食用酸性河水中的鱼类会对人体健康产生危害:一是通过食物链使汞、铅等重金属进入人体,诱发癌症和老年痴呆;二是酸雾侵入肺部,诱发肺水肿或导致死亡;三是长期生活在含酸沉降物的环境中,诱使产生过多的氧化脂,导致动脉硬化、心肌梗死等疾病的概率增加。

（四）酸雨的防治对策

减少酸雨主要是要减少燃煤排放的二氧化硫和汽车排放的氮氧化物。防治酸雨的一般措施如下。

1. 对原煤进行分选加工，减少煤炭中的硫含量

减少 SO_2 污染主要的方法是使用含硫低的燃料。煤炭中硫含量一般为其质量的 0.2%～5.5%，我国规定，新建硫分大于 1.5%的煤矿，应配套建设煤炭分选设施，对现有硫分大于 2%的煤矿，应补建配套煤炭分选设施。原煤经过分选之后，SO_2 排放量可减少 30%～50%，灰分去除约 20%。

2. 改进燃烧技术，减少燃烧过程中 SO_2 和 NO_x 的产生量

改进燃烧方式也可以达到控制 SO_2 和 NO_x 排放的目的。使用低 NO_x 的燃烧器改进锅炉，可以减少氮氧化物排放。流化床燃烧技术已得到应用，新型的流化床锅炉有极高的燃烧效率，几乎达到 99%，而且能去除 80%～95%的 SO_2 和 NO_x，还能去除相当数量的重金属。这种技术是通过向燃烧床喷射石灰或石灰石完成脱硫脱氮的。

3. 烟道气脱硫、脱氮

在烟道气排出烟囱前，喷以石灰或石灰石，其中的碳酸钙与 SO_2 反应，生成 $CaSO_3$，然后由空气氧化为 $CaSO_4$，大大降低了烟气中的 SO_2。

4. 改进汽车发动机技术，安装尾气净化装置，减少氮氧化物的排放

目前汽油机采用的排放控制技术主要是三元催化器，不仅能控制氮氧化物，同时也能减少碳氢化合物和一氧化碳的排放。柴油机由于过量空气系数较大，一般采用废气再循环和选择还原技术控制氮氧化物排放。

5. 优先开发和使用各种低硫燃料

低硫燃料包括天然气、液化石油气、煤气、酒精、二甲醚、燃料乙醇、生物柴油、核燃料等。这些清洁燃料的使用可大大减少 SO_2 和 NO_x 的排放。

各国根据自己的具体情况，都制定了一些适合本国国情的酸雨控制措施。我国针对出现的酸雨问题，采取了以下对策：一是降低煤炭中的含硫量，二是减少 SO_2 的排放。我国选煤能力优先安排分选高硫煤，回收精硫矿。对于无法分选的有机硫，可在煤炭燃烧过程中采用回收技术，制取硫酸。在生产和生活用煤中，采用热电联产，集中供热，实行燃煤气化。厂矿企业燃煤设施，应装有消除烟尘和脱硫设备。

三、臭氧层破坏及防治对策

臭氧层损耗是当前人们普遍关注的全球性大气环境问题，因为它同样直接关系到生物圈的安危与人类的生存，需要全世界共同采取行动。

（一）臭氧层与臭氧空洞

1. 臭氧层

臭氧（O_3）是氧的同素异形体，在大气中含量很少，但其浓度变化会对人类健康和生物圈以及气候带来很大的影响。

臭氧存在于地面以上至少 10 km 高度的地球大气层中，其浓度随海拔高度而异。在平流层（离地面 20～25 km）最高，但一般不超过 5×10^{13} 分子/cm^3。平流层中的臭氧吸收掉太阳放射出的大量对人类、动物及植物有害的紫外线辐射（240～329 nm，称为 UV-B 波长），

为地球提供了一个防止紫外线辐射的屏障。但另一方面,臭氧遍布整个对流层,具有不利作用,约有 50 多个化学反应参与臭氧平衡。大气臭氧是由氧原子和氧分子结合产生的。

$$O\cdot + O_2 + M \longrightarrow O_3 + M$$

式中,M 是用来携带走在化合反应中释放出的能量的第三种物质。在大约 20 km 高度上氧原子几乎都是由于短波紫外线辐射,使 O_2 分子光解而产生的(<243 nm)。

$$O_2 + h\nu \longrightarrow O\cdot + O\cdot$$

在较低的高度,特别是在大气对流层内,氧原子主要是由于长波紫外线辐射,使 NO_2 光解而产生。

$$NO_2 + h\nu \longrightarrow NO\cdot + O\cdot$$

而臭氧自身通过紫外线和可见光照射后,也会发生光解。

$$O_3 + h\nu \longrightarrow O_2 + O\cdot$$

平流层中的臭氧损耗,主要是通过动态迁移转到对流层,在那里得到大部分具有活性催化作用的基质和载体分子,从而发生化学反应而被消耗掉。臭氧主要是与 HO_x、NO_x、ClO_x 和 BrO_x 中含有的活泼自由基发生同族气相反应。反应如下:

$$X + O_3 \longrightarrow XO + O_2$$

$$X + O\cdot \longrightarrow X + O_2$$

净反应

$$O\cdot + O_3 \longrightarrow O_2 + O_2$$

式中,催化剂 X 为 H·、OH·、NO·、Cl·或 Br·。

从上式可以看出,如果含氟氯烃或其他卤代化合物在空气中含量增多,由于其在太阳辐射下可分解成活性卤原子,从而会影响到臭氧在大气层中的分布。已经观察到,在平流层中臭氧含量减少,而在对流层中其含量有所增加。由于约有 90% 的臭氧在平流层,所以其总量是在下降。

2. 臭氧空洞

1984 年,英国科学家首次发现南极上空出现了臭氧空洞。1985 年,美国的"雨云—7"号气象卫星测到了这个"洞",其面积与美国领土相等,深度相当于珠穆朗玛峰的高度。

经过多年的连续观测,科学家发现,臭氧洞通常在春天出现,即每年从 9 月开始出现臭氧减少,到 11 月中旬消失。据 NASA 科学报道,在 1991 年,南极臭氧浓度出现了有记录以来的最低值。NASA 的"Nimbus—7"号卫星上的总臭氧测定仪记录的数据表明,在 1991 年 10 月 6 日,臭氧洞中臭氧浓度为 110±6 Dobson,而以前的最低值为 1987 年 10 月的 120 Dobson,正常的臭氧浓度应为 300 Dobson。另外,1990 年的南极臭氧洞一直持续到 12 月,即南半球的夏季。在最严重的几天中,南极紫外辐射是前几年中最大测值的两倍,并且比在中纬度下测量的夏季紫外辐射剂量还高。

南极臭氧层减少的现象被发现以来,南极臭氧空洞有加剧的趋势:1994 年南极臭氧空洞中,浓度仅有 88 Dobson(1994 年 9 月 28 日);1995 年臭氧空洞持续 77 天,最大面积相当于美国面积;1996 年空洞持续 80 天;1998 年空洞面积空前扩大,大于北美洲的面积,持续时间超过 100 天;2008 年臭氧空洞出现时间相对较晚,几周内迅速扩大并已超过 2007 年的水平。气象组织的臭氧专家推测 2008 年 9 月 13 日臭氧空洞面积达到了 2 700 万 km^2,而 2007 年最大时为 2 500 万 km^2。

目前不仅在南极,而且在北半球也出现了臭氧层减少的现象。NASA 的测定表明,

1989 年北极臭氧层与 1970 年测试结果相比，已经被吞掉 19～24 km 深，而北半球其他地区的臭氧层也比 1969 年减少了 3%。欧洲臭氧层联合调查小组自 1991 年 11 月起，对欧洲、格陵兰和北极圈臭氧量及破坏臭氧层物质氟氯烃等的浓度进行了调查，结果表明，欧洲上空的臭氧层比往年减少了 10%～20%，是历年来最低的。在德国部分地区上空，1991 年 12 月臭氧减少了 10%，而在 1992 年 1 月，比利时上空的臭氧减少了 18%。

2011 年 10 月 2 日国际研究人员称，北极上空今年春天臭氧减少状况超出先前观测记录，首次像南极上空那样出现臭氧空洞，面积最大时相当于 5 个德国。这个臭氧空洞主要因北极地区罕见长时间寒冬而形成，一度于 4 月移至东部欧洲、俄罗斯和蒙古国上空。研究人员认为，北极首次出现臭氧空洞由极地涡旋引发，但不是因为今年更冷，而是因为冷的时间更长，致使能够破坏臭氧的含氯化合物更活跃，以至于观测到比往年冬天厉害得多的臭氧减少。

上述一系列监测结果表明，大气层中的臭氧正在日益减少，人们需要积极行动起来，研究如何拯救臭氧层。

（二）臭氧层破坏的原因

对于臭氧层破坏的原因，科学家们有多种见解。但大多数科学家认为，人类过多使用氟氯烃（CFCs）类物质是臭氧层破坏的一个主要原因。

由碳、氟、氯组成的氟氯烃是美国人托马斯·米德奇雷（Thomhs Midgley）于 1925 年发明的一种人造化学物质，1930 年由美国杜邦公司投入生产。在第二次世界大战以后，尤其是 1960 年以后开始大量使用。主要的 CFCs 如下：

CFC_{11}　　一氟三氯甲烷 CCl_3F

CFC_{12}　　二氟二氯甲烷 CC_2F_2

CFC_{22}　　二氟氯甲烷 $CHClF_2$

CFC_{113}　　三氟三氯乙烷 $C_2Cl_3F_3$

CFCs 的形式决定了它们对臭氧层的危害程度。含 H 的 CFCs 比不含 H 的降解得快，对平流层臭氧威胁较小，而像 $C_2H_4F_2$（CFC_{152a}）类不含氯溴的 CFCs 则对平流层臭氧威胁更小，甚至不构成威胁。

如前所述，在平流层内存在着 O、O_2 和 O_3 的平衡。而 O_3 与氮氧化物、氯、溴及其他各种活性基团的作用会破坏这种化学平衡。

其他某些人造化学物质也会对臭氧层构成大的威胁，如哈龙（halons）是一种灭火器里的化学物质，虽然其产量相对较少，但它含有溴，因而可能是更能影响臭氧耗竭的物质。而且，哈龙在大气中的寿命也很长。

（三）臭氧层破坏对人类以及生物的影响

由于臭氧层被破坏，照射到地面的紫外线 B 段辐射（UV-B）将增强，预计 UV-B 辐照水平的增加不仅会影响人类，而且对植物、野生生物和水生生物也会产生影响。

1. 对人类健康的影响

臭氧层被破坏后，人们直接暴毒于 UV-B 辐射中的机会增加了，危及人类的健康：① UV-B 辐射会损坏人的免疫系统，使患呼吸道系统等传染病的人增多；② 受过多的 UV-B 辐射，还会增加皮肤癌和白内障的发病率；③ 紫外线照射还会使皮肤过早老化等。

2. 对植物的影响

科研人员曾对200多个品种的植物进行了增加紫外线照射的实验。其中2/3的植物显示出敏感性。试验中约有90%的植物是农作物品种，其中豌豆等豆类、南瓜等瓜类以及白菜科等农作物对紫外线特别敏感。紫外辐射使植物叶片变小，因而减少捕获阳光进行光合作用的有效面积。有时植物的种子质量也受到影响。各种植物对紫外辐射的反应不同，对大豆的研究表明，紫外辐射会使其更易受杂草和病虫害的损害。对花卉的实验表明，受紫外线照射后有些花卉在几天之内就枯萎。例如茶花受紫外线照射2天后，叶脉呈紫红色，叶片微卷，4天后继续卷缩，停止开花，花冠易脱落，出现萎蔫现象，6天后，萎蔫严重，显枯萎状态，8天后枯萎。

3. 对水生系统的影响

UV-B的增加，对水生系统也有潜在的危险。水生植物大多数贴近水面生长，这些处于水生食物链最底部的小型浮游植物最易受到平流层臭氧损耗的影响，而危及其整个生态系统。研究表明，UV-B辐射的增加会直接导致浮游植物、浮游动物、幼体鱼类、幼体虾、幼体螃蟹以及其他水生食物链中重要生物的破坏。

4. 对其他方面的影响

许多研究表明：UV-B的增加会使一些市区的烟雾加剧；臭氧耗竭会使塑料老化、油漆褪色、玻璃变黄、车顶脆裂。

（四）保护臭氧层对策

研究表明氯氟烃类物质对臭氧层的破坏最大，因此，应尽快停止使用CFCs。CFCs主要用于气溶胶喷雾剂、制冷剂、发泡剂和溶剂等。当今世界上，从冷冻机、冰箱、汽车到硬质薄膜、软垫家具，以及从计算机芯片到灭火器，都离不开CFCs。CFCs的排放可通过以下三种方法加以控制。

1. 提高利用效率，降低操作损失

降低CFCs排放量最简单的方法是改进设备以减少其损失。例如，重新设计设备以减少接头的数目，加强密封与阀门，以及采取类似的措施。

2. 回收与再循环

这是降低CFCs排放量的最主要的方法，尤其是在大型集中化操作场合中使用更为经济。用于制造柔性泡沫的CFC_{11}，大部分是在生产过程中挥发而损失掉的，通过炭过滤器可以将它回收50%。对用于制造固体泡沫的CFC_{12}，采用类似技术也可减少一半排放量。

3. 改进CFCs产品，寻找CFCs的替代品

以前冰箱和冷藏箱外壳所用的泡沫塑料隔热层是用CFC_{11}制成的，目前已有几类高级隔热材料可作为替代品，如环戊烷(cpentane)；含有细粉末的抽空板条组成的隔热材料；用二氧化硅凝胶做成的真空板材。对于非隔热性泡沫塑料的生产，通过回收利用发泡剂，用二氯甲烷和甲基氯仿作为发泡剂，或改变配方而加入新的多元醇和软化剂等，都可以减少或完全去除CFC_{11}的需用量。改进配方还可用甲酸和甲酸胺的混合物配水而作为鼓泡剂，以减少原来鼓泡剂CFC_{11}的用量。R600a制冷剂已经成为CFC_{12}的主流替代品。广泛用做溶剂的CFC_{113}可用MC-310B替代，且价格便宜。

保护臭氧层的国际合作也取得了令人瞩目的进展。截止2005年3月16日，加入《蒙特利尔议定书》的国家有189个。《蒙特利尔议定书》要求逐步淘汰对臭氧层耗损的物质，这是

一项国际性的必须执行的规定。对此，发达国家和发展中国家都制定了具体的 CFC 和 HCFC 物质的淘汰进程表。发达国家已完全停止 CFC 的生产和消费，在 2030 年完全停止 HCFC 的生产和消费。在发展中国家，CFC 在 2010 年被完全淘汰，对 HCFC 的冻结控制将在 2016 年开始，最终在 2040 年完全淘汰。欧盟制定了更加快的淘汰进程，此外还有多项法则限制 HCFC 在空调和制冷设备中的应用。《美国清洁空气条约》对维修过程制冷剂的回收利用、减少泄漏、维修技术人员的认证等制定了严格的规范。

第五节　大气污染事故案例

大气污染是人类当前面临的最重要环境污染问题之一。大气污染导致环境系统的结构和功能发生变化的现象，称为大气污染效应。当今人们对大气污染程度的关注，正是因为大气污染所造成的严重危害效应所引起的。在迄今为止的 11 次世界重大公害事件中，有 7 次是大气污染造成的，如马斯河谷烟雾事件、多诺拉烟雾事件、伦敦烟雾事件、洛杉矶光化学烟雾事件、四日市哮喘事件、博帕尔农药厂泄漏事件和切尔诺贝利核电站事故。这些大气污染公害事件不仅造成了大面积人群的中毒与死亡，影响了人们的健康，同时对生态环境造成了严重的危害。

一、马斯河谷烟雾事件(Disasters in Meuse Valley)

马斯河谷烟雾事件是 1930 年 12 月发生在比利时境内马斯河谷的急性大气污染事件。当时整个比利时由于气候异常变化被烟雾覆盖，马斯河谷气温逆转，雾层尤为浓厚，在气候变化的第三天，有数千人呼吸道发病，约有 60 人死亡。发病人年龄不同，男女均有，症状是流泪、喉痛、声嘶、咳嗽、呼吸短促、胸闷、恶心、呕吐。死者大多是年老和有慢性心脏病与肺病的患者。其发生的主要原因是许多工厂(如炼焦、炼钢、电力、炼锌、硫酸、化肥等工厂)聚集在狭窄的盆地里，工厂排出的有害气体在近地表聚集，据推测，当时 SO_2 浓度达 25～100 mg/m^3，一般认为是几种有害气体和粉尘对人体的综合作用所致。

二、多诺拉烟雾事件(Disasters in Donora)

多诺拉烟雾事件是 1948 年 10 月 26～31 日发生在美国宾夕法尼亚州多诺拉镇的急性大气污染事件。该镇地处河谷，当时气候潮湿寒冷，地面处于静风状态，加之有雾和很大范围的逆温层，烟雾覆盖全镇，空气中有刺激的 SO_2 的气味。发病人数 5 911 人，占全镇总人口的 43%，死亡 17 人。患者初期症状是呼吸道、眼、鼻、喉感到不适；轻度中毒患者的症状是眼痛、喉痛、流涕、干咳、头痛、肢体酸乏；中度中毒患者的症状是痰咳、胸闷、呕吐和腹泻；重度的症状是综合性的。死者介于 52 岁与 84 岁之间，且原来都有心脏病或呼吸系统疾病。在事件发生时虽未作环境监测，但据估计 SO_2 浓度为 $(0.5\sim2.0)\times10^{-6}$，并存在明显的尘粒，所以推断 SO_2 及其氧化作用产物与空气中飘尘的联合作用是致害的关键因素。

三、伦敦烟雾事件(Disasters in London)

伦敦烟雾事件是 1952 年 12 月 5～8 日发生于伦敦的严重大气污染事件。当时伦敦地面完全处于静风状态，近地空气在低气压影响下形成冷气层，而高压流在其上形成逆温层，致使燃煤产生的烟雾不断积累。大气中烟尘浓度最高达 4.46 mg/m^3，SO_2 浓度最高达 1.34×10^{-6}。数千市民感到胸闷，并有咳嗽、喉痛、呕吐等症状发生，4 天内死亡人数比往年同期增加 4 000 人。45 岁以上者死亡最多约为平时的 3 倍,1 岁以下者的死亡约为平时的两倍。支气管炎、冠心病、心脏衰竭、肺结核、肺炎、肺癌、流感及其他呼吸系统疾病患者的死亡率均有成倍增长。甚至在烟雾事件以后的两个月内,还陆续有 8 000 人病死。由于当时没有及时调查出中毒原因,无法采取有力的防治措施,致使伦敦在 1956 年、1957 年和 1962 年又连续发生多起烟雾事件。经对 1952 和 1962 年两次烟雾事件对比发现,由于烟尘中含有三氧化二铁,能促进空气中的 SO_2 生成硫酸液沫附着在烟尘上,或凝聚在雾滴上进入人的呼吸系统,使人发病,或加速慢性病患者的死亡。

四、洛杉矶光化学烟雾事件(Los Angeles photochemical smog episode)

洛杉矶市一面临海、三面环山,一年约有 300 天出现逆温层。进入 20 世纪 40 年代后,每当夏季和早秋,城市上空经常出现一种不寻常的烟雾,使生活在该地区的居民眼睛发红、喉部疼痛,有的还伴有不同程度的头昏、头痛,这就是可怕的光化学烟雾。到了 1943 年,光化学烟雾变本加厉,郊外葡萄、柑橘严重减产,甚至离城 100 m 外海拔 2 000 m 高山上的森林也大片枯死。在一次烟雾事件中,65 岁以上的老人因中毒造成呼吸衰竭死亡的有 400 多人,数千人不同程度地得了红眼病、喉炎和胸痛等疾病。

经过七八年的研究发现,造成这种浅蓝色烟雾的根源是该市的数百万辆汽车排出的废气中的碳氢化合物和氮氧化合物在强烈阳光下,与活泼的氧化物如原子氧、臭氧、氢氧基等自由基发生作用,产生一系列复杂的光化学链式反应,生成醛、酮、烷、烯和中间产物——自由基。自由基进一步促进 NO 向 NO_2 转化,生成臭氧、醛类和过氧乙酰硝酸酯等多种二次污染物化合物。这些化合物同水蒸气在一起,在适当的条件下便形成了带刺激性的浅蓝色烟雾。烟雾生成后的活动性极强,可以随风、云和降水扩散。

五、四日市哮喘事件(Yokkaichi asthama episode)

四日市哮喘事件是 1961 年发生在日本伊势西岸四日市的大气污染事件。该市 1955 年以来,相继兴建了三座石油化工联合企业,在其周围又挤满了三菱石化等十余个大厂和一百余个中小企业。石油冶炼和工业燃油产生的废气,严重污染了城市空气,全市工厂年排出二氧化硫和粉尘总量达 13 万 t,大气中二氧化硫浓度超出容许标准的 5~6 倍。在四日市上空 500 m 厚的烟雾中还漂浮着许多种毒气和有毒金属粉尘。重金属微粒与二氧化硫形成硫酸烟雾。由于大气污染,人们形成支气管哮喘、慢性支气管炎、哮喘性支气管炎和肺气肿等呼吸系统疾病,这些病统称为"四日市哮喘"。1961 年四日市哮喘大发作,患者中慢性支气管炎占 25%,支气管哮喘占 30%,哮喘支气管炎占 40%,肺气肿和其他呼吸系统疾病占 5%。1964 年连续 3 天烟雾不散,气喘病患者开始死亡。1967 年一些患者不堪忍受痛苦而自杀。1972 年,四日市哮喘患者达 817 人,死亡超过 10 人。

六、博帕尔农药厂毒气泄漏事件(Bhopal accident)

1984 年 12 月 2 日午夜到 12 月 3 日凌晨,美国联合碳化物(印度)有限公司工厂储存液态异氰酸甲酯的钢罐发生爆炸,40 t 毒气很快泄漏,泄漏的毒气为异氰酸甲酯,是制造农药杀虫剂等化工产品的中间产物。很快方圆 40 km 以内 50 万人的居住区被整个"雾气"形成的云雾笼罩了。人们从睡梦中惊醒并开始咳嗽、呼吸困难、眼睛被灼伤。许多人在奔跑逃命时倒地身亡,一些人死在医院里,众多的受害者挤满了医院。根据印度政府公布的数字,在毒气泄漏后的头 3 天,当地有 3 500 人死亡。印度医学研究委员会的独立数据显示,死亡人数在前 3 天已经达到 8 000 至 1 万，此后多年里又有 2.5 万人因为毒气引发的后遗症死亡。毒气泄漏还污染了大量的食品、水源、牲畜和其他动物，使生态环境遭到严重破坏。有 10 万当时生活在爆炸工厂附近的居民患病，3 万人生活在饮用水被毒气污染的地区。

有关报道称，博帕尔毒气泄漏事件迄今陆续致使超过 55 万人死于和化学中毒有关的肺癌、肾衰竭、肝病等疾病，20 多万博帕尔居民永久残废，当地居民的患癌率及儿童夭折率也因为这次灾难远比印度其他城市高。博帕尔毒气泄漏已成为人类历史上最严重的工业灾难之一。

2009 年进行的一项环境监测显示，在当年爆炸工厂的周围依然有明显的化学残留物，这些有毒物质污染了地下水和土壤，导致当地很多人生病。

七、切尔诺贝利核电站事故(Chernobly nuclear accident)

1986 年 4 月 26 日当地时间 1 点 24 分，前苏联的乌克兰共和国切尔诺贝利核能发电厂发生严重泄漏及爆炸事故。事故导致 31 人当场死亡，上万人由于放射性物质远期影响而致命或重病，至今仍有被放射线影响而导致畸形胎儿的出生。

联合国于 2006 年 4 月公布的世界卫生组织调查结果，这次事故导致约 5 000 多名受害者死于辐射尘地区(包括乌克兰、白俄罗斯和俄罗斯等地)。2006 年 TORCH 报告指出："预计受害者将会有更多，因这次事故而导致的放射性物质碘-131(引起甲状腺癌的主要物质)，会散布至俄罗斯之外等地。有机会患上甲状腺癌的地区，例如捷克和英国，他们均提出需要更多的研究来解决西欧方面的癌症问题。"此次报告预计会额外有 3 万至 6 万人死于癌症，其中有 1.8 万至 6.6 万名白俄罗斯人会患上甲状腺癌。

事故的长期影响主要是放射性物质"碘-131"对人体健康的影响，有人担心 20 年前的锶-90 和铯-137 还会对土壤造成污染。而且，植物、昆虫和蘑菇在表层的土壤中会吸收铯-137。所以，有些科学家担心核辐射会对当地人造成几个世纪的影响。

这是有史以来最严重的核事故。外泄的辐射尘随着大气飘散到前苏联的西部地区、东欧地区、北欧的斯堪的纳维亚半岛。乌克兰、白俄罗斯、俄罗斯受污染最为严重，由于风向的关系，据估计约有 60%的放射性物质落在白俄罗斯的土地。因事故而直接或间接死亡的人数难以估算，且事故后的长期影响到目前为止仍是个未知数。

思　考　题

1. 大气圈的结构特点是什么？大气的主要成分有哪些？
2. 大气污染是怎样产生的？大气污染源是如何分类的？
3. 大气中的主要污染物有哪些？对人体健康和生态系统有哪些影响和危害？
4. 试分析你所在的区域的大气污染源和主要污染物。
5. 哪些气象因素影响大气中污染物的扩散？
6. 试分别叙述城市、山区、水陆交界区域昼间和夜间大气中污染物的稀释、扩散特点。
7. 简述颗粒污染物的治理技术及各种除尘装置的特点。
8. 气态污染物有哪些治理技术？各适用于哪些废气的治理？
9. 归纳总结洁净燃烧技术现状和发展趋势。
10. 简述低碳经济的内涵以及低碳技术。

11. 试指出“温室气体”是哪些，引起臭氧层破坏的物质有哪些，酸雨的基本成分是什么。

12. 试分别说明全球气温变暖、臭氧层破坏和酸雨对环境有哪些危害。怎样才能控制和预防这些全球环境问题的进一步恶化？

第四章　水环境保护

第一节　水资源与水循环

一、水资源的含义与特征

（一）水资源的概念

水是生命的摇篮，是人类文明的源泉。水既是自然界的重要组成部分，是一切生物生长、繁衍、进化的源泉，又是人类从事工农业生产、经济发展和环境改善不可替代的极为宝贵的自然资源。

水资源（water resources）一词虽然出现较早，随着时代进步，其内涵也在不断丰富和发展。水资源的概念却既简单又复杂，其复杂的内涵通常表现在：水类型繁多，具有运动性，各种水体具有相互转化的特性；水的用途广泛，不同用途对其量和质均有不同的要求；水资源所包含的"量"和"质"在一定条件下可以改变；更为重要的是，水资源的开发利用受经济、技术、社会和环境条件的制约。因此，地球上水很多，但可以利用的水资源很少。人们从不同角度的认识和体会，造成对水资源一词理解的不一致和认识的差异。联合国教科文组织和世界气象组织把水资源定义为"水资源为可利用或有可能利用的水源，具有足够的数量和可用的质量，并能在某一地点为满足某种用途而可被利用"；我国则把水资源定义为"在当前经济技术条件下可为人类利用的那一部分水，如浅层地下水、湖泊水、土壤水、大气水及河川水等淡水"。

一般认为，水资源概念具有广义和狭义之分。广义上的水资源是指能够直接或间接使用的各种水和水中物质，对人类活动具有使用价值和经济价值的水均可称为水资源。狭义上的水资源是指在一定经济技术条件下，人类可以直接利用的淡水，主要包括河水、淡水湖泊水和浅层地下水。这一部分水是相当有限的，只占到地球总水量的十万分之七。本书中所论述的水资源限于狭义的范畴，即与人类生活和生产活动以及社会进步息息相关的淡水资源，其中包括水质和水量两个部分。

（二）水资源的特征

1. 水资源是一种不可代替的自然资源

水资源是一种自然资源，它是人类生存和社会发展不可代替、不可缺少的资源。随着科学的发展、社会的进步、人口的增加,水资源在我国已是属于稀缺的自然资源。水资源与石油资源一样具有重要的地位。从长远而言,水资源的重要性可能超过石油资源。石油资源固然重要,但它可以进口,也可以寻求其他代替品。而水资源虽然可以更新、可以再生,却不能进口、不可以代替。故人类生存与社会发展对水资源的依赖程度远远大于其他资源,是一种具有重要作用的不可代替的自然资源。

2. 水资源的双重性

水资源与其他矿产资源相比,最大区别之一是其双重性:既有造福于人类的一面,也有造成洪涝灾害使人类生命财产受到严重损失的方面。人类对江河采用水利工程进行人工调控后,可以用于发电、灌溉、水运、养殖等。但如果遇丰水年和枯水年份,若没有采用水利工程加以调控,就会造成局部洪涝与旱灾;若水利工程设计不当、管理不善,可造成垮坝事故,也可引起土壤次生盐碱化。水量过多或过少的季节和地区,往往又产生各种各样的自然灾害。水量过多容易造成洪水泛滥、内涝渍水;水量过少容易形成干旱、盐渍化等自然灾害。适量开采地下水,可为国民经济各部门和居民生活提供水源,满足生产、生活的需求。无节制、不合理地抽取地下水,往往引起水位持续下降、水质恶化、水量减少、地面沉降,不仅影响生产发展,而且严重威胁人类生存。正是由于水资源利害的双重性质,在水资源的开发利用过程中尤其强调合理利用、有序开发,以达到兴利除害的目的。

3. 水资源的利用多样性

水资源是被人类在生产和生活活动中广泛利用的资源,不仅广泛应用于农业、工业和生活,还用于发电、水运、水产、旅游和环境改造等。在各种不同的用途中,有的是消耗用水,有的则是非消耗性或消耗很小的用水,而且对水质的要求各不相同。这是使水资源一水多用、充分发展其综合效益的有利条件。

4. 水资源的循环性

水是自然界的重要组成物质,是环境中最活跃的要素。它不停地运动且积极参与自然环境中一系列物理的、化学的和生物的过程。水资源与其他固体资源的本质区别在于其具有流动性,是一种动态资源,具有循环性。水循环系统是一个庞大的自然水资源系统,水资源在开采利用后,能够得到大气降水的补给,处在不断地开采、补给和消耗、恢复的循环之中,可以不断地供给人类利用和满足生态平衡的需要。在不断的消耗和补充过程中,从某种意义上讲,水资源具有“取之不尽”的特点,恢复性强。可实际上全球淡水资源的蓄存量是十分有限的。从水量动态平衡的观点来看,某一期间的水量消耗量接近于该期的水量补给量,否则将会破坏水平衡,造成一系列不良的环境问题。可见,水循环过程是无限的,水资源的蓄存量是有限的,并非取之不尽,用之不竭。在对地下水的开采利用时,尤应注意。如闻名遐迩的大雁塔始建于公元652年,是古城西安的标志性建筑和著名的旅游景点。受古代建筑技术的制约以及地下水被过度抽取的影响,具有1 300多年历史的大雁塔发生塔身倾斜。到1996年,大雁塔倾斜达到最大程度,经国家测绘单位实地测量,倾斜已达1 010.5 mm。水资源的循环过程是无限的,但开采利用量应是有限的,只有充分认识这一点,才能有效地、合理地利用水资源。

5. 水资源的变化复杂性

水资源在地区上分布是极不均匀的,年内年际变化较大。为了解决这些问题,修建了大量引蓄水工程,进行时空再分配,如南水北调工程。但蓄水、跨流域调水等传统措施,只能实现水资源的时空位移，解决部分地区缺水问题，而不能增加水资源总量，难以全面解决缺水的根本问题。同时，修建各种水利工程受到自然、地理、地质、技术、经济等多方面的条件限制，所以水资源永远不可能全部利用。由于大气水、地表水、地下水的相互转化关系，所以对水资源的综合管理与合理开发利用是一项非常复杂的工作。

（三）我国水资源状况及面临的问题

第一，我国是一个干旱缺水严重的国家。我国年平均降水量约 6 万亿 m^3，水资源总量为 2.8 万亿 m^3，相当于全球年径流总量 47 万亿 m^3 的 6%，居世界第 6 位，仅次于巴西、俄罗斯、加拿大、美国和印尼。但按人口计算，人均水资源占有量约 2 300 m^3，相当于世界人均水资源量的四分之一，居世界第 121 位，是全球 13 个人均水资源最贫乏的国家之一。因此，我国人均水资源量并不丰富。

第二，我国的水资源地区分布极不平衡，许多地区出现水资源短缺现象。东部地区（大兴安岭、阴山、贺兰山、乌鞘岭一线以东、以南，青藏高原以东地区）水资源比较丰富，而西北地区水资源严重不足。水资源南北分布差异很大，长江流域及其以南地区，水资源占全国的 82%以上，耕地占 36%，水多地少；长江以北地区，耕地占 64%，水资源不足 18%，地多水少，其中粮食增产潜力最大的黄淮海流域的耕地占全国的 41.8%，而水资源不到 5.7%。水资源短缺已成为当地制约经济发展的重要因素。

第三，近年来我国水体水质总体上呈恶化趋势。根据《中国环境质量状况报告 2010》，2010 年我国地表水总体为中度污染，重点湖库未发生大面积水华，近岸海域海水水质为轻度污染。全国地表水国控监测断面中，Ⅰ～Ⅲ类水质比例为 51.9%，劣Ⅴ类水质断面比例为 20.8%。根据《全国地下水污染防治规划（2011～2020 年）》，全国 657 个城市中，有 400 多个以地下水为饮用水源，目前我国地下水开采总量已占总供水量的 18%，北方地区 65% 的生活用水、50%的工业用水和 33%的农业灌溉用水来自地下水。随着我国城市化、工业化进程加快，部分地区地下水超采严重，水位持续下降；一些地区城市污水、生活垃圾和工业废弃物污液以及化肥农药等渗漏渗透，造成地下水环境质量恶化、污染问题日益突出。根据《2010 年中国环境状况报告》，全国地下水质量状况不容乐观，水质为优良、良好、较好级的监测点占全部监测点的 42.8%，水质为较差、极差级监测点占 57.2%。

第四，我国用水效率总体水平较低。“十一五”以来，我国工业用水效率不断提升，但总体水平较发达国家仍有较大差距。2009 年，我国万元工业增加值用水量为 116 m^3，远高于发达国家平均水平；工业废水排放量占全国总量 40%以上，仍有 8%左右的废水未达标排放，既影响重复利用水平，也在一定程度上污染环境。

第五，我国水资源分布与主要矿产资源的开发利用不协调。我国的冶金、石油、化工、火电等高耗水行业多分布在我国水资源欠缺的北方地区，加剧了当地水资源短缺的局面。

二、水循环

地球上的水分布在海洋、湖泊、沼泽、河流、冰川、雪山以及大气、生物体、土壤和地层中。水的总量约为 1.4×10^{13} m^3，其中 96.5%在海洋中，约覆盖地球总面积的 70%。

（一）水的自然循环

自然界中的水并不是静止不动的，在太阳辐射及地球引力的作用下，水的形态不断发生由液态—气态—液态的循环变化，并在海洋、大气和陆地之间不停息地运动，从而形成了水的自然循环（water cycle，water circulation）。例如，海水蒸发为云，随气流迁移到内陆，与冷气流相遇，凝为雨雪而降落，称为降水。一部分降水沿地表流动，汇于江河湖泊；另一部分渗于地下，形成地下水流。在流动过程中，两种水流不时地相互转化或补给，最后又复归大海。这种发生在海洋与陆地之间全球范围的水分运动，称为大循环或海陆循环，它是陆地水资源形成和赋存的基本条件，是海洋向陆地输送水分的主要作用。那些仅发生在海洋或陆地范围内的水分运动，称为小循环。不论何种循环，使水蒸发的基本动力是太阳热能，使云气运动的动力是密度差。自然界水分的循环和运动是陆地淡水资源形成、存在和永续利用的基本条件。地球上的水循环通过三条主要途径完成，即降水、蒸发和水蒸气输送。

海洋和陆地之间的水交换是这个循环的主线，意义最重大。在太阳能的作用下，海洋表面的水蒸发到大气中形成水汽，水汽随大气环流运动，一部分进入陆地上空，在一定条件下形成雨雪等降水；大气降水到达地面后转化为地下水、土壤水和地表径流，地下径流和地表径流最终又回到海洋，由此形成淡水的动态循环。这部分水容易被人类社会所利用，具有经济价值，正是我们所说的水资源。水的自然循环如图 4-1 所示。

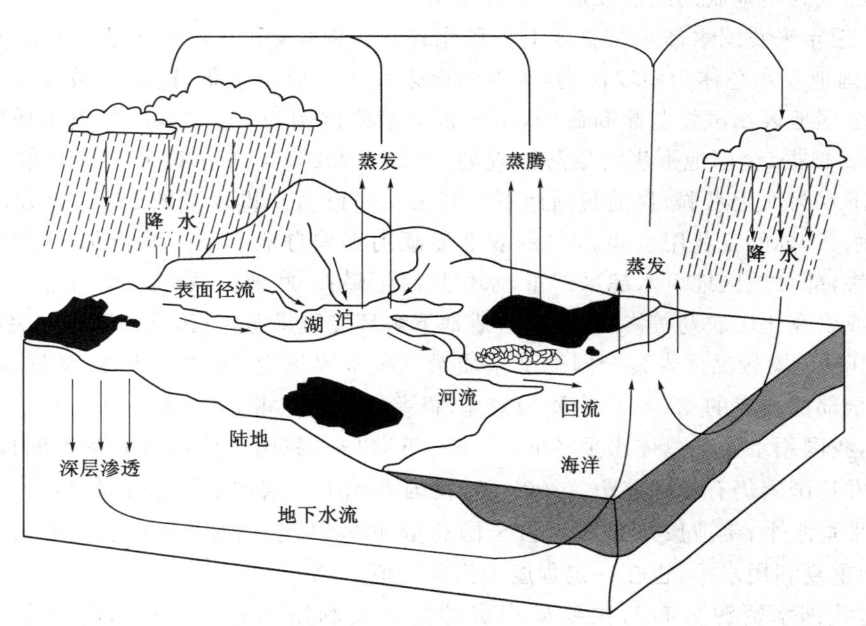

图 4-1　水的自然循环示意图

水循环的主要作用表现在以下三个方面：

① 水是所有营养物质的介质，营养物质的循环和水循环不可分割地联系在一起；

② 水对物质是很好的溶剂，在生态系统中起着能量传递和利用的作用；

③ 水是地质变化的动因之一，一个地方矿质元素的流失，而另一个地方矿质元素的沉积往往要通过水循环来完成。

由于水循环的存在，使地球上的水不断地得到补充和更新，成为一种可再生资源。不同水体在循环过程中的更替周期不同，河流、湖泊的更替周期较短，海洋的更替周期较长，而极地冰川的更替周期则更为缓慢，其更新一次需要上万年时间。水体的更替周期是反映水循环强度的重要指标，也是水体水资源可利用率的基本参数，因为从水资源持续利用角度来看，水体的储水量并不是都能利用的，只有其中积极参与水循环的那部分，因利用后能恢复才能算作可利用的水资源量，而这部分水量的多少，主要取决于水体的循环更新速度和周期长短，循环速度越快、周期越短，可开发利用的水量就越大。

（二）水的社会循环

除了上述水的自然循环外，水还由于人类的活动而不断地迁移转化，形成了水的社会循环。水的社会循环是指人类为了满足生活和生产的需求，不断取用天然水体中的水，经过使用，一部分天然水被消耗，但绝大部分却变成生活污水和生产废水排放，重新进入天然水体。水的社会循环示意图如图 4-2 所示。

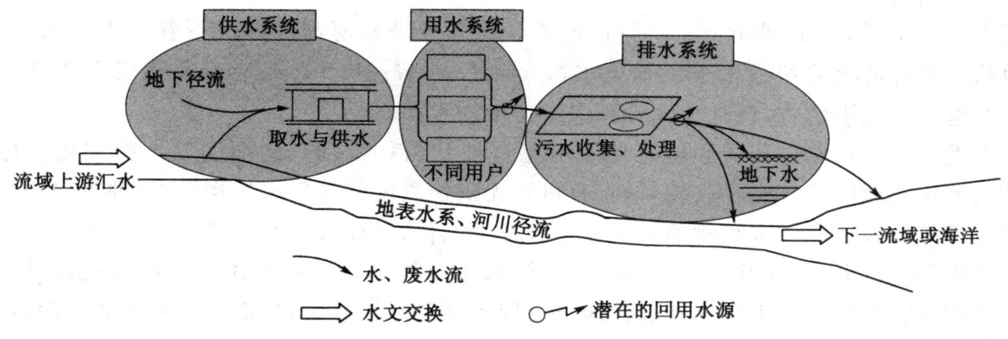

图 4-2　水的社会循环示意图

与水的自然循环不同，在水的社会循环中，水的性质在不断地发生变化。例如，在人类的生活用水中，只有很少一部分是作为饮用或食物加工以满足生命对水的需求的，其余大部分水是用于卫生目的，如洗涤、冲厕等。显然，这部分水经过使用会挟入大量污染物质。工业生产用水量很大，除了用一部分水作为工业原料外，大部分是用于冷却、洗涤或其他目的，使用后水质也发生显著变化，其污染程度随工业性质、用水性质及方式等因素而变。在农业生产中，化肥、农药使用量的日益增加使得降雨后的农田径流会挟带大量化学物质流入地面或地下水体，从而形成所谓“面污染”。

由图 4-2 可以看出，水的社会循环可以分成给水系统和排水系统两大部分，这两部分是不可分割的统一有机体。给水系统是自然水的提取、加工、供应和使用过程，它好比是社会循环的动脉；而用后污水的收集、处理与排放这一排水系统则是水社会循环的静脉，两个不可偏废任何一方。在这之中，人类使用后的污水若不经深度处理使污水得以再生就直接排入水体，超出了水体自净的能力，则自然健康的水体将被破坏，水质遭受污染，进而也将进一步影响人类对水资源的利用。

在水的社会循环中，生活污水和工农业生产废水的排放，是形成自然界水污染的主要根源，也是水污染防治的主要对象。

第二节 水体污染及危害

一、水体污染

(一) 水体污染

在环境污染研究中,"水"和"水体"是两个不同的概念。纯净的水是由 H_2O 分子组成,而水体是江河湖海、地下水、冰川等的总称,是被水覆盖地段的自然综合体,它不仅包括水,还包括水中溶解物质、悬浮物、底泥、水生生物等的完整生态系统。例如,重金属污染物易于从水中转移到底泥里,水中的重金属含量一般都不高,若着眼于水,似乎水污染并不严重,但是从整个水体看,污染就可能很严重。可见,水体污染不仅仅是水污染,还包括底泥污染和水生生物污染。

水体按类型还可划分为海洋水体和陆地水体,陆地水体又分为地表水体和地下水体。地表水(surface water)是指河流、河口、湖泊(水库、池塘)、海洋和湿地等各种水体的统称,是地球水资源的重要组成部分。地下水(groundwater/subsurface water)是指以各种形式埋藏在地壳空隙中的水,包括包气带和饱水带中的水。

人类活动和自然过程的影响可使水的感官性状(色、嗅、味、透明度等)、物理化学性质(温度、氧化还原电位、电导率、放射性、有机和无机物质组分等)、水生物组成(种类、数量、形态和品质等),以及底部沉积物的数量和组分发生恶化,破坏水体原有的功能,这种现象称为水体污染(water body pollution)。通俗地讲,水体污染是指排入水体的污染物在数量上超过了该物质在水体中的本底含量和自净能力即水体的环境容量,从而导致水体的物理特征、化学特征发生不良变化,破坏了水中固有的生态系统,破坏了水体的功能及其在人类生活和生产中的作用。

(二) 水体污染类型

造成水体污染的因素是多方面的,通常水体污染有两类:一类是自然污染,另一类是人为污染。自然污染主要是自然因素所造成的,如特殊地质条件使某些地区有某些或某种化学元素的大量富集,天然植物在腐烂过程中产生某种毒物,以及降雨淋洗大气和地面后挟带各种物质流入水体,都会影响该地区的水质。人为污染是人类生活和生产活动中产生的废污水对水体的污染,包括生活污水、工业废水、农田排水和矿山排水等。此外,废渣和垃圾倾倒在水中或岸边,或堆积在土地上,经降雨淋洗流入水体,都能造成污染。总体来说,与自然过程相比较,人类活动是造成水体污染的主要原因。

另外,水体污染还可以分为:化学型污染、物理型污染和生物型污染。化学型污染:指排入水体的碱、酸、无机和有机污染物造成的水体污染。物理型污染:指引起水体的色度、浊度、悬浮性固体、水温和放射性等检测指标明显变化的物理因素造成的污染。例如:热污染源于高于常温的废水排入水体;水土流失等因素造成水体的悬浮性固体指标的增加;植物的叶、根及其腐殖质进入水体会造成水体的色度和浊度急剧增加增大。生物型污染:未经处理的生活污水、医院污水等排入水体,引入某些病原菌造成污染。

水污染类型及成因如表 4-1 所示。

表 4-1　　水污染类型及成因

<table>
<tr><th>水污染类型</th><th colspan="2">主要污染物</th><th>成　因</th></tr>
<tr><td rowspan="2">物理性污染</td><td colspan="2">热</td><td>热电站、核电站等排水</td></tr>
<tr><td colspan="2">放射性物质</td><td>核生产废料、核试验沉降物、核医疗单位等排水</td></tr>
<tr><td rowspan="8">化学性污染</td><td rowspan="5">无机污染物</td><td>重金属</td><td>矿物开采、冶炼、电镀、仪表、电解等排水</td></tr>
<tr><td>砷</td><td>含砷矿石处理、制药、农药和化肥等排水</td></tr>
<tr><td>氰化物</td><td>电镀、冶金、煤气洗涤等排水</td></tr>
<tr><td>氮和磷</td><td>农田排水、生活污水、化肥厂等排水</td></tr>
<tr><td>酸碱和盐</td><td>矿山排水、酸雨、造纸厂等排水</td></tr>
<tr><td rowspan="3">有机物</td><td>酚类化合物</td><td>炼油、焦化、煤气、树脂等化工厂排水</td></tr>
<tr><td>苯类化合物</td><td>石油化工、焦化、农药、燃料等化工厂的排水</td></tr>
<tr><td>油　类</td><td>采油、炼油、船舶以及机械、化工等企业的排水</td></tr>
<tr><td rowspan="2">生物性污染</td><td colspan="2">病原体</td><td>粪便、医院废水、屠宰、制革、生物制品等排放</td></tr>
<tr><td colspan="2">毒　素</td><td>制药、酿造、制革等企业排放</td></tr>
</table>

二、水体污染物

凡使水体的水质、生物质、底泥质量恶化的各种物质均称为水体污染物(water body pollutant)。根据性质，水体污染物有以下几种。

(一) 固体污染物和感官污染物

固体污染物的存在不但使水质浑浊，而且使管道及设备堵塞、磨损，干扰废水处理及回收设备的工作。固体污染物在水中以三种状态存在：溶解态(直径小于 1 nm)、胶体态(直径介于 1～100 nm)和悬浮物(直径大于 100 nm)。由于大多数废水中都有悬浮物，因此去除悬浮物是废水处理的一项基本任务。固体污染物常用悬浮物和浊度两个指标表示。

感官污染物是指废水中能引起异色、浑浊、泡沫、恶臭等现象的物质，虽无严重危害，但能引起人们感官上的极度不快。对于供游览和文体活动的水体而言，感官性污染的危害则较大。

(二) 耗氧污染物

在生活污水、食品加工和造纸等工业废水中，含有碳水化合物、蛋白质、油脂、木质素等有机物质，这些物质以悬浮或溶解状态存在于污水中，可通过微生物的生物化学作用而分解，在其分解过程中需要消耗氧气，因而被称为耗氧污染物。这种污染物可造成水中溶解氧(DO)减少，影响鱼类和其他水生生物的生长。当 DO 浓度过低的时候，鱼类死亡和正常的水生生态系统受到破坏；水中溶解氧耗尽后，有机物进行厌氧分解，产生硫化氢、氨和硫醇等难闻气味，使水质进一步恶化。水体中耗氧有机物浓度常以单位体积中耗氧物质的化学或生物化学分解过程所需消耗的氧量表示。常用的参数有：化学需氧量(COD)和生化需氧量(BOD)。

所谓化学需氧量(chemical oxygen demand，COD)，是在一定的条件下，采用一定的强氧化剂处理水样时，所消耗的氧化剂量。它是表示水中还原性物质多少的一个指标。水中的还原性物质有各种有机物、亚硝酸盐、硫化物、亚铁盐等，但主要的是有机物。因此，化学需氧量(COD)又往往作为衡量水中有机物质含量多少的指标。化学需氧量越大，说明水体受有机物的污染越严重。

生化需氧量(biochemical oxygen demand,BOD),是用一种用微生物代谢作用所消耗的溶解氧量来间接表示水体被有机物污染程度的一个重要指标。其定义是:在有氧条件下,好氧微生物氧化分解单位体积水中有机物所消耗的游离氧的数量,表示单位为氧的毫克/升(O_2,mg/L)。一般用 20 ℃时,五天生化需氧量(BOD_5)表示。

（三）营养性污染物

植物营养物主要指氮、磷等能刺激藻类及水草生长、干扰水质净化,使 BOD_5 升高的物质。水体中营养物质过量造成的“富营养化”(eutrophication)。所谓的富营养化是指在人类活动的影响下,生物所需的氮、磷等营养物质大量进入湖泊、河口、海湾等缓流水体,引起藻类及其他浮游生物迅速繁殖,水体溶解氧量下降,水质恶化,鱼类及其他生物大量死亡的现象。

自然界湖泊存在着富营养化现象,转化过程为贫营养→富营养→沼泽→干地,但速率很慢;而人为污染所致的富营养化,速率很快。特别是在海湾地区,在温度、盐度、日照、降雨、地形、地貌、地质等合适的条件下,细胞中含有红色色素的甲藻或其他浮游生物大量繁殖,并在上升流的影响下聚积而出现,海洋学家称为“赤潮”;如在地下水中积累,则可称为“肥水”。

（四）有毒污染物

有毒物质指标是指水中重金属(如汞、镉、铅、铬、铜、锌、镍等)、农药(如六六六、DDT等)和其他有毒、有害物质(如砷、氰化物、氟化物、挥发性酚)等。

重金属,特别是汞、镉、铅、铬等具有显著的生物毒性。它们在水体中不能被微生物降解,而只能发生各种形态相互转化和分散、富集过程。氰化物具有剧毒,水体中氰化物(包括无机氰化物、有机氰化物和络合状氰化物)主要来源于冶金、化工、电镀、焦化、石油炼制、石油化工、染料、药品生产以及化纤等工业废水。

（五）酸碱污染物

酸碱污染物指酸性或碱性废水排入水体,使水的 pH 值超出正常的 6.5～8.5 范围,从而影响水生物的正常生长和妨碍水体自净作用。酸主要来自矿坑废水、工厂酸洗水、硫酸厂、粘胶纤维、酸法造纸等,酸雨也是某些地区水体酸化的主要来源。碱主要来自造纸、化纤、炼油等工业。酸碱污染不仅可腐蚀船舶和水上构筑物,改变水生生物的生活条件,还可大大增加水的硬度(生成无机盐类),影响水的用途,增加工业用水处理费用等。

（六）病原微生物

生活污水、畜禽饲养场污水以及制革、洗毛、屠宰业和医院等排出的废水,常含有各种病原体,如病毒、病菌、寄生虫。水体受到病原体的污染会传播疾病,如血吸虫病、霍乱、伤寒、痢疾、病毒性肝炎等。历史上流行的瘟疫,有的就是水媒型传染病。受病原体污染后的水体,微生物激增,其中许多是致病菌、病虫卵和病毒,它们往往与其他细菌和大肠杆菌共存,所以通常规定用细菌总数和大肠杆菌指数及菌值数为病原体污染的直接指标。

（七）石油类污染物

石油污染物主要来自工业排放,清洗石油运输船只的船舱、机件及发生意外事故、海上采油等均可造成石油污染。而油船事故属于爆炸性的集中污染源,危害是毁灭性的。

石油是烷烃、烯烃和芳香烃的混合物,进入水体后的危害是多方面的。如在水上形成油膜,能阻碍水体复氧作用,油类粘附在鱼鳃上,可使鱼窒息;黏附在藻类、浮游生物上,可使它们死亡。油类会抑制水鸟产卵和孵化，严重时使鸟类大量死亡。石油污染还能使水产品质量降低。

（八）热污染

热污染是一种能量污染，它是工矿企业向水体排放高温废水造成的。一些热电厂及各种工业过程中的冷却水，若不采取措施，直接排放到水体中，均可使水温升高，水中化学反应、生化反应的速度随之加快，使某些有毒物质（如氰化物、重金属离子等）的毒性提高，溶解氧减少，影响鱼类的生存和繁殖，加速某些细菌的繁殖，助长水草丛生，厌气发酵，恶臭。

鱼类生长都有一个最佳的水温区间。水温过高或过低都不适合鱼类生长，甚至会导致死亡。不同鱼类对水温的适应性也是不同的。如热带鱼适于 15～32 ℃，温带鱼适于 10～22 ℃，寒带鱼适于 2～10 ℃的范围。又如鳟鱼虽在 24 ℃的水中生活，但其繁殖温度则要低于 14 ℃。一般水生生物能够生活的水温上限是 33～35 ℃。

（九）放射性污染物

放射性污染物主要来源于核动力工厂排出的冷却水，向海洋投弃的放射性废物，核爆炸降落到水体的散落物，核动力船舶事故泄漏的核燃料；开采、提炼和使用放射性物质时，如果处理不当，也会造成放射性污染。水体中的放射性污染物可以附着在生物体表面，也可以进入生物体蓄积起来，还可通过食物链对人产生内照射。

水中主要的天然放射性元素有 ^{40}K、^{238}U、^{286}Ra、^{210}Po、^{14}C、氚等。目前，在世界任何海区几乎都能测出 ^{90}Sr、^{137}Cs。

三、水质标准

人们通常用水质指标来衡量水质的好坏或水体被污染的程度。水质指标项目繁多，可以分为以下三大类。

① 物理性水质指标——包括温度、色度、嗅味、浑浊度、悬浮固体等。

② 化学性水质指标——如 pH、溶解氧（DO）、化学需氧量（COD）、生物化学需氧量（BOD）、氨氮、总磷、重金属、氰化物、多环芳烃、各种农药等。

③ 生物学水质指标——包括细菌总数、总大肠菌群数等。

水环境保护和水体污染控制要从两方面着手：一方面制定水体的环境质量标准，保证水体质量和水域使用目的；另一方面要制定污水排放标准，对必须排放的工业废水和生活污水进行必要而适当的处理。

水环境质量标准是环境保护的目标值，也是制定污染物排放标准的依据。水环境质量主要包括《地表水环境质量标准》（GB 3838—2002）、《地下水质量标准》（GB/T 14848—1993）、《海水水质标准》（GB 3097—1997）、《农田灌溉水质标准》（GB 5084—2005）、《渔业水质标准》（GB 11607—89）、《景观娱乐用水水质标准》（GB 12941—1991）等。其中，最重要、最基本的质量标准是《地表水环境质量标准》（GB 3838—2002）。

此外，为了控制水污染，保护江河、湖泊等地面水以及地下水水质的良好状态，保障人体健康，维护生态平衡，依据各种质量标准又制定了相对应的污染物排放标准。例如，《污水综合排放标准》（GB 8978—1996）、《铝工业污染物排放标准》（GB 25465—2010）、《酵母工业水污染物排放标准》（GB 25462—2010）、《中药类制药工业水污染物排放标准》（GB 21906—2008）、《汽车维修业水污染物排放标准》（GB 26877—2011）等。其中，《污水综合排放标准》（GB 8978—1996）是最常用的污水排放标准。

(一) 地表水环境质量标准(GB 3838—2002)

本标准适用于中华人民共和国领域内江河、湖泊、运河、渠道、水库等具有使用功能的地表水水域。具有特定功能的水域,应执行相应的专业用水水质标准。

我国将地表水按功能高低划分为五类:

Ⅰ类:主要适用于源头水、国家自然保护区;

Ⅱ类:主要适用于集中式生活饮用水地表水源地一级保护区、珍稀水生生物栖息地、鱼虾类产卵场、仔稚幼鱼的索饵场等;

Ⅲ类:主要适用于集中式生活饮用水地表水源地二级保护区、鱼虾类越冬场、洄游通道、水产养殖区等渔业水域及游泳区;

Ⅳ类:主要适用于一般工业用水区及人体非直接接触的娱乐用水区;

Ⅴ类:主要适用于农业用水区及一般景观要求水域。

对应地表水上述五类水域功能,将地表水环境质量标准基本项目标准值分为五类,不同功能类别分别执行相应类别的标准值。水域功能类别高的标准值严于水域功能类别低的标准值。同一水域兼有多类使用功能的,执行最高功能类别对应的标准值。表 4-2 为我国地表水环境质量标准基本项目标准限值。

表 4-2　　地表水环境质量标准基本项目标准限值　　mg/L

水质参数	Ⅰ类	Ⅱ类	Ⅲ类	Ⅳ类	Ⅴ类
水温/℃	人为造成的环境水文变化应限制在: 周平均最大温升≤1 周平均最大温降≤2				
pH 值(无量纲)	6～9				
溶解氧≥	饱和率 90% (或 7.5)	6	5	3	2
高锰酸钾指数≤	2	4	6	10	15
化学需氧量(COD)≤	15	15	20	30	40
五日生化需氧量(BOD_5)≤	3	3	4	6	10
氨氮(NH_3-N)≤	0.15	0.5	1.0	1.5	2.0
总磷(以 P 计)≤	0.02 (湖库 0.01)	0.1 (湖库 0.025)	0.2 (湖库 0.05)	0.3 (湖库 0.1)	0.4 (湖库 0.2)
总氮(库、湖以 N 计)≤	0.2	0.5	1.0	1.5	2.0
汞≤	0.000 05	0.000 05	0.000 1	0.001	0.001
镉≤	0.001	0.005	0.005	0.005	0.01
铬(六价)≤	0.01	0.05	0.05	0.05	0.1
铅≤	0.01	0.01	0.05	0.05	0.1
氰化物≤	0.005	0.05	0.2	0.2	0.2
挥发酚≤	0.002	0.002	0.005	0.01	0.1
石油类≤	0.05	0.05	0.05	0.5	1.0
粪大肠杆菌群(个/L)≤	200	2 000	10 000	20 000	40 000

（二）《污水综合排放标准》(GB 8978—1996)

该标准按照污染物的毒性及其对人体、动植物体和水环境的影响，将工矿企业和事业单位排放的污染物分为两类。

第一类污染物是指在环境或动植物体内蓄积，对人体健康产生长远不良影响。此类污染物，不分其排放的方式和方向，也不分受纳水体的功能级别，一律执行严格的标准值，并规定含此类污染物的废水一律在车间或车间处理设施的排放口取样检测，其最高允许排放标准值如表 4-3 所示。

表 4-3　　第一类污染物最高允许排放浓度　　mg/L

序　号	污染物	最高允许排放浓度
1	总　汞	0.05
2	烷基汞	不得检测
3	总　镉	0.1
4	总　铬	1.5
5	六价铬	0.5
6	总　砷	0.5
7	总　铅	1.0
8	总　镍	1.0
9	苯并(a)芘	0.000 03
10	总　铍	0.005
11	总　银	0.5
12	总 α 放射性	1 Bq/L
13	总 β 放射性	10 Bq/L

第二类污染物是指其长远影响小于第一类的污染物质，在排污单位排出口取样，其最高容许排放浓度必须符合该标准中列出的“第二类污染物最高允许排放浓度”的规定。该标准按地面水域使用功能要求和废水排放去向，对向地面水域和城市下水道排放的污水，规定分别执行一、二、三级标准，如表 4-4 所示。

表 4-4　　第二类污染物最高允许排放浓度　　mg/L

水质指标	适用范围	一级标准	二级标准	三级标准
pH(无量纲)	一切排污单位	6～9	6～9	6～9
色度（稀释倍数）	染料工业	50	180	—
	其他排污单位	50	80	—
悬浮物(SS)	采矿、选矿、选煤工业	100	300	—
	脉金选矿	100	500	—
	边远地区砂金选矿	100	800	—
	城镇二级污水处理厂	20	30	—
	其他排污单位	70	200	400

续表 4-4

水质指标	适用范围	一级标准	二级标准	三级标准
BOD_5	甘蔗制糖、苎麻脱胶、湿法纤维板工业	30	100	600
	甜菜制糖、酒精、味精、皮革、化纤浆粕工业	30	150	600
	城镇二级污水处理厂	20	30	—
	其他排污单位	30	60	300
COD_{Cr}	甜菜制糖、焦化、合成脂肪酸、湿法纤维板、染料、洗毛、有机磷农药工业	100	200	1 000
	味精、酒精、医药原料药、生物制药、苎麻脱胶、皮革、化纤浆粕工业	100	300	1 000
	石油化工工业(包括石油炼制)	100	150	500
	城镇二级污水处理厂	60	120	—
	其他排污单位	100	150	500
挥发酚	一切排污单位	0.5	0.5	2.0
氨氮	医药原料药、染料、石油化工工业	15	50	—
	其他排污单位	15	25	—
磷酸盐(以 P 计)	一切排污单位	0.5	1.0	—

上表中的一级标准是针对重点保护水域,即《地表水环境质量标准》中的Ⅲ类水体而设的;对于特殊保护水域,即Ⅰ、Ⅱ类水体,则不得新建排污口;对于一般保护水域(如Ⅲ、Ⅵ类水体),应执行二级标准;对排入城镇下水道并进入二级污水处理厂的污水,可执行三级标准。

四、废水的来源及特征

凡对环境质量可以造成影响的物质和能量输入,统称污染源,输入的物质和能量称为污染物或污染因子。按照污染物的排放方式,影响地面水环境质量的污染物按排放方式可分为点源和面源。

点源是指有固定排放点的污染源,指工业废水及城市生活污水,由排放口集中汇入江河湖泊。非点源(面源)是相对于点源而言的,指没有固定污染排放点,如没有排污管网的生活污水的排放。这主要包括城镇排水、农田排水和农村生活废水、矿山废水、分散的小型禽畜饲养场废水,以及大气污染物通过重力沉降和降水过程进入水体等所造成的污染废水。面源污染情况比较复杂,其污染影响较难定量,但又不能忽视,特别是对点源已进行有效控制后,面源污染会日益突出。

水体中的污染物主要随各种废水的排放和自然降水等途径进入水体。按照废水来源,主要包括工业废水、农业废水、生活废水、城市垃圾和工业废渣渗滤液以及降水。

① 工业废水。门类繁多的工矿企业,生产过程中或多或少会产生和排放各种废水,包括工矿企业事故性排放的废水。工业废水污染物种类多、数量大、毒性各异,污染物不易净化或降解,对水环境危害最大,也是造成目前世界性水污染的主要原因。

② 农业废水。种植施用的化肥、农药和除草剂等随农田排水、地表径流注入水体，养殖畜、鱼类投放的饲料和畜禽的排泄物等，可直接或间接地进入水体。农业废水产生面广，不易控制和治理。

③ 生活废水。主要来自城镇和乡村居民的生活，也包括学校、医院、商店排放的生活废水。生活废水虽然成分复杂，含耗氧有机物、氮和磷等，但易于处理。

④ 城市垃圾和工业废渣渗滤液。垃圾和废渣倾入水中，或堆积、填埋，经降水的淋溶或地下水的浸渍作用，使垃圾和废渣中的有毒、有害成分进入水中。

⑤ 降水。降水包括降雨和降雪。降水时，雨雪大面积冲刷地面，将地面上的各种污染物淋洗后进入水道或水体，造成河流、湖泊等水源的污染。降水对收纳水体的污染很多，其中固体悬浮物、有机物、重金属和污泥直接污染地面水源。

五、水体污染的危害

（一）对人体健康的危害

人类是地球生态系统中最高级的消费种群，环境污染对大气环境、水环境、土壤环境及生态环境的损伤和破坏最终都将以不同途径危及人类的生存环境和人体健康。各种污染物质通过饮用水、植物和动物性食物、各种工业性食品、医药用品及各种不洁的工业品使人体产生病变或损伤。

人喝了被污染的水体或吃了被水体污染的食物，就会对健康带来危害。如 20 世纪 50 年代发生在日本的水俣病事件就是工厂将含汞的废水排入水俣湾的海水中，汞进入鱼体内并产生甲基化作用形成甲基汞，使污染物毒性增加并在鱼体中积累形成很高的毒物含量，人类食用这种污染鱼类就会引起甲基汞中毒而致病。因此，汞被视为危害最大的毒性重金属污染物。

饮用水中氟含量过高，会引起牙齿珐斑及色素沉淀，严重时会引起牙齿脱落。相反含氟量过低时，会发生龋齿病等。人畜粪便等生物性污染物管理不当也会污染水体，严重时会引起细菌性肠道传染病，如伤寒、霍乱、痢疾等，也会引起某些寄生虫病。如 1882 年德国汉堡市由于饮水不洁，导致霍乱流行，死亡 7 500 多人。水体中还含有一些可致癌的物质，农民常常施用一些除草剂或杀虫剂，如苯胺、苯并芘和其他多环芳烃等，它们都可进入水体，这些污染物可以在悬浮物、底泥和水生生物体内积累，若长期饮用这样的水，就可能诱发癌症。

（二）对工业生产的影响

水质受到污染会影响工业产品的产量和质量，造成严重的经济损失。此外，水质污染还会使工业用水的处理费用增加，并可能对设备厂房、下水道等产生腐蚀，也影响到正常的工业生产。

（三）对农业、渔业生产的影响

近年来，广东、广西、江苏、辽宁等地都曾经先后出现过农作物被超标污水灌溉污染的事件，其中最为严重的就是水质当中含有的重金属成分超标。目前我国受镉、砷、铬、铅等重金属污染的耕地面积近 2 000 万公顷，约占耕地总面积的 1/5。

2010 年 7 月，福建省紫金矿业集团有限公司，因连续降雨造成厂区溶液池区底部黏土层掏空，污水池防渗膜多处开裂，渗漏事故由此发生。9 100 m^3 的污水顺着排洪涵洞流入汀江，导致汀江部分河段污染及大量网箱养鱼死亡。污水含铜是汀江鱼大量死亡的主要原因。鱼对水中铜含量的要求比较高，当达到 0.1 mg/L 时，鱼就会出现中毒甚至死亡的现象。

第三节　水体自净与水环境容量

一、水体的自净作用

(一) 水体自净作用

水体在一定程度下具有自我调节和降低污染的能力，通常称为水的自净能力。进入水体的污染物，经过物理、化学和生物等方面的作用，使污染物浓度逐渐降低，经过一段时间水体恢复到受污染前的状态，这一现象称为水体的自净作用(self-purification of water body)。

影响水体净化过程的因素很多，主要有河流、湖泊、海洋等水体的地形和水文条件，水中微生物的种类和数量，水温和复氧状况，污染物的性质和浓度等。水体自净机理包括沉淀、稀释、混合等物理过程，氧化还原、分解化合、吸附凝聚等化学和物理化学过程以及生物化学过程，如微生物对有机物的分解代谢。这几种过程互相交织在一起，可以使进入水体的污染物质迁移、转化，使水体水质得到改善。

水体自净作用可分为三类：

① 物理自净——污染物进入水体后，不溶性固体逐渐沉至水底形成污泥；悬浮物、胶体和溶解性污染物则因混合稀释而逐渐降低浓度。

② 化学自净——污染物进入水体后，经络合、氧化还原、沉淀反应等而得到净化。如在一定条件下水中难溶性硫化物可以氧化为易溶性的硫酸盐。

③ 生物自净——在生物的作用下，污染物的数量减少，浓度下降，毒性减轻、直至消失。例如，悬浮和溶解在水体中的有机污染物，在需氧微生物作用下，氧化分解为简单的、稳定的无机物，如二氧化碳、水、硝酸盐和磷酸盐等，使水体得到净化。

一般说来，物理和生物化学过程在水体自净中占主要地位。对有机物来说，生物自净作用是最重要的。水体自净作用可以在同一介质中进行，也可在不同介质之间进行。例如，河水自净过程大致如下：当污水进入河流之后，首先是混合稀释、扩散，以及反应生成的沉淀物质和吸附有污染物的固体沉入水底，使水中污染物浓度下降；水的最终净化主要靠微生物的作用。微生物把污染物质作为营养源，通过生物化学过程，把复杂化合物变成简单化合物，最终产物是二氧化碳、水等无机物。此外，各类水生生物摄取较大的固体食物或其他生物，包括细菌、植物，这在河水自净中也起着重要作用。藻类和其他绿色植物的光合作用，也有助于水的净化。

河流自净作用包含着十分广泛的内容，而实际上这些作用又常是相互交织在一起的。因此在具体情况下，研究工作必然有所侧重。

(二) 水体的稀释作用

废水排入水体后，逐渐与数十倍、数百倍的天然水相混合，废水中的污染物质浓度随之降低，水质逐步获得改善，这种现象称为水体的稀释。

废水排入河流后，不能立即与全部河水流量混合，而需流经一段距离和时间后，才能达到完全的混合。影响混合的因素很多，其中主要因素如下。

① 废水流量与河水流量的比值。比值越大，达到完全混合需要的时间愈长。再者，河

水流量是变化的，枯水期与汛期水量变幅很大，因此，在一年里污染物的浓度差很大。为安全起见，一般都以河流的枯水流量作为计量标准。

② 废水排放口的布置和排入流速。如采用分散排放口在河心排放废水时，达到完全混合的时间较短；采用岸边集中排放时，混合效果较差，完全混合所需时间较长。

③ 水体的水文条件。如河流的深度、河床的形式，水流速度及是否有急流等。急流情况混合较快，缓慢时混合时间较长。

当废水与河水完全混合时，在河流的完全混合断面处(即完全混合点)混合水的污染物质平均浓度，可用物质平衡法计量，公式为：

$$C_1 \cdot q + C_2 \cdot Q = (q+Q) \cdot C \tag{4-1}$$

或

$$C = \frac{C_1 + (Q/q)C_2}{1+Q/q} = \frac{C_1 + nC_2}{1+n} \tag{4-2}$$

式中 C——在完全混合点处污染物质的平均浓度；

C_1——废水中污染物质的浓度；

C_2——水体中同一污染物质的浓度；

Q——河水全部流量(采用 $P=95\%$保证率的平均浓度，相当于近 20 年最旱年最旱月的平均流量)；

q——废水流量(平均小时流量)；

n——稀释比。

$$n = \frac{Q}{q} \tag{4-3}$$

在完全混合点处，废水的稀释比值是全部河水流量(Q)与废水流量(q)的比值。

从废水排放到没有达到完全混合点的一段距离内，实际上只有部分河水参与了对废水的稀释。此种情况下，废水的稀释比(n)值为：

$$n = \frac{Q'}{q} = \alpha \frac{Q}{q} \tag{4-4}$$

式中 Q'——参与混合的河水量。

Q、q 意义同前；

$$Q' = \alpha \cdot Q \tag{4-5}$$

式中 α——混合系数。

在一般情况下，宜只考虑部分流量(即采用 $\alpha<1$)。例如：根据经验，对于流速在 0.2～0.3 m/s 的河流，$\alpha=0.7$～0.8；河水流速较大时，$\alpha=0.9$ 左右；河水流速较低时，$\alpha=0.3$～0.6。如果在排放口的设计中，采用分散式的排放口或将排放口伸入水体或把废水运到水流湍急的河段，这时，可考虑采用河水的全部流量，即 $\alpha=1$ 进行计量。

(三) 水体的生化自净

在河流受到大量有机物污染时，由于有机物的氧化分解作用，水体溶解氧发生变化，随着污染源到河流下游一定距离内，溶解氧由高到低，再到原来溶解氧水平，可绘制成一条溶解氧下降曲线，称之为氧垂曲线。

从图 4-3 可以看出，在未污染前的清洁带，河水中的氧一般是饱和的，紧接着污水排入口各点(污染带)溶解氧逐渐减少，这是因为废水排入后，河水中的有机物增多，耗氧速度超过复氧速度，溶解氧不断下降。随着有机物的不断氧化分解，耗氧速度不断降低，在某一点耗氧速度等于复氧速度，此点溶解氧含量最低（最缺氧点）。过此点后，复氧速率大于耗氧速率，溶解氧逐渐回升，最后恢复到排入口之前的含量（恢复速度不断加快）。污染河段完成自净过程。可表示如下：

当耗氧速率＞复氧速率时，溶解氧曲线呈下降趋势；

当耗氧速率＝复氧速率时，为溶解氧曲线最低点，即最缺氧点；

当耗氧速率＜复氧速率时，溶解氧曲线呈上升趋势。

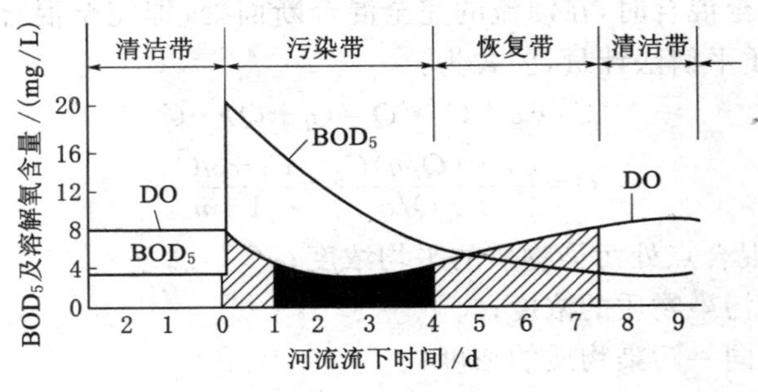

图 4-3　氧垂曲线

发生以上变化的原因来自水体复氧和耗氧两方面。耗氧原因：① 有机物的生物氧化；② 硝化作用：水中存在氨，硝化作用会消耗溶解氧；③ 水底沉泥的分解；④ 水生植物的呼吸作用；⑤ 无机还原性物质的影响。复氧原因：① 空气中的氧通过河流水面不断地溶入水中；② 水体中植物光合作用产生氧。

氧垂曲线是以离排入口的距离为横坐标，以溶解氧含量为纵坐标的曲线。如果河流受有机物污染的量低于它的自净能力，最缺氧点的溶解氧含量大于零，河水始终呈现有氧状态；反之，靠近最缺氧点的一段河流将出现无氧状态。溶解氧的变化状况反映了水体中有机污染物净化的过程，因而可把溶解氧作为水体自净的标志。

（四）水体中细菌的衰亡

水体中细菌的衰亡也是一种重要的自净作用。当水体受到有机物的污染时，水中细菌数量会大量增加，但如果污染负荷没有超过水体的自净能力，就可以观察到细菌数量逐渐减少的现象。促使水中细菌数量减少的主要作用有：水体的生物净化作用使水中有机物含量日渐减少，细菌将因缺少食物及能源而逐渐衰亡；水体中生长的纤毛类原生动物、浮游动物等不断吞食细菌，使细菌数量减少；其他如日光的杀菌作用，对细菌生长不利的温度、pH 值等，均可使细菌数量减少。

二、水环境容量

水体自净作用是有限的，当人类直接或间接排放的污染物大量进入水体超过它的自净作用时，就会造成水体污染。水体所具有的自净能力就是水环境接纳一定量污染物的能力。一定水体所能容纳污染物的最大负荷被称为水环境容量。正确认识和利用水环境容量对水污染控制有重要的意义。

水环境容量与水体的用途和功能有十分密切的关系。如前所述，我国地面水环境质量标准中按照水体的用途和功能将水体分为五类，每类水体规定有不同的水质目标。显然，水体的功能愈强，对其要求的水质目标也愈高，其水环境容量必将减小。反之，当水体的水质目标不甚严格时，水环境容量可能会大一些。

当然，水体本身的特性，如河宽、河深、流量、流速以及其天然水质、水文特征等，对水环境容量的影响很大。污染物的特性，包括扩散性、降解性等，也都影响水环境容量。一般地，污染物的物理化学性质越稳定，其环境容量越小；耗氧性有机物的水环境容量比难降解有机物的水环境容量大得多；而重金属污染物的水环境容量则甚微。

水体对某种污染物质的水环境容量可用下式表示：

$$W=V(C_s-C_B)+P \tag{4-6}$$

式中　W——某地面水体对某污染物的水环境容量，kg；

V——该地面水体的体积，m^3；

C_s——地面水中某污染物的环境标准（水质目标），mg/L；

C_B——地面水中某污染物的环境背景值，mg/L；

P——地面水对该污染物的自净能力，kg。

第四节　水污染治理技术

一、水污染控制目标

水污染是当今许多国家面临的一大环境问题，它严重威胁着人类生命健康，阻碍了经济建设的发展，是可持续发展的制约因素。因此，必须积极进行水污染防治，保护水资源和水环境。

水污染防治的根本原则是将"防"、"治"、"管"三者结合起来。"防"就是通过有效控制使污染物排放的污染物"减量化"和"最小化"。如工业企业通过实行清洁生产，城市通过节约生活用水，农业通过加强面源污染控制和管理，都可以达到"污染预防"的目的。"治"指对污水进行有效治理，使其水质达到排放或回用标准。"管"指污染源、水体及处理设施的管理，以管促治。

水污染控制的目标是确保地面水和地下水饮用水源地的水质，恢复各类水体的使用功能，还清地面水体的水质。

二、水污染防治的主要内容

为达到成品水（生活或生产的用水和作为最后处置的废水）的水质要求而对原料水（原水）的加工过程，称为给水处理；加工废水时，则称废水处理。废水处理的目的，就是利用各种方法将污水中所含的污染物质分类出来，或将其转化为无害的物质，从而使污水得到净化。按废水净化程度可将处理分为三级。

一级处理：又名初级处理，主要去除废水中的悬浮固体和漂浮物质，同时还通过中和或均衡等预处理对废水进行调节以便排入受纳水体或二级处理装置。处理流程常采用格栅—沉砂池—沉淀池以及废水物理处理法中各种处理单元。经一级处理后，悬浮固体的去除率一般达70％～80％，BOD去除率只有20％～40％，废水中的胶体或溶解污染物去除作用不大，故其废水处理程度不高，达不到排放标准，仍需进行二级处理。

二级处理：又称生物处理，主要去除废水中呈胶体态和溶解态的有机污染物质，主要采用各种生物处理方法，常用方法是活性污泥法和生物滤池法等。经二级处理后，废水中

80%～90%有机物可被去除，出水的BOD和悬浮物都较低，通常能达排放要求。

三级处理：又称深度处理，是在一级、二级处理的基础上，去除二级处理未能去除的污染物，其中包括微生物、未被降解的有机物、磷、氮和可溶性无机物。常用方法有化学凝聚、砂滤、活性炭吸附、臭氧氧化、离子交换、电渗析和反渗透等方法。经三级处理后，通常可达到工业用水、农业用水和饮用水的标准。但废水三级处理基建费和运行费用都很高，约为相同规模二级处理的2～3倍，因此只能用于严重缺水的地区或城市。

废水中的污染物组成相当复杂，往往需要采用几种方法的组合流程才能达到处理要求。对于某种废水，采用哪几种处理方法组合，要根据废水的水质、水量，回收其中有用物质的可能性，经过技术和经济的比较后才能决定，必要时还需进行实验。

三、水污染防治的主要方法

废水处理技术可归纳为物理法、化学法和生物法三大类。

（一）物理法

污水物理处理法就是利用物理作用，分离污水中主要呈悬浮状态的污染物，在处理过程中不改变水的化学性质。主要包括以下几种方法。

1. 废水重力分离处理法

利用重力作用原理使废水中的悬浮物与水分离，去除悬浮物质而使废水净化的方法。此法可分为沉降法和上浮法。悬浮物比重大于废水者沉降，小于废水者上浮。影响沉降或上浮速度的主要因素有：颗粒密度、粒径大小、液体温度、液体密度和绝对黏滞度等。此种物理处理法是最常用、最基本的废水处理法，应用历史较久。

2. 废水筛滤截留法

利用留有孔眼的装置或由某种介质组成的滤层截留废水中的悬浮固体的方法。使用设备有：格栅，用以截阻大块固体污染物；筛网，用以截阻、去除废水中的纤维、纸浆等较细小的悬浮物；布滤设备，用以截阻、去除废水中的细小悬浮物；砂滤设备，用以过滤截留更为微细的悬浮物。

3. 废水气液交换处理法

系采用向废水中打入或溶入氧气或其他能起氧化作用的气体，以氧化水中的某些化学污染物，特别是有机物，或者使溶解于废水中的挥发性污染物转移到气体中逸出，使废水净化的方法。影响气液交换的因素有：气液接触面积和方式、气液交换设备、废水性质、水温、pH值、气液比等。

4. 废水离心分离处理法

利用装有废水的容器高速旋转形成的离心力去除废水中悬浮颗粒的方法。按离心力产生的方式，可分为水旋分离器和离心机两种类型。分离过程中，悬浮颗粒质量大，受到较大离心力的作用被甩向外侧，废水则留在内侧，各自通过不同的出口排出，使悬浮颗粒从废水中分离出来。

5. 废水高梯度磁分离处理法

利用磁场中磁化基质的感应磁场和高梯度磁场所产生的磁力从废水中分离出颗粒状污染物或提取有用物质的方法。磁分离器可分为永磁分离器和电磁分离器两类，每类又有间歇式和连续式之分。高梯度磁分离技术用于处理废水中磁性物质，具有工艺简便、设备紧凑、效率高、速度快、成本低等优点。

物理处理法的优点：设备大多较简单、操作方便、分离效果良好，故使用极为广泛。

（二）化学法

污水的化学处理法就是向污水中投加化学物质，利用化学反应来分离回收污水中的污染物，或使其转化为无害的物质。属于化学处理法的有以下几种。

1. 混凝法

混凝法是向污水中投加一定量的药剂，经过脱稳、架桥等反应过程，使水中的污染物凝聚并沉降。水中呈胶体状态的污染物质通常带有负电荷，胶体颗粒之间互相排斥形成稳定的混合液，若水中带有相反电荷的电介质（即混凝剂）可使污水中的胶体颗粒改变为呈电中性，并在分子引力作用下凝聚成大颗粒下沉。这种方法用于处理含油废水、染色废水、洗毛废水等，该法可以独立使用，也可以和其他方法配合使用，一般作为预处理、中间处理和深度处理等。常用的混凝剂则有硫酸铝、碱式氯化铝、硫酸亚铁、三氯化铁等。

2. 中和法

用化学方法消除污水中过量的酸和碱，使其 pH 值达到中性左右的过程称为中和法。处理含酸污水以碱为中和剂，处理含碱污水以酸为中和剂，也可以吹入含 CO_2 的烟道气进行中和。酸或碱均指无机酸和无机碱，一般应依照“以废治废”的原则，亦可采用药剂中和处理，可以连续进行，也可间歇进行。

3. 氧化还原法

污水中呈溶解状态的有机和无机污染物，在投加氧化剂和还原剂后，由于电子的迁移而发生氧化和还原作用形成无害的物质。常用的氧化剂有空气中的氧、漂白粉、臭氧、二氧化氯、氯气等，氧化法多用于处理含酚、含氰废水。常用的还原剂则有铁屑、硫酸亚铁、亚硫酸氢钠等，还原法多用于处理含铬、含汞废水。

4. 电解法

在废水中插入电极并通过电流，则在阴极板上接受电子，在阳极板上放出电子。在水的电解过程中，阳极产生氧气，阴极产生氢气。上述综合过程使阳极发生氧化作用，在阴极上发生还原作用。目前电解法主要用于处理含铬及含氰废水。

5. 吸附法

污水吸附处理主要是利用固体物质表面对污水中污染物质的吸附，吸附可分为物理吸附、化学吸附和生物吸附等。物理吸附是吸附剂和吸附质之间在分子力作用下产生的，不产生化学变化，而化学吸附则是吸附剂和吸附质在化学键力作用下起吸附作用的，因此化学吸附选择性较强。在污水处理中常用的吸附剂有活性炭、磺化煤、焦炭等。

（三）生物法

污水的生物处理法就是利用微生物的新陈代谢功能，使污水中呈溶解和胶体状态的有机污染物被降解并转化为无害物质，使污水得以净化。生物处理法可分为好氧处理法和厌氧处理法两类。前者处理效率高、效果好、使用广泛，是生物处理的主要方法。属于生物处理法的工艺有以下几种。

1. 活性污泥法

活性污泥法是当前应用最为广泛的一种生物处理技术。将空气连续鼓入大量溶解有机污染物的污水中，经一段时间，水中形成大量好氧性微生物的絮凝体——活性污泥，活性污泥能够吸附水中的有机物，生活在活性污泥上的微生物以有机物为食料，获得能量，并不断生长增殖，有机物被分解、去除，使污水得以净化。

2. 生物膜法

使污水连续流经固体填料，在填料上就能够形成污泥垢状的生物膜。生物膜上繁殖大量的微生物，吸附和降解水中的有机污染物，能起到与活性污泥同样的净化污水作用。从填料上脱落下来死亡的生物膜随污水流入沉淀池，经沉淀池被澄清净化。

生物膜法有多种处理构筑物，如生物滤池、生物转盘、生物接触氧化池和生物流化床等。

3. 厌氧生物处理法

利用兼性厌氧菌在无氧条件下降解有机污染物，主要用于处理高浓度难降解的有机工业废水及有机污泥。主要构筑物是消化池，近年来在这个领域有很大的发展，开创了一系列的新型高效厌氧处理构筑物，如厌氧滤池、厌氧转盘、上流式厌氧污泥床（UASB）、厌氧流化床等高效反应装置，该法能耗低且能产生能量，污泥产量少。

四、水污染治理工程案例

（一）工程概论

深圳市某污水处理厂活性污泥法二级污水处理系统二期工程，总占地面积 120 余亩，总规划服务面积 25 km^2，服务人口 20 万人，接纳、处理该城市大部分的生活污水和工业废水。经过十几年的运行，污水处理效果良好，出水稳定达到标准。

（二）设计水质水量及排水标准

设计处理水量 2.5 万 m^3/d。

该污水处理厂的进水水质波动比较大，进水 BOD_5 浓度最高为 450 mg/L，最低为 80 mg/L，进水的 BOD_5 浓度在 100～200 mg/L 之间的频率为 54%，进水的 BOD_5 浓度在 200～300 mg/L 之间的频率为 26.5%，进水的 BOD_5 大于 300 mg/L 的频率为 10%，平均进水 BOD_5 浓度 190 mg/L。进水 SS 浓度在 120～240 mg/L 之间的频率为 76%，进水 SS 浓度大于 240 mg/L 的频率为 24%，平均进水 SS 浓度 146 mg/L。最高进水 COD_{Cr} 浓度 2 000 mg/L，最低进水 COD_{Cr} 浓度 200 mg/L，平均进水 COD_{Cr} 浓度大于 380 mg/L。进水悬浮物主要成分是污泥。

设计进水水质 BOD_5 = 200 mg/L，SS = 240 mg/L。出水要求达到国家二级标准处理排放要求，即 pH = 6.5～8.5，SS ≤ 30 mg/L，BOD_5 ≤ 30 mg/L，COD_{Cr} ≤ 120 mg/L。

（三）工艺流程

普通活性污泥法作为传统的污水处理工艺，是处理效率较高的污水处理方式。活性污泥中的微生物主要有细菌、原生动物和藻类。其中，细菌主要以菌胶团和丝状菌状态存在，培养一定浓度的、具有良好沉降性能的活性污泥，是运转的关键，也是保证水质的关键。

（四）工艺说明

城市污水处理的典型流程如图 4-4 所示。

① 粗格栅。机械隔栅的栅条间距采用 20 mm。

② 曝气沉沙池。曝气沉砂池的前端设置细格栅，格栅的间距为 10 mm。沉砂池原设计成多尔沉砂池形式，将水砂混合液吸入分离进行水砂分离，后由于实际运行效果不理想，按照平流池的形式进行了改建，采用机械刮砂进行除砂。

③ 初级沉淀池。初沉池是两座 25 m 直径的圆形辐流式沉淀池，池边水深 3.14 m，沉

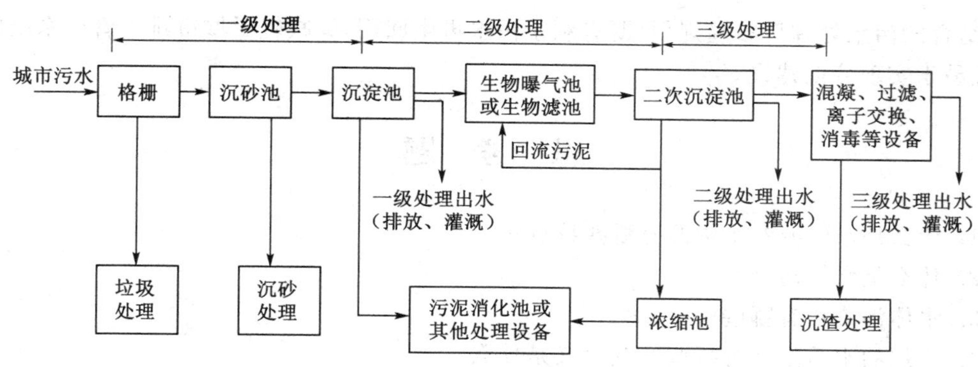

图 4-4 城市污水处理流程

淀时间 1.5 h，设计去除悬浮固体 60%，去除 BOD_5 负荷 25%～30%。

④ 曝气池。曝气池分为两组，每组 4 廊道，两组池并联使用。总有效容积 8 350 m^3，水深 6 m，水力停留时间为 8 h，污泥负荷 0.2 kg BOD_5/(kgMLSS · d)。

⑤ 二级沉淀池。二级沉淀池是两座直径 30 m 的圆形辐流式沉淀池，池边水深 3.97 m，沉淀时间 2.5 h。

⑥ 污泥回流泵站。二级沉淀池活性污泥回流采用 3 台 700 mm 螺旋回流泵，回流率 85%，无备用。

⑦ 脱水机。污泥脱水采用带式脱水机，性能稳定，工作效率高，但卫生条件较差。

（五）城市污水处理厂选址讨论

制定城市污水处理系统方案时，污水处理厂厂址的选定是一个比较重要的环节，它与城市的总体规划、城市排水系统的走向、布置、处理出水的出路都密切相关。因此，在符合城市总体规划和排水工程总体规划要求的同时，还应考虑多方面因素来综合确定污水处理厂的厂址。

传统观念上的排水系统主要以防止雨洪内涝、排除和处理污水、保护城市公共水域水质等为目的，因此一般是希望将污水尽快排放到城市下游进行高度集中处理。按照传统规划方法，污水处理厂厂址要根据污染物排放量控制目标、城市布局、受纳水体功能及流量等因素来综合选择，一般尽可能地设在各河系下游、城市郊区，以使尽可能多的污水自流进入城市污水处理厂。此外，该方式对污水排放也较有利，处理出水可直接排入下游河道，避免对上游水系造成污染。

21 世纪排水系统的定位应从以前的防涝减灾、防污减灾逐步转向污水的资源化，从而恢复健康水循环和良好水环境、维持水资源可持续利用。事实证明，污水深度处理与再生回用是恢复水环境的必由之路，其社会效益、环境效益与经济效益已为世界各国所瞩目。目前，对于污水的处理存在两个治污理念，其一是以循环经济的思想为指导，利用污水再生回用来解决水污染和水资源问题；其二是用大调水和大工程思路来解决城市水污染和水资源问题。由于污水处理厂的传统布局使污水再生水源远离用户，增加了相应的回用水管网费用，同时再生水也不能依靠重力注入城市段以补充干枯少水的河流，不利于污水资源化。因此，在新建城市污水处理厂的数目和厂址的规划中不应拘泥于传统经验，而应依据城市对中水回用的需要在适当位置建设合适规模的污水处理厂，使得整个城市形成大、中、小及近、远期相结合的污水处理厂布局规划，既有利于污水再生回用，又减轻了城市排水管网系统的负担，且易于实现分期建设。

思 考 题

1. 什么是水资源？水资源有哪些特点？
2. 什么是水体污染？
3. 水体污染物有哪些？
4. 常用的水质指标有哪些？其含义是什么？
5. 什么是水体自净作用？影响水环境容量的因素有哪些？
6. 废水处理的物理方法有哪些？
7. 什么是生物处理法？画图说明活性污泥法处理流程。

第五章　环境物理污染及其控制

第一节　噪声污染

声音是由物体振动产生的，是充满自然界和人类社会的一种物理现象。自然界的风声、雨声、鸟语、蝉鸣，不仅谱写了动听的自然乐章，也为我们传播认识和研究自然现象、自然规律的信息；人类社会中，人们通过声音传播信息、表达思想感情。声音是与我们密不可分的自然、社会环境。

人类生活在一个声音的环境中，随着人类生产、生活的发展，人们生存的环境中除了有一些为我们提供信息、传播感情的声音外，还出现了一些过响的、影响人们正常生活的、令人不愉快的声音，有些声音甚至会给人类带来危害。例如震耳欲聋的机器声、呼啸飞过的飞机、高速行驶的列车等。这些杂乱无章的、过响的、妨碍人休息、影响人思考、令人不愉快的声音就是噪声。噪声也可以认为是人们不需要的声音。

一、噪声污染特征

1. 主观性

环境噪声是一种感觉污染，是危害人类环境的公害。评价一种声音是否是噪声，取决于声音的大小及受害人的生理与心理因素。因此噪声的标准也要根据不同时间、不同地区和人处于不同的行为状态来决定。所以噪声具有主观性。

2. 局限性和分散性

噪声在影响范围上具有局限性，而在声源分布上具有分散性。

3. 暂时性

当声源停止发声，噪声即时消失。

二、声音的量度——声压

（一）声压

为了衡量声音的强度，我们将声波产生的压力与承受这一压力的面积之比叫做声压，其定义式为

$$p=\frac{F}{S} \tag{5-1}$$

式中 F——声音在传播过程中产生的压力；

S——承受这一压力的面积；

p——声压，Pa。

声压是衡量声音大小的物理量。正常人听觉有听阈和痛阈两个界限。

1. 听阈

听阈是指人耳刚刚能听到的声音的声压，人耳的听阈也称基准声压，用 p_0 表示。听阈对于不同频率的声波是不相同的。人耳对 1 000 Hz 的声音感觉最灵敏，该频率下声压大小为 2×10^{-5} Pa 的声压能被人感知。

2. 痛阈

使人耳产生痛感的声音的声压，对 1 000 Hz 的声音为 20 Pa。人耳的痛阈亦称极限声压，用 p_{max} 表示。

我们日常听到的声音通常介于听阈和痛阈之间，这二者绝对值相差 10^6 倍，表述起来不太方便，为了更加简洁、方便地表述声音，可以利用声压级这一概念，声压级的单位为分贝(dB)。

（二）声压级

$$L_p = 20\lg\frac{p}{p_0} \tag{5-2}$$

式中 L_p——声压级，dB；

p——被测声压，Pa；

p_0——基准声压，2×10^{-5} Pa。

有了声压级这一概念，用声压绝对值表示的数万倍(2×10^{-5}～20 Pa)的变化范围，即可变成 0～120 dB。

为了能用仪器直接反映人的主观响度感觉的评价量，有关人员在噪声测量仪器——声级计中设计了一种特殊滤波器，叫计权网络。通过计权网络测得的声压级，已不再是客观物理量的声压级，而叫计权声压级或计权声级，简称声级。通用的有 A、B、C 和 D 计权声级。A 计权声级是模拟人耳对 55 dB 以下低强度噪声的频率特性；B 计权声级是模拟 55 dB 到 85 dB 的中等强度噪声的频率特性；C 计权声级是模拟高强度噪声的频率特性；D 计权声级是对噪声参量的模拟，专用于飞机噪声的测量。计权网络是一种特殊滤波器，当含有各种频率成分通过时，它对不同频率成分的衰减是不一样的。A、B、C 计权网络的主要差别在于对低频成分衰减程度，A 衰减最多，B 其次，C 最少。A、B、C、D 计权的特性曲线如图 5-1 所示。

前面讲到的 A 计权声级对于稳态的宽频带噪声是一种较好的评价方法，但对于一个声级起伏或不连续的噪声，A 计权声级就很难确切地反映噪声的状况。对于这种声级起伏或不连续的噪声，采用噪声能量按时间平均的方法来评价噪声对人的影响更为确切，为此提出了等效连续 A 声级评价参量。等效连续 A 声级又称等能量 A 计权声级，它等效于在相同的时间间隔 T 内与不稳定噪声能量相等的连续稳定噪声的 A 声级。由于同样的噪声在白天和夜间对人的影响是不一样的，而等效连续 A 声级评价量并不能反应人对噪声主观反应的这一特点。为了考虑噪声在夜间对人们烦恼的增加，规定在夜间测得的所有声级均加上 10 dB(A 计权)作为修正值，再计算昼夜噪声能量的加权平均，由此构成昼夜等效声级这一

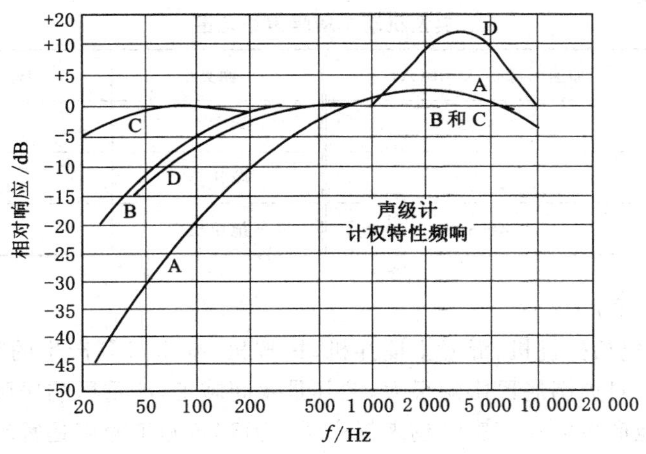

图 5-1　计权网络频率特性

评价参量。

三、噪声的声源及分类

声音是由物体振动而产生的，把振动的固体、液体和气体通称为声源。所以声源就是向外辐射声音的振动物体。

噪声可分为自然噪声和人为噪声。人为环境噪声，按照污染来源种类不同可分为：工业噪声、交通噪声、建筑施工噪声和社会生活噪声。

（一）工业噪声

工业噪声主要包括工厂、车间的各种机械运转产生的噪声。工业噪声是造成职业性耳聋的主要原因，也给周围居民带来一定的危害。工业噪声源是固定不变的，一般局限在一定范围内，污染范围比交通噪声小得多，防治措施相对容易。一些机械设备产生噪声级范围如表 5-1 所示。

表 5-1　　机械设备产生的噪声

设备名称	加速时噪声级/dB(A)	设备名称	加速时噪声级/dB(A)
轧钢机	92～107	柴油机	110～125
鼓风机	95～115	汽油机	95～110
电　锯	100～105	纺纱机	90～100

（二）交通噪声

交通运输引起的噪声，对城市生活环境干扰最大，城市环境噪声的 70％来自于交通噪声，主要来自于喇叭声、发动机声、进气声和排气声、启动和制动声、轮胎与地面的摩擦声等。交通噪声是活动的噪声源，对环境的影响范围极大。典型机动车辆产生的噪声级范围如表 5-2 所示。

表 5-2　　典型机动车辆噪声级范围

车辆类型	加速时噪声级/dB(A)	车辆类型	加速时噪声级/dB(A)
重型货车	89～93	轿　车	78～84
轻型货车	82～90	摩托车	81～90
公共汽车	82～89	拖拉机	83～90

（三）建筑施工噪声

建筑施工噪声包括打桩机、混凝土搅拌机、挖掘机、推土机等产生的噪声。由于建筑工地现场多在居民区，对周围居民影响很大，尤其是夜间施工，严重影响居民休息，随着城市建设的发展，建筑工地产生的噪声影响越来越广泛。但建筑施工噪声是暂时性的，随着建筑施工结束停止，其噪声也会终止。典型建筑施工机械产生的噪声级范围如表 5-3 所示。

表 5-3　　典型建筑施工机械噪声级范围

机械名称	距声源 15 m 处加速时噪声级/dB(A)	机械名称	距声源 15 m 处加速时噪声级/dB(A)
打桩机	95～105	推土机	80～95
挖土机	70～95	铺路机	80～90
混凝土搅拌机	75～90	凿岩机	80～100

（四）社会生活噪声

社会生活噪声是由于社会活动、使用家庭机械和电器而产生的噪声，如娱乐场所、商业中心、运动场所、高音喇叭、家用电器设备等。一般情况下，社会生活产生的噪声在 80 dB(A)以下，干扰人们学习、工作和休息，对身体没有直接危害。但超过 100 dB，尤其是爆破及有些打击乐声响达 120 dB 以上，处于这种环境下人体健康会遭受伤害。一些生活噪声来源及噪声级范围如表 5-4 所示。

表 5-4　　生活噪声来源及噪声级范围

设备名称	噪声级/dB(A)	设备名称	噪声级/dB(A)
洗衣机	50～80	电视机	60～83
吸尘器	60～80	电风扇	30～65
排风机	45～70	电冰箱	35～45

四、噪声的危害

随着工业生产、交通运输、城市建筑的发展，以及人口密度的增加，家庭设施（音响、空调、电视机等）的增多，环境噪声日益严重，它已成为污染人类社会环境的一大公害。噪声具有局部性、暂时性和多发性的特点。噪声的危害如表 5-5 所示。

表 5-5 噪声的危害

噪声级/dB(A)	危害
50 以上	影响休息
70 以上	干扰谈话,影响工作效益
90 以上	严重影响听力和引起神经衰弱、头痛、血压升高等疾病
140～150	听觉器官会发生急剧外伤,引起鼓膜破裂出血,双耳完全失去听力

噪声不仅会影响听力,而且还对人的心血管系统、神经系统、内分泌系统产生不利影响,所以有人称噪声为"致人死命的慢性毒药"。噪声给人带来生理上和心理上的危害主要有以下几方面。

(一) 听力损伤

强噪声使人听力受损,这种受损是积累性的。如果每天在强噪声(115 dB 以上),会逐渐形成永久性听力损伤。强的噪声可以引起耳部的不适,如耳鸣、耳痛、听力损伤。据测定,超过 115 dB 的噪声还会造成耳聋。据临床医学统计,若在 80 dB 以上噪音环境中生活,造成耳聋者可达 50%。当人耳突然听到极强的噪声时,声波有可能会击破耳鼓膜,造成突然失去听力。不同噪声级下长期工作时的耳聋发病率如表 5-6 所示。

表 5-6 不同噪声级下长期工作时的耳聋发病率

噪声级/dB(A)	国际统计	噪声级/dB(A)	国际统计
80	0	95	29
85	10	100	41
90	21	175	死亡

(二) 干扰睡眠

噪声使人不得安宁,难以休息和入睡。噪声也会影响人的睡眠质量和时间,连续噪声可以加快熟睡到轻睡回转,使人熟睡时间缩短,突然的噪声还会使人惊醒。

(三) 干扰交谈和思考

噪声妨碍人们之间的交谈、通讯是常见的。因为人的思考也是语言思维活动。实验研究表明噪声干扰交谈、通讯,如表 5-7 所示。

表 5-7 噪声对交谈的影响

噪声值/dB	主观反映	保证正常讲话距离/m	通信质量
45	安静	10	很好
55	稍吵	3.5	好
65	吵	1.2	较困难
75	很吵	0.3	困难
85	太吵	0.1	不可能

(四) 引起疾病

噪声是一种恶性刺激物,长期作用于人的中枢神经系统,可使大脑皮层的兴奋和抑制失调，条件反射异常，出现头晕、头痛、耳鸣、失眠、心慌等症状。噪声对人的心理影响主要是使人烦恼、激动、易怒，甚至失去理智。

1. 损害心血管

噪声是心血管疾病的危险因子，噪声会加速心脏衰老，增加心肌梗死发病率。医学专家经人体和动物实验证明，长期接触噪声可使体内肾上腺分泌增加，从而使血压上升，在平均 70 dB 的噪声中长期生活的人，可使其心肌梗死发病率增加 30%左右，特别是夜间噪音会使发病率更高。调查发现，生活在高速公路旁的居民，心肌梗死率增加了 30%左右。调查 1 101 名纺织女工，高血压发病率为 7.2%，其中接触强度达 100 dB 噪声者，高血压发病率达 15.2%。

2. 消化系统疾病

由于噪声作用于中枢神经，可使肠胃机能阻滞，使血管收缩而变得狭窄。

3. 引起神经性疾病

噪声还可以引起如神经系统功能紊乱、精神障碍、内分泌紊乱甚至事故率升高。高噪声的工作环境，可使人出现头晕、头痛、失眠、多梦、全身乏力、记忆力减退以及恐惧、易怒、自卑甚至精神错乱。

（五）影响儿童健康

强的噪声可以引起耳部的不适，如耳鸣、耳痛、听力损伤。据测定，家庭噪音是造成儿童聋哑的病因之一。噪声对儿童身心健康危害更大。因儿童发育尚未成熟，各组织器官十分娇嫩和脆弱，不论是体内的胎儿还是刚出世的孩子，噪声均可损伤听觉器官，使听力减退或丧失。据统计，当今世界上有 7 000 多万耳聋者，其中相当部分是由噪声所致。专家研究已经证明，家庭室内噪音是造成儿童聋哑的主要原因，若在 85 dB 以上噪声中生活，耳聋者可达 5%。此外，噪声还对动物、建筑物有损害，在噪声下的植物也生长不好，有的甚至死亡。

五、噪声的控制

噪声在传播过程中有三个要素：声源、传播介质、接受者。控制噪音的措施可以针对上述三个部分或其中任何一个部分。

（一）声源的控制

防治噪声首先要控制噪声声源，这是减弱或消除噪声的基本方法和最有效手段，控制声源的方法如下：

1. 改进机械设计

① 选用发声较小的材料，如用减振合金等。

② 选用发声较小的结构形式，如将风机叶片由直形改成弯形。

③ 选用发声较小的传动形式，如用皮带代替齿轮传动。

2. 改进生产工艺

① 用液压代替冲压。

② 焊接代替铆焊。

③ 斜齿轮代替直齿轮。

3. 提高加工精度和装配质量

如果将轴承滚珠加工精度提高一级，则轴承噪声可降低 10 dB(A)。

4. 加强行政管理

如在居民区附近使用的建筑施工机械设备，夜间必须停止操作；市区内汽车限速行驶、禁鸣喇叭等。各种声源控制方法降噪效果见表5-8。

表5-8　各种声源控制降噪效果

声　　源	控制措施	降噪效果/dB(A)
敲打、撞击	加弹性垫	10～20
整机振动	加隔振座	10～25
机械部件振动	使用阻尼材料	3～10
机壳振动	包覆、安装隔声罩	3～30
电　　机	安装隔声罩	10～20

（二）传播介质（途径）

在大多数情况下，由于技术和经济上的原因，直接从声源上降低噪声难度较大，这就需要在噪声的传播途径上采取吸声、隔声、减振、阻尼等常用的降低噪声技术措施。

1. 吸声

由于室内声源发射出的声波将被墙面、地面及其他物体表面多次反射，使得室内声源的噪声比其他地方更高。如果用吸声材料装饰室内表面，或在室内悬挂吸声物体，屋内反射的声波就会被吸收，室内噪声也就得到了有效的降低，这种控制噪声的方法就叫做吸声。

常用的吸声材料多是一些多孔透气的材料，如塑料泡沫、毛毡、玻璃棉、矿渣棉等。当声波进入这些多孔材料中时，引起材料的细孔或狭缝中的空气振动，使一部分声能由于细孔的摩擦和黏滞阻力转化为热能而被损失掉。

多孔材料的吸声系数随声频率的增高而增大，所以多孔材料对高频噪声吸声效果较好，对低频噪声不是很有效。要想使多孔材料更好地吸收低频噪声，需要大大增加材料厚度，在经济上是不合适的。

为解决中、低频吸声问题，往往采用共振吸声结构，其吸声频谱以共振频率为中心出现吸收峰，当远离共振频率时，吸声系数就很低。共振吸声结构有以下几种基本类型。

（1）单个共振器

单个共振器是一个有颈口的密闭容器，相当于一个弹簧振子系统，容器内空气相当于弹簧，而进口空气相当于和弹簧连接的物体。当入射声波的频率和这个系统的固有频率一致时，共振器孔颈处的空气柱就激烈振动，孔颈部分的空气与颈壁摩擦阻尼，将声能转变为热能。

（2）柔顺材料

柔顺材料是内部有许多微小的、互不贯通的独立气泡，没有通气性能，在一定程度上具有弹性的吸声材料。当声波入射到材料上时，激发材料做整体振动，为克服材料内部的摩擦而消耗了声能。它的吸声频率特性是高频声吸收系数很低，中、低频的吸声系数类似共振吸收，但无显著的共振吸收峰而呈复杂的起伏状态。

2. 隔声

隔声是指声波在空气中传播时，一般用各种易吸收能量的物质消耗声波的能量，使声能在传播途径中受到阻挡而不能直接通过的措施。在噪声源和接收者之间设置屏障，利用隔声材料和隔声结构可以阻挡声能的传播，把声源产生的噪声限制在局部范围内，或在噪声的环境中隔离出相对安静的场所。典型的隔声方法是使用隔声罩、隔声间和隔声屏。

(1) 隔声罩

隔声罩外壳由一层不透气的具有一定重量和刚性的金属材料制成，一般用 2～3 mm 厚的钢板，铺上一层阻尼层。阻尼层常用沥青阻尼胶浸透的纤维织物或纤维材料(用沥青浸麻袋布、玻璃布、毡类或石棉绒等)，有的用特制的阻尼浆。外壳附加阻尼层是为了避免发生板的吻合效应和板的低频共振。外壳也可以用木板或塑料板制作，轻型隔声结构可用铝板制作。要求高的隔声罩可做成双层壳，内层较外层薄一些；两层的间距一般是 6～10 cm，填以多孔吸声材料。罩的内侧附加吸声材料，以吸收声音并减弱空腔内的噪声。

(2) 隔声间

隔声间是为了防止外界噪声入侵，形成局部空间安静的小室或房间。在噪声强烈的车间内建造的有良好隔声性能的小房间，以供工作人员在其中操作或观察、控制车间内各部分工作之用。隔声间的内表面，应覆以吸声系数高的材料作为吸声饰面。

常用的吸声材料是超细玻璃棉或矿棉(10 cm 厚)，外面包以稀疏的薄玻璃布(0.1 mm 厚)或塑料薄膜(0.035 mm 厚)，也可用双层塑料窗纱覆面。隔声间门的面积应尽量小些，密封应尽量好些，可以采用橡皮条、毡条等作为密封材料。如果单层窗的隔声量不足，可用双层窗。例如，用 3 mm 厚玻璃装配的单层窗，其隔声能力可达 25 dB；而用同样厚的玻璃装配的双层窗，在两片玻璃的间距为 10 cm 时，隔声量约达 36 dB；间距 20 cm 时为 40 dB。

(3) 隔声屏

隔声屏是为了遮挡声源和接受者之间直达声，在声源和接收者之间插入一个设施，使声波传播有一个显著的附加衰减，从而减弱接受者所在的一定区域内的噪声影响。隔声屏障主要用于室外。随着公路交通噪声污染日益严重，有些国家大量采用各种形式的屏障来降低交通噪声。在建筑物内，如果对隔声的要求不高，也可采用屏障来分隔，声屏障常见的四种类型分别是阻性隔声屏障、普通透明隔声屏障、微孔板透明隔声屏障以及复合式隔声屏障。屏障的拆装和移动都比较方便，又有一定的隔声效果，因而应用较广。

阻性隔声屏障由前板、后板、侧板构成一个封闭的箱式结构，形成一个模块化单元。前板为穿孔率 25%的镀锌钢板，后板和侧板为不穿孔的镀锌钢板(从美观角度考虑，也可用彩色钢板)。两层板之间内填防潮离心玻璃棉板，吸声材料用聚氟乙烯薄膜覆盖。普通透明隔声屏障采用透明的聚碳酸酯板(又称 PC 板)，因为是透明，隔声屏障的景观感较好，比较容易溶入周围的环境。微孔板透明隔声屏障有两层，它应用了微孔吸声原理，在一层聚碳酸酯板上穿许多直径为 0.8 mm 的小孔，穿孔率 1%。另一层聚碳酸酯板不穿孔，两层板之间的间距为 100 mm。它相当于一个单层微孔吸声结构，解决了吸声和透明之间的矛盾。由于声波的作用，微孔并不会被灰尘堵塞。复合式隔声屏障兼有透明和不透明隔声屏障的优点。它的一半是阻性隔声屏障，另一半是透明隔声屏障，由一与二复合而成以上四种隔声屏障的高度可根据设计要求自由组合。

值得一提的是，林带是一种非常好的天然隔声屏障，40 m 宽的林带可减噪 10～15 dB(A)。另外还有一些人工合成的隔声、吸声屏障。吸声屏障一般采用柔软、表面多孔的材料；隔声屏障一般采用重量大、气密性好的材料，一般隔声障板的隔声量可达 25 dB(A)，砖墙(24 cm 厚)的隔声量为 30 dB(A)；除此之外还可用消声器阻止或减弱声能。

3. 改变方向

利用声源的指向性(方向不同，声级不同)，将噪声源指向无人的地方。如高压锅炉的排气口朝向天空，比朝向居民区可降低噪声 10 dB(A)。

4. 闹静分开，增大距离

利用噪声自然衰减作用，将声源布置在离学习、休息场所较远的地方。

(三) 接受者

在声源和传播途径上无法采取措施，或采取的声学措施仍不能达到预期效果时，就需要对受音者或受音器官采取防护措施，如长期职业性噪音暴露的工人可以戴耳塞、耳罩或头盔等护耳器。

第二节　放射性污染

一、放射性物质

核原料、核电力在国防、能源产业中具有重要的地位和作用。核武器比常规武器有更大的杀伤力和破坏力，能在战争中起到一般武器所不能起到的作用。但核工业也会使放射性物质沉降，排放到环境中，造成放射性污染，对生态环境有长期的、严重的后果。

放射性物质指的是具有自发地放出射线特征的物质。放射性物质种类包括质量很高的金属，像钚、铀等。放射性物质放出的射线分别是 α 射线、β 射线、γ 射线、中子射线等。放射性物质具有一定的电离能力和贯穿本领以及特殊的生物效应等性质。

二、放射性污染

(一) 放射性污染来源

放射性污染来源主要有如下几方面：

1. 核武器试验的沉降物

在大气层进行核试验的情况下，核弹爆炸的瞬间，由炽热蒸汽和气体形成大球(即蘑菇云)携带着弹壳、碎片、地面物和放射性烟云上升，随着与空气的混合，辐射热逐渐损失，温度渐趋降低，于是气态物凝聚成微粒或附着在其他的尘粒上，最后沉降到地面。

2. 核燃料循环的“三废”排放

原子能工业的中心问题是核燃料的产生、使用与回收、循环的各个阶段均会产生“三废”，对周围环境带来一定程度的污染。

3. 医疗照射引起的放射性污染

目前，由于辐射在医学上的广泛应用，已使医用射线源成为主要的环境人工污染源。

4. 其他各方面来源的放射性污染

其他辐射污染来源可归纳为两类：一是工业、医疗、军队、核舰艇，或研究用的放射源，因运输事故、遗失、偷窃、误用，以及废物处理等失去控制而对居民造成大剂量照射或污染环境；二是一般居民消费用品，包括含有天然或人工放射性核素的产品，如放射性发光表盘、夜光表以及彩色电视机产生的照射。

(二) 放射性污染特点及其危害

放射性污染是指由放射性物质造成的环境污染。放射性污染具有如下特点：

① 放射性核素毒性远远高于一般的化学物质；

② 按辐射损伤产生的效应,可能影响遗传；

③ 放射性剂量的大小,只有辐射探测仪器可探测；

④ 放射性核素具有蜕变能力；

⑤ 放射性活度只能通过自然衰变而减弱。

放射性物质可通过呼吸道、消化道或皮肤黏膜侵入人体,在大剂量的照射下,放射性对人体和动物存在着某种损害作用。小剂量的照射同样会损伤遗传物质,主要在于引起基因突变和染色体畸变,往往需经 20 年以后,一些症状才会表现出来,使一代甚至几代受害。

三、放射性污染防治

(一) 放射性污染源控制

放射性废物中的放射性物质,采用一般的物理、化学及生物学的方法都不能将其消灭或破坏,只有通过放射性核素的自身衰变才能使放射性衰减到一定的水平。而许多放射性元素的半衰期十分长,并且衰变的产物又是新的放射性元素,所以放射性废物与其他废物相比,在处理和处置上有许多不同之处。

① 放射性废水的处理。放射性废水的处理方法主要有稀释排放法、放置衰变法、混凝沉降法、离子变换法、蒸发法、沥青固化法、水泥固化法、塑料固化法以及玻璃固化法等。

② 放射性废气的处理。铀矿开采过程中所产生废气、粉尘,一般可通过改善操作条件和通风系统得到解决;实验室废气,通常是进行预过滤,然后通过高效过滤后再排出;燃料后处理过程的废气,大部分是放射性碘和一些惰性气体。

③ 放射性固体废物的处理。放射性固体废物主要是被放射性物质污染而不能再用的各种物体,可采用焚烧、压缩深埋(300 m 以下)的方法处理。

(二) 加强防范意识

核电站(包括其他核企业)一般应选址在周围人口密度较低,气象和水文条件有利于废水和废气扩散稀释,以及地震强度较低的地区,以保证在正常运行和出现事故时,居民所受的辐射剂量最低。

第三节 电磁污染

一、电磁辐射及辐射污染

(一) 电磁辐射

电磁辐射是指以电磁波形式向空间环境传递能量的过程或现象称为电磁辐射。磁是以一种看不见、摸不着的特殊形态存在的物质。人类生存的地球本身就是一个大磁场,它表面的热辐射和雷电都可产生电磁辐射,太阳及其他星球也从外层空间源源不断地产生电磁辐射。围绕在人类身边的天然磁场、太阳光、家用电器等都会发出强度不同的辐射。生活中还有很多人造电磁辐射,随着科学技术的不断发展,各种电子信息设备的使用越来越多,如通讯卫星、雷达、电子计算机等;家庭小环境的电子设备也有发展趋势,如家用电脑、微波炉、电磁灶、手机等越来越多地进入家庭（自然界和人工的电磁辐射源如表5-9、表5-10所示）。这些电子设备在造福人类社会、方便我们生活的同时，也不可避免地带来了电磁辐射污染。

表5-9　自然界电磁辐射源

分　类	来　源
大气与空气辐射源	自然界的火花放电、雷电、台风、火山喷烟等
太阳电磁场源	太阳的黑点活动与黑体放射等
宇宙电磁场源	银河系恒星的爆炸，宇宙间电子移动等

表5-10　人工型电磁辐射源

分　类	来　源
放电型电磁辐射源	静电感应、白光灯、发电机、点火系统等
工频电磁辐射源	高电压、大电流的电力线场电气设备
射频电磁辐射源	广播、电视与通讯设备的振荡与发射系统（无线电发射机、雷达），医用射频利用设备（理疗机）等
建筑物反射	高层楼群以及大的金属构件

（二）电磁辐射污染

电磁辐射强度超过人体所能承受的或仪器设备所允许的限度时就构成了电磁辐射污染。电磁辐射是一种复合的电磁波，以相互垂直的电场和磁场随时间的变化而传递能量。人体生命活动包含一系列的生物电活动，这些生物电对环境的电磁波非常敏感，因此，电磁辐射可以对人体造成影响和损害。电磁辐射是心血管疾病、糖尿病、癌突变的主要诱因，对人体免疫系统、神经系统和生殖系统造成直接伤害，是造成孕妇流产、不育、畸胎等病变的诱发因素。过量的电磁辐射直接影响儿童组织发育，能够诱发癌症并加速人体的癌细胞增殖，是造成儿童患白血病的原因之一，还会造成骨骼、智力发育、视力下降，肝脏造血功能下降，严重者可导致视网膜脱落。

二、电磁辐射污染防治

（一）工作环境中防辐射

① 避免长时间连续操作电脑，注意中间休息。要保持一个最适当的姿势，眼睛与屏幕的距离应在40～50 cm，使双眼平视或轻度向下注视荧光屏。使用电脑辐射防护产品。

② 室内要保持良好的工作环境，如舒适的温度、清洁的空气、合适的阴离子浓度和臭氧浓度等。

③ 电脑室内光线要适宜，不可过亮或过暗，避免光线直接照射在荧光屏上而产生干扰光线。工作室要保持通风干爽。

④ 电脑的荧光屏上要使用滤色镜，以减轻视疲劳。最好使用玻璃或高质量的塑料滤光器。

⑤ 注意补充营养。电脑操作者在荧光屏前工作时间过长，视网膜上的视紫红质会被消耗掉，而视紫红质主要由维生素A合成。因此，电脑操作者应多吃些胡萝卜、白菜、豆芽、豆腐、红枣、橘子以及牛奶、鸡蛋、动物肝脏、瘦肉等食物，以补充人体内维生素A和蛋白质。而多饮些茶，茶叶中的茶多酚等活性物质会有利于吸收与抵抗放射性物质。

（二）生活中防电磁辐射方法

① 各种家用电器、办公设备、移动电话等都应尽量避免长时间操作。如电视、电脑等电器需要较长时间使用时，应注意每一小时离开一次，采用眺望远方或闭上眼睛的方式，以减少眼睛的疲劳程度和所受辐射影响。

② 当电器暂停使用时，最好不让它们处于待机状态，因为此时可产生较微弱的电磁场，长时间也会产生辐射积累。

③ 对各种电器的使用，应保持一定的安全距离。如眼睛离电视荧光屏的距离，一般为荧光屏宽度的 5 倍左右；微波炉开启后要离开 1 m 远。

④ 居住、工作在高压线、雷达站、电视台、电磁波发射塔附近的人，佩带心脏起搏器的患者及生活在现代化电气自动化环境中的人，特别是抵抗力较弱的孕妇、儿童、老人等，有条件的应配备阻挡电磁辐射的防辐射卡等产品。

第四节　光污染与防护

一、光污染

光污染指的是过量或不当的光辐射对人类的生存环境及人体健康造成不良影响的现象。光污染来源广泛，包括生活中常见的书本纸张、墙面涂料的反光甚至是路边彩色广告的“光芒”等。在日常生活中，人们常见的光污染的状况多为由镜面建筑反光所导致的行人和司机的眩晕感，以及夜晚不合理灯光给人体造成的不适。

二、光污染的来源

我们日常接触到的是波长 10 nm～1 mm 之间的光辐射，其中 10～380 nm 之间为紫外线，380～780 nm 为可见光，780 nm～1 mm 之间为红外线。

（一）紫外线污染

紫外线根据波长不同，可分为如下几个光区：10～190 nm 为真空紫外线，可被空气和水吸收；波长为 190～300 nm 的远紫外部分，大部分可被生物分子强烈吸收；波长为 300～380 nm 为近紫外部分，可被某些生物分子吸收。

紫外线最早是应用于消毒以及某些工艺流程。近年来它的使用范围不断扩大，如用于人造卫星对地面的探测。紫外线对人体主要是伤害眼角膜和皮肤。造成角膜损伤的紫外线主要为 250～300 nm 部分，而其中波长为 288 nm 的作用最强。角膜多次暴露于紫外线，并不增加对紫外线的耐受能力。紫外线对角膜的伤害作用表现为一种叫做畏光眼炎的极痛的角膜白斑伤害。除了剧痛外，还导致流泪、眼睑痉挛、眼结膜充血和睫状肌抽搐。波长 280～320 nm 和 250～260 nm 的紫外线对皮肤的效应最强。紫外线对皮肤的伤害作用主要是引起红斑和小水疱，严重时会使表皮坏死和脱皮。人体胸、腹、背部皮肤对紫外线最敏感，其次是前额、肩和臀部，再次为脚掌和手背。

（二）可见光污染

现代城市中，在繁华的街道两旁，许多商店用铝合金或大块镜面装饰，有的建筑整个墙体全部用镜面加以装潢。当太阳光直射时，这种建筑物的玻璃幕墙和各种涂料等装饰反射光线，明晃白亮，炫眼夺目。专家研究发现，镜面建筑物玻璃的反射光比阳光照射更强烈，其反射率高达 82%～90%，光几乎全被反射，大大超过了人体所能承受的范围。长时间在白色光亮污染环境下工作和生活的人，容易导致视力下降，产生头昏目眩、失眠、心悸、食欲下降及情绪低落等类似神经衰弱的症状，使人的正常生理及心理发生变化，长期下去会诱发某些疾病。专家研究发现，长时间在白色光亮污染环境下工作和生活的人，视网膜和虹膜都会受到程度不同的损害，视力急剧下降，白内障的发病率高达 45%。夏天，玻璃幕墙强烈的反射光进入附近居民楼房内，破坏室内原有的良好气氛，也使室温平均升高 4～6 ℃，影响正常的生活。

当夜幕降临后，商场、酒店上的广告灯、霓虹灯闪烁夺目，令人眼花缭乱。有些强光束甚至直冲云霄，使得夜晚如同白天一样，即所谓人工白昼。在这样的“不夜城”里，夜晚难以入睡，扰乱人体正常的生物钟，导致白天工作效率低下。人工白昼还会伤害鸟类和昆虫，强光可能破坏昆虫在夜间的正常繁殖过程。目前，大城市普遍、过多使用灯光，使天空太亮，看不见星星，影响了天文观测、航空等，很多天文台因此被迫停止工作。据天文学统计，在夜晚天空不受光污染的情况下，可以看到的星星约为 7 000 个，而在路灯、背景灯、景观灯乱射的大城市里，只能看到大约 20～60 个星星。在远离城市的郊外夜空，可以看到两千多颗星星，而在大城市却只能看到几十颗。据美国一份最新的调查研究显示，夜晚的华灯造成的光污染已使世界上五分之一的人对银河系视而不见。这份调查报告的作者之一埃尔维奇说：“许多人已经失去了夜空，而正是我们的灯火使夜空失色”。他认为，现在世界上约有三分之二的人生活在光污染里。

眩光也是一种光污染，汽车夜间行驶时照明用的头灯，厂房中不合理的照明布置等都会造成眩光。某些工作场所，例如火车站和机场以及自动化企业的中央控制室，过多和过分复杂的信号灯系统也会造成工作人员视觉锐度的下降，从而影响工作效率。焊枪所产生的强光，若无适当的防护措施，也会伤害人的眼睛。长期在强光条件下工作的工人（如冶炼工、熔烧工、吹玻璃工等）也会由于强光而使眼睛受害。

（三）红外线污染

红外线近年来在军事、人造卫星以及工业、卫生、科研等方面的应用日益广泛，因此红外线污染问题也随之产生。红外线是一种热辐射，对人体可造成高温伤害。较强的红外线可造成皮肤伤害，其情况与烫伤相似，最初是灼痛，然后是造成烧伤。红外线对眼的伤害有几种不同情况，波长为 750～1 300 nm 的红外线对眼角膜的透过率较高，可造成眼底视网膜的伤害。尤其是 1 100 nm 附近的红外线，可使眼的前部介质（角膜、晶体等）不受损害而直接造成眼底视网膜烧伤。波长 1 900 nm 以上的红外线，几乎全部被角膜吸收，会造成角膜烧伤（混浊、白斑）。波长大于 1 400 nm 的红外线的能量绝大部分被角膜和眼内液所吸收，透不到虹膜。只是 1 300 nm 以下的红外线才能透到虹膜，造成虹膜伤害。人眼如果长期暴露于红外线可能引起白内障。

激光污染是光污染的一种特殊形式。激光具有方向性好、能量集中、颜色纯等特点，而且激光通过人眼晶状体的聚焦作用后，到达眼底时的光强度可增大几百至几万倍，所以激光对人眼有较大的伤害作用。激光光谱的一部分属于紫外和红外范围，会伤害眼结膜、虹膜和晶状体。功率很大的激光能危害人体深层组织和神经系统。近年来，激光在医学、生物学、环境监测、物理学、化学、天文学以及工业等多方面的应用日益广泛，激光污染愈来愈受到人们的重视。

三、光污染防护

防治光污染主要有下列几个方面：

① 加强城市规划和管理，改善工厂照明条件等，以减少光污染的来源。在建筑装修中，应采用反光系数极小的材料，少用或不用玻璃幕墙；对广告牌和霓虹灯应加以控制和科学管理，注意减少大功率强光源。

② 对有红外线和紫外线污染的场所采取必要的安全防护措施。在建筑物和娱乐场所周围，植树、栽花、种草，以改善光环境。

③ 采用个人防护措施，主要是戴防护眼镜和防护面罩。光污染的防护镜有反射型防护镜、吸收型防护镜、反射—吸收型防护镜、爆炸型防护镜、光化学反应型防护镜、光电型防护镜、变色微晶玻璃型防护镜等类型。不开长明灯、不在光污染环境中长期滞留、打太阳伞等。

第五节　热　污　染

一、热污染及其来源

热污染是指人类活动的影响，使环境温度反常的现象。若把人为排放的各种温室气体、臭氧层损耗物质、气溶胶颗粒物等所导致直接地或间接地影响全球气候变化的这一特殊危害热环境的现象除外，常见的热污染来源有以下几方面：

① 因城市地区人口集中，建筑群、街道等代替了地面的天然覆盖层，工业生产排放热量，生产过程产生的废热直接排向环境，大量机动车行驶，大量空调排放热量而形成城市气温高于郊区农村的热岛效应。随着人口和耗能量的增长，城市排入大气的热量日益增多。按照热力学定律，人类使用的全部能量终将转化为热，传入大气，逸向太空。这样，使地面反射太阳热能的反射率增高，吸收太阳辐射热减少，沿地面空气的热减少，上升气流减弱，阻碍云雨形成，造成局部地区干旱，影响农作物生长。

② 温室气体的排放。近一个世纪以来，地球大气中的二氧化碳不断增加，气候变暖，冰川积雪融化，使海水水位上升，一些原本十分炎热的城市，变得更热。专家们预测，如按现在的能源消耗的速度计算，每 10 年全球温度会升高 0.1～0.26 ℃；一个世纪后即为 1.0～2.6 ℃，而两极温度将上升 3.0～7.0 ℃，对全球气候会有重大影响。

③ 因热电厂、核电站、炼钢厂等冷却水所造成的水体温度升高，使溶解氧减少，某些毒物毒性提高，鱼类不能繁殖或死亡，某些细菌繁殖，破坏水生生态环境进行而引起水质恶化，即水体热污染。火力发电厂、核电站和钢铁厂的冷却系统排出的热水，以及石油、化工、造纸等工厂排出的生产性废水中均含有大量废热。这些废热排入地面水体之后，能使水温升高。在工业发达的美国，每天所排放的冷却用水达 4.5 亿 m^3，接近全国用水量的 1/3；废热水含热量约 2 500 亿 kcal(1 cal＝8.314 J)，足够 2.5 亿 m^3 的水温升高 10 ℃。

热污染首当其冲的受害者是水生物，由于水温升高使水中溶解氧减少，水体处于缺氧状态，同时又使水生生物代谢率增高而需要更多的氧，造成一些水生生物在热效力作用下发育受阻或死亡，从而影响环境和生态平衡。此外，河水水温上升给一些致病微生物造成一个人工温床，使它们得以滋生、泛滥，引起疾病流行，危害人类健康。

造成热污染最根本的原因是能源未能被最有效、最合理地利用。随着现代工业的发展和人口的不断增长，环境热污染将日趋严重。然而，人们尚未有一个量值来规定其污染程度，这表明人们并未对热污染有足够重视。为此，我们应尽快采取行之有效的措施防治热污染。

二、热污染防治

（一）废热的综合利用

充分利用工业的余热，是减少热污染的最主要措施。生产过程中产生的余热种类繁多，有高温烟气余热、高温产品余热、冷却介质余热和废气废水余热等。这些余热都是可以利用的二次能源。我国每年可利用的工业余热相当于 5 000 万 t 标煤的发热量。在冶金、发电、化工、建材等行业，通过热交换器利用余热来预热空气、原燃料，干燥产品，生产蒸汽，供应热水等。此外还可以调节水田水温，调节港口水温以防止冻结。

对于冷却介质余热的利用方面主要是电厂和水泥厂等冷却水的循环使用，改进冷却方式，减少冷却水排放。对于压力高、温度高的废气，要通过汽轮机等动力机械直接将热能转为机械能。

（二）加强隔热保温

在工业生产中，有些窑体要加强保温、隔热措施，以降低热损失，如水泥窑筒体用硅酸铝毡、珍珠岩等高效保温材料，既减少热散失，又降低水泥熟料热耗。

（三）寻找新能源

利用水能、风能、地能、潮汐能和太阳能等新能源，既解决了污染物，又是防止和减少热污染的重要途径。特别是在太阳能的利用上，各国都投入大量人力和财力进行研究，取得了一定的效果。

思 考 题

1. 噪声的来源有哪些？噪声会对人类造成什么危害？
2. 如何有效控制噪声污染？
3. 放射性污染的特点及其危害有哪些？
4. 电磁污染有什么防治方法？
5. 什么是光污染？城市中光污染的来源有哪些？
6. 热污染的危害有哪些？如何防止热污染？

第六章 固体废物的处理处置及资源化利用

第一节 概 述

1994 年 12 月 4 日,重庆市发生了严重的垃圾爆炸事件,爆炸时巨大气流将垃圾掀起,把正在现场作业的九名工人埋没,人当场死亡。

2006 年 12 月 27 日,贵州紫金矿业股份有限公司贞丰县水银洞金矿尾矿库子坝塌溃,造成突发性水污染。

2008 年 9 月 8 日,山西省襄汾县新塔矿业有限公司塔儿山铁矿的一座尾矿库发生溃坝事故,倾泻出来的共 26.8 万 t 的带矿渣的泥水波及下游 500 处的矿区办公室、集贸市场与民宅等,造成 259 人死亡。

垃圾爆炸事故、尾矿库溃坝事故只是固体废物危害的几声警报,潜在的安全与环境危害更是令人触目惊心。

据《中国环境状况公报》,2010 年,全国工业固体废物产生量为 24.09 亿 t,比上年增加 18.1%。工业固体废物排放量为 498 万 t,比上年减少 29.9%。工业固体废物综合利用量为 16.18 亿 t,综合利用率为 67.1%,比上年减少 0.6 个百分点。危险废物产生量 1 586 万 t,综合利用量 977 万 t,处置量 513 万 t。

以上数据表明,一方面由于我国经济的高速发展和人民生活水平的提高使固体废物的产生量猛增,固体废物不加以处理处置,会造成对土壤、地下水的严重污染,加剧生态环境的恶化,危及人类健康与生存;另一方面由于全球范围自然资源逐渐减少,70 年代出现了世界性的能源危机和一些国家的资源匮乏,迫使许多发达国家对废物的再生利用产生了浓厚兴趣,逐步形成并加强了固体废物减量化、资源化、无害化的管理方针和技术措施。因此,固体废物的处理处置和资源化利用已受到世界各国特别关注。

一、固体废物的概念、来源及分类

(一) 固体废物的概念

固体废物是指人类在生产、生活过程中产生的对所有者不再具有使用价值而被废弃的固态、半固态物质。一般地,人类在生产活动中产生的固体废物俗称废渣;在生活活动中产生的固体废物则称为垃圾。“固体废物”实际只是针对原所有者而言。在任何生产或生活过程中，所有者对原料、商品或消费品，往往仅利用了其中某些有效成分，而对于原所有者不再具有使用价值的大多数固体废物中仍含有其他生产行业中需要的成分，经过一定的技术处理，可以转变为有关部门行业中的生产原料，甚至可以直接使用。可见，固体废物的概念随时空的变迁而具有相对性，因此固体废物又有“放错地方的原料”之称。提倡固体废物资源化，发展循环经济，目的是充分利用资源，提高资源利用效率，减少废物处置的数量，有利于我国经济的可持续发展。

（二）固体废物的来源及分类

无论是在生产还是在生活过程中，其所产生的废物种类多种多样，且组成复杂。为了管理和利用的方便，通常从不同的角度对固体废物进行不同的分类。按其组成，可分为有机废物和无机废物；按其危害性分为危险废物和一般废物；按其来源可分为工业固体废物、农业固体废物、矿业固体废物、城市生活垃圾等。

根据《中华人民共和国固体废物污染环境防治法》，固体废物分为城市生活垃圾、工业固体废物和危险废物三大类。

1. 城市生活垃圾

城市是产生生活垃圾最为集中的地方，城市生活垃圾已成为世界各国面临的共同问题。城市生活垃圾的产生途径很多，见表 6-1。

表 6-1　　城市生活垃圾的产生与分类

来　源	产生过程	城市垃圾种类
居　民	产生于城镇居民生活过程	食品废物、生活垃圾炉灰及某些特殊废物
商　业	仓库、餐馆、商场、办公楼、旅馆、饭店及各类商业与维修业活动	食品废物垃圾、炉灰，某些特殊废物偶尔产生危险的废物
公共地区	街道、小巷、公路、公园、游乐场、海滩及娱乐场所	垃圾及特殊废物
城市建设	居民楼、公用事业、工厂企业、建筑、旧建筑物拆迁修缮等	建筑渣土、废木料、碎砖瓦及其他建筑材料
水处理厂	给水与污水、废水处理厂	水处理厂污泥

一般来说，城市每人每天的垃圾量为 12 kg，其多少及成分与居民物质生活水平、习惯、废旧物资回收利用程度、市政建设情况等有关。

2. 工业固体废物

主要工业固体废物的来源与分类见表 6-2，不同工业类型所产生的固体废物种类存在显著差异，因此，所产生的固体废物组分、含量、性质也不同。

表 6-2　　主要工业固体废物的来源与分类

来源	产生过程	分　类
矿业	矿石开采和加工	废石、尾矿
冶金	金属冶炼和加工	高炉渣、钢渣、铁合金渣、赤泥、铜渣、铅锌渣、镍钴渣、汞渣等
能源	煤炭开采和使用	煤矸石、粉煤灰、炉渣等
石化	石油开采与加工	油泥、焦油页岩渣、废催化剂、硫酸渣、酸渣碱渣、盐泥、釜底泥等

续表 6-2

来源	产生过程	分 类
轻工	食品、造纸等加工	废果壳、废烟草、动物残骸、污泥、废纸、废织物等
其他		金属碎屑、电镀污泥、建筑废料等

全世界每天新增固体废物 419.49 万 t，年产量平均增长率达 8.24%，高出世界经济增长速度的 2.53 倍。工业固体废物主要发生在采掘、冶金、煤炭、火力发电四大部门，其次是化工、石油、原子能等工业部门。

3. 危险废物

危险废物，又称有害废物，主要是指其有害成分能通过环境媒介，使人引起严重的、难以治愈的疾病和死亡率增高的固体废物。一般地，具有毒性、腐蚀性、易燃性、反应性、放射性和传染性等特性之一的固体废物都属于危险固体废物。

划分危险固体废物需要有一定的依据和标准，通常应经过试验鉴别，但这项工作十分复杂，在不少厂、点难于实现。因而不少国家根据其积累的经验，将危险废物列成名目表，并以立法的形式公布，使生产单位、操作人员、环境管理者以及各有关单位便于掌握。如美国已列表确定 96 种加工工业废物和近 400 种化学品，德国确定 570 种，丹麦确定 51 种，并根据科学技术的发展，不断加以修正补充。表 6-3 是几种化学工业危险废物的组成及其对环境与人体的危害。

表 6-3　　几种化学工业危险废物的组成及危害

废渣名称	主要污染物及含量	对人体或环境的危害
铬渣	含 Cr^{6+} 0.3%～2.9%	对人体消化道和皮肤具有强烈的刺激和腐蚀作用，对呼吸道造成损害，有致癌作用。铬蓄积对水体中动物和植物均有致死作用，含铬废水影响小麦、玉米等作物生长
氰渣	含 CN^- 1%～4%	引起头痛、头晕、心悸、甲状腺肿大、急性中毒时呼吸衰竭致死，对人体、鱼类危害很大
含汞盐泥	Hg 含量 0.2%～0.3%	无机汞对消化道黏膜有强烈的腐蚀作用，吸入较高浓度的汞蒸气可引起急性中毒和神经功能障碍；烷基汞在人体内能长期滞留，甲基汞会引起水俣病；汞对鸟类、水生脊椎动物有害
其他重金属废渣	含 Zn^{2+} 7% ～ 25%，Pb^{2+} 0.3%～2%，Cd^{2+} 100 ～ 500 mg/kg，As^{3+} 40～400 mg/kg	铅、镉对人体神经系统、造血系统、消化系统及肝、肾、骨骼等都会引起中毒伤害；含砷化合物有致癌作用；锌盐对皮肤和黏膜有刺激腐蚀作用；重金属对动植物、微生物有明显的危害作用
有机化工废渣	苯、苯酚、腈类、硝基苯、芳香胺类、有机磷农药等	对人体中枢神经及肝、肾、胃、皮肤等造成障碍与损害；芳香胺类和亚硝胺类有致癌作用，对水生生物和鱼类等也有致毒作用
酸、碱渣	各种无机酸碱 10%～30%，含有大量金属离子和盐类。	对人体皮肤、眼睛和黏膜有强烈的刺激作用，导致皮肤和内部器官损伤和腐蚀，对水生生物、鱼类有严重的有害影响

近年来，一些发达国家由于处置危险固体废物在征地、投资、技术等方面的困难，有的不法厂商设法将自己的危险废物出口到不发达国家，使进口国深受其害。为了控制危险废物的污染转嫁，联合国环境署于 1989 年 3 月 22 日通过了《控制危险废物越境转移及其处置巴塞尔公约》。我国政府于 1991 年 9 月批准了该公约。

二、固体废物的特点

固体废物有如下几种主要特点。

（一）资源性

固体废物品种繁多、成分复杂，特别是工业废渣，不仅数量大，具备某些天然原料、能源所具有的物理、化学特性，而且比废水、废气易于收集、运输、加工和再利用；城市垃圾也含有多种可再利用的物质和一定热值的可燃物质。因此，许多国家已把固体废物视为“二次资源”或“再生资源”。我国提倡发展循环经济，把利用废物替代天然资源作为可持续发展战略中的一个重要组成部分。

（二）污染的“特殊性”

固体废物露天存放或置于处置厂，其中的有害成分可以通过环境介质——大气、土壤、地表或地下水体直接或间接传至人体，对人体健康造成极大的危害。其污染途径见图 6-1。

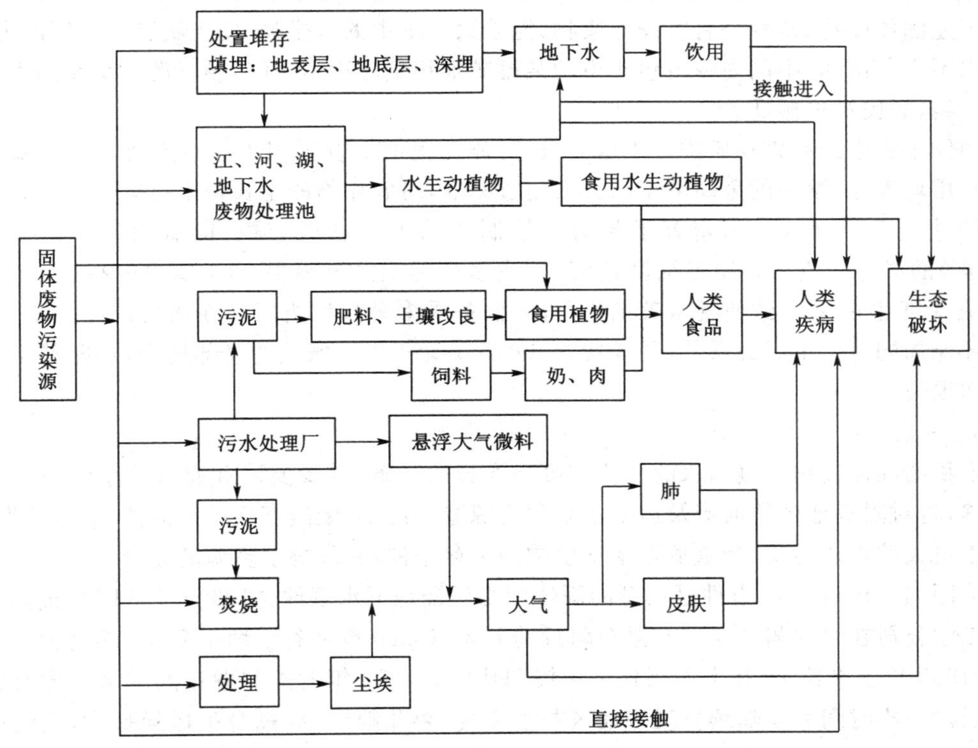

图 6-1　固体废物的污染途径

可见，固体废物是水、气、土壤环境污染的“源头”，对生态系统具有潜在的、长期的危害。被污染的水体、大气经治理后往往生成含有污染物的污泥、粉尘等固体废物，这些固体废物如不再进行彻底治理，则又会成为水、气、土壤环境的污染源。如此循环污染，形成固体废物污染的“特殊性”。

（三）严重的危害性

工业固体废物的堆积，会占用大量土地，造成环境污染，严重影响着生态环境；城市生活垃圾是细菌和蛹虫等的滋生地和繁殖场，能传播多种疾病、危害人畜健康；危险废物对环境污染和人体健康的危害更加严重。固体废物的危害性主要表现在以下几个方面。

1. 占用土地

固体废物任意露天堆放，必将占用大量的土地，破坏地貌与植被。据估算，每堆积 1 万 t 渣约需占地 1 亩。土地是人类赖以生存的宝贵资源，尤其是耕地。如果不对固体废物实施资源化利用，大量露天堆放，占用大量土地，势必导致我国本来紧缺的土地更加紧缺。

2. 污染土壤

固体废物露天堆存，长期受风吹、日晒、雨淋，其中的有害组分不断渗出，进入地下并向周围扩散，污染土壤。如果直接利用来自医院、肉联厂、生物制品厂的废渣作为肥料施于农田，其中的病菌、寄生虫等，就会使土壤污染。人与污染的土壤直接接触，或生吃此类土壤上种植的蔬菜、瓜果，就会致病。当污染土壤中的病源微生物与其他有害物质随天然降水、径流或渗流进入水体后就可能进一步危害人的健康。

工业固体废物还会破坏土壤内的生态平衡。土壤是许多细菌、真菌等微生物聚居的场所。工业固体废物，特别是有害固体废物，能杀灭土壤中的微生物，使土壤丧失腐解能力，导致草木不生。例如，中国内蒙古包头市的某尾矿堆积量已达 15 万 t，使下游一个乡的大片土地被污染，居民被迫搬迁。

固体废物中的有害物质进入土壤后，还可能在土壤中发生积累。中国西南某市郊农田长期施用垃圾，土壤中的金属浓度已大大超过标准，对农作物的生长带来危害。

20 世纪 70 年代，美国密苏里州为了控制道路粉尘，曾把混有四氯二苯—对二噁英(TCDD)的淤泥废渣当做沥青铺洒路面，造成多处污染。土壤中 TCDD 浓度高达 300 μg/L，污染深度达 60 cm，致使牲畜大批死亡，人们备受多种疾病折磨。在居民的强烈要求下，美国环保局同意全市居民搬迁，并耗费 3 300 万美元买下该城镇的全部地产，还赔偿了市民的一切损失。

3. 污染水体

堆积的固体废物经过雨水的浸渍和废物本身的分解，其渗滤液和有害化学物质的转化和迁移，将对附近地区的河流及地下水系和资源造成污染；废渣直接排入河流、湖泊或海洋，会产生更大的水体污染，严重危害水生生物的生存条件，并影响水资源的充分利用。

美国的 Love Canal 事件是典型的固体废物污染地下水事件。1930～1953 年，美国胡克化学工业公司在纽约州尼亚加拉瀑布附近的 Love Canal 废河谷填埋了 2 800 多吨桶装有害废物，1953 年填平覆土，在上面兴建了学校和住宅。1978 年大雨和融化的雪水造成有害废物外迁。一段时间后就陆续发现该地区井水变臭，婴儿畸形，居民身患怪异疾病，大气中有害物质浓度超标 500 多倍，测出有毒物质 82 种，致癌物质 11 种，其中包括剧毒的二噁英。1978 年，美国总统颁布法令，封闭了住宅，关闭了学校，710 多户居民迁出避难，并拨出 2 700 万美元进行补救治理。

我国某铁合金厂的铬渣堆厂，由于缺乏防渗措施，Cr^{3+} 污染了 20 多平方公里的地下水，致使 7 个自然村的 1 800 多眼水井无法饮用；某锡矿山含砷废渣长期堆放，随雨水渗入地下水，污染水井，曾一次造成 308 人中毒，6 人死亡。

生活垃圾未经无害化处理任意堆放，也已造成许多城市地下水污染。哈尔滨市韩家洼子垃圾填埋场的地下水指标大大超标，Mn 含量超标超过 3 倍，Hg 超过 20 倍，细菌总数超过 4.3 倍，大肠杆菌超过 11 倍。贵阳市两个垃圾堆场使其附近的饮用水源大肠菌值超过国家标准70倍，为此，市政府拨款20万元治理，并关闭了这两个堆放场。

4. 污染大气

以细粒状存在的废渣和垃圾，在大风吹动下会随风飘逸而进入大气，造成大气污染。如粉煤灰遇4级以上风力，一次可被剥离掉厚度11.5 cm，粉煤灰飞扬高度可达20～50 m。

有些有机固体废物在适宜的温度和湿度下被微生物分解，能释放出有害气体，其危害更大。由于向大气中散发的颗粒物常是病原微生物的载体，所以，它是疾病传播的媒介。

某些固体废物，如煤矸石，因其含硫而能在空气中自燃(含硫量大于1.5%时)，散发大量SO_2和烟尘，毒化大气环境。20世纪80年代，辽宁、山东、江苏的100余座矸石山，有40多座发生自燃。

三、固体废物污染防治的原则

1995年10月30日通过的《中华人民共和国固体废物污染环境防治法》，其中首先确定了固体废物污染环境防治实行“减量化”、“资源化”、“无害化”的“三化”原则，同时确立了对固体废物进行全过程管理的原则，并根据这些原则确立了我国固体废物管理体系的基本框架。进入21世纪以来，面对中国经济建设的巨大需求与资源供应严重不足的紧张局面，中国把发展循环经济，实现固体废物资源化利用作为重要的发展战略，对我国经济的可持续发展有重要意义。固体废物污染防治基本原则如下。

(一) 减量化

减量化是指通过适宜的手段减少固体废物的数量、体积，并尽可能地减少固体废物的种类、降低危险废物的有害成分浓度、减轻或清除其危害性等，从“源头”上直接减少或减轻固体废物对环境和人体健康的危害，最大限度地开发和利用资源与能源。因此，减量化是防治固体废物污染环境的最优先措施。它可通过以下四个途径实现。

1. 选用合适的生产原料

原料品位低、质量差，是导致固体废物大量产生的主要原因之一。例如高炉炼铁时，如果入炉铁精矿品位越高，产生的高炉渣量越少。一些发达国家采用精料炼铁，高炉渣的产生量可减少一半。利用二次资源也是固体废物减量化的重要手段。

2. 采用清洁生产工艺

生产工艺落后是产生固体废物的主要原因，首先应当结合技术改造，从工艺入手，采用无废或少废的清洁工艺，从发生源减少废物的产生。例如，传统的苯胺生产工艺是采用铁粉还原法，该法生产过程会产生大量含硝基苯、苯胺的铁泥和废水，造成环境污染和巨大的资源浪费。南京化工厂开发的流化床气相加氢制苯胺工艺，便不再产生铁泥废渣，固体废物产生量由原来的每吨产品2 500 kg降到5 kg，还大大降低了能耗，是一典型案例。

3. 提高产品质量和使用寿命

任何产品都有其使用寿命，寿命的长短取决于产品的质量。质量越高的产品，使用的寿命越长，废弃的废物量越少。还可通过物品重复利用次数来降低固体废物的数量，如商品包装物的重复使用。

4. 废物综合利用

有些固体废物含有很大一部分未起变化的原料或副产物，可以回收利用。如硫铁矿废渣可用来制砖和水泥，或采用适当的物理、化学熔炼加工方法，就可以将其中有价值的物质回收利用。

（二）资源化

资源化是指采用适当的技术从固体废物中回收物质和能源，加速物质和能源的循环，再创经济价值的方法。其目的是减少资源消耗、加速资源循环、保护环境。综合利用固体废物，可以收到良好经济效益和环境效益。据统计，中国1991～1995年，综合利用固体废物为国家增产达12亿t原材料，“三废”综合利用产值达721亿元，利润达185亿元。综合利用固体废物除增产原材料、节约资源外，环境效益也是十分明显的，例如：美国对某些废金属、废纸等的再利用，对降低污染有明显的效果。

我国是一个发展中国家，面对经济建设的巨大需求与资源、能源供应严重不足的严峻局面，推行固体废物资源化，不但可为国家节约投资、降低能耗和生产成本，并可减少自然资源的开采，还可治理环境，维持生态系统良性循环，是一项强国富民的有效措施。

（三）无害化

固体废物一旦产生，就要设法使用，使之资源化，发挥其经济效益，这是上策。但由于技术水平或其他限制，目前有些固体废物无法或不可能利用，对这样的固体废物，特别是其中的有害废物，必须无害化，以避免造成环境问题和公害。

无害化是指对已产生又无法或暂时尚不能资源化利用的固体废物，通过工程处理，达到不损害人体健康，不污染周围自然环境的目的。对不同的固体废物，可按不同的条件，采用不同的无害化处理方法。其中包括使用无害化最终处置技术，如卫生土地填埋、安全土地填筑以及土地深埋等现代化土地处置技术。

第二节　固体废物资源化方法与处理

固体废物资源化是处理固体废物的最优先选择。固体废物资源化的方法和途径很多，主要取决于固体废物的组成和性质。固体废物因种类多、产量大，对其处理过程应有系统的整体观念，也就是对固体废物应进行综合处理，降低处理费用，实现资源利用效率最大化。

一、固体废物资源化方法

固体废物的资源化方法主要有物理处理、化学处理、热处理、生物处理等方法，通常，各种方法往往联合使用才能最大限度地实现固体废物资源化利用。

（一）物理处理方法

物理处理是通过浓缩或相变化改变固体废物结构，但不破坏固体废物组成的一种处理方法，主要作为固体废物资源化的预处理技术，使固体废物的形状、大小、结构和性质符合资源化技术的要求。固体废物的物理处理方法主要有压实、破碎、筛分、粉磨、分选、脱水等。

1. 压实

通过外力加压于固体废物，以缩小其体积，使固体废物变得密实的操作称为压实，又称压缩。其目的有二：一是增大容重，减小固体废物体积以便于装卸和运输，确保运输安全和卫生，降低运输成本；二是制取高密度惰性块料，便于储存、填埋或作为建筑材料使用。

压缩已成为一些国家处理城市垃圾的一种现代化方法。近年来日本创造一种高压压缩技术，对垃圾进行三次压缩，最后一次的压力为25 284 kPa。制成的垃圾块密度达1 125.4

～1 380 kg/m^3，较一般压缩法高一倍。压缩后的垃圾或装袋，或打捆。对于报纸、罐头壳等，打捆比袋装经济。对于大型压缩块，往往是先将铁丝网置于压缩腔内，再装入废物，因而一次压缩后即已牢固捆好。

2. 破碎和粉磨

固体废物破碎就是利用外力克服固体废物质点间的内聚力而使大块固体废物分裂成小块的过程。固体废物经破碎后，不仅粒度变得小而均匀，利于分选有用或有害的物质，还可降低其孔隙率，增大其容重，使固体废物有利于后续处理和资源化利用。

固体废物的破碎方式有机械破碎和物理破碎两种。机械破碎是借助于各种破碎机械对固体废物进行破碎。主要的破碎机械有颚式破碎机、辊式破碎机、冲击破碎机和剪切破碎机等。不能用破碎机械破碎的固体废物，可用物理法破碎。物理法破碎有低温冷冻破碎、超声波破碎等。目前低温冷冻破碎已用于废塑料及其制品、废橡胶及其制品、废电线（塑料或橡胶被覆）等的破碎。超声波破碎还处于实验室阶段。

为了获得粒度更细的固体废物颗粒，以利于后续资源化过程加快反应速度、均匀物料或为了获得物料大的比表面积，必须进行粉磨。粉磨在固体废物处理和利用中占有重要的地位。粉磨机的种类很多，常用的有球磨机、棒磨机、砾磨机、自磨机（无介质磨）等。

3. 筛分

利用筛子将粒度范围较宽的混合物料按粒度大小分成若干不同级别的过程。它主要与物料的粒度或体积有关，相对密度和形状的影响很小。筛分时，通过筛孔的物料称为筛下产品，留在筛上的物料称为筛上产品。筛分一般适用于粗粒物料的分选。常用的筛分设备有棒条筛、振动筛、圆筒筛等。

根据筛分作业所完成的任务不用，筛分可分为独立筛分、准备筛分、辅助筛分、选择筛分、脱水筛分等。在固体废物破碎车间，筛分主要作为辅助手段，其中在破碎前进行的筛分称为预先筛分，对破碎作业后所得产物进行的筛分称为检查筛分。

4. 分选

利用固体废物的物理和物理化学性质的差异，从中分选或分离有用或有害物质的过程。通常依据固体废物的密度、磁性、电性、光电性、弹性、摩擦性、粒度、表面润湿性等特性，可分别采用重力分选、磁力分选、电力分选、光电分选、弹道分选、摩擦分选、风选和浮选等分选方法。

5. 脱水

凡含水率较高的固体废物如污泥等，必须先进行脱水减容，才便于包装、运输和资源化利用。固体废物常用脱水方法有浓缩脱水、机械过滤脱水和干燥脱水，视后续固体废物的资源化目的不同而选用。

（二）化学处理方法

采用化学方法使固体废物发生化学转换从而回收物质和能源的一种资源化方法。化学处理方法包括煅烧、焙烧、烧结、溶剂浸出、热解、焚烧等。由于化学反应条件复杂，影响因素较多，故化学处理方法通常只用在所含成分单一或所含几种化学成分特性相似的废物资源化方面。对于混合废物，化学处理可能达不到预期目的。

1. 煅烧

煅烧是在适宜的高温条件下，脱除固体废物中二氧化碳、结合水的过程。煅烧过程中发

生脱水、分解和化合等物理化学变化。如碳酸钙渣经煅烧再生石灰,其反应如下:

$$CaCO_3 = CaO + CO_2\uparrow$$

2. 焙烧

焙烧是在适宜气氛条件下将物料加热到一定的温度(低于其熔点),使其发生物理化学变化,以便于后续的资源化利用的过程。根据焙烧过程中的主要化学反应和焙烧后的物理状态,可分为烧结焙烧、磁化焙烧、氧化焙烧、中温氯化焙烧、高温氯化焙烧等。这些方法在各种工业废渣的资源化过程中都有较成熟的生产实践。

3. 烧结

烧结是将粉末或粒状物质加热到低于主成分熔点的某一温度,使颗粒黏结成块或球团,提高致密度和机械强度的过程。为了更好地烧结,一般需在物料中配入一定量的熔剂,如石灰石、纯碱等。物料在烧结过程中发生物理化学变化,化学性质改变,并有局部熔化,生成液相。烧结产物既可以是可熔性化合物,也可以是不熔性化合物,应根据下一工序要求制定烧结条件。烧结往往是焙烧的目的,如烧结焙烧,但焙烧不一定都要烧结。

4. 溶剂浸出

将固体物料加入液体溶剂内,让固体物料中的一种或几种有用金属溶解于液体溶剂中,以便下一步从溶液中提取有用金属,这种化学过程称为溶剂浸出法。溶剂浸出法在固体废物回收利用有用元素中应用很广泛,如可用盐酸浸出物料中的铬、铜、镍、锰等金属。从煤矸石中浸出结晶三氯化铝、二氧化钛等。

在生产中,应根据物料组成、化学组成及结构等因素,选用浸出剂。浸出过程一般是在常温常压下进行的,但为了使浸出过程得到强化,也常常使用高温高压浸出。

5. 热解

也称热裂解,是一种利用热能使大分子有机物(碳氢化合物)转变为低分子物质的过程。热解在炼油工业早已用来裂解烃类制取低级烯烃。在固体有机废物处理中应用热分解是热分解技术的新领域。通过热分解,可从有机废物中直接回收燃料油、气等,但并非所有有机废物都适用热解,适于热解的有机废物主要有废塑料(含氯者除外)、废橡胶、废轮胎、废油及油泥、废有机污泥等。

固体废物热分解一般采用竖炉、回转炉、高温熔化炉和流化床炉等。

6. 焚烧

焚烧是对固体废物进行有控制的燃烧获得能源的一种资源化方法,目的是使有机物和其他可燃物质转变为二氧化碳和水逸入环境,以减少废物体积,便于填埋。焚烧过程还可把许多病原体以及各种有毒、有害物质转化为无害物质。因此,它也是一种有效的除害灭菌的废物处理方法。

焚烧和燃烧不完全相同,焚烧侧重于固体废物的减量化和残灰的安全稳定化,而燃烧主要是为了使燃料燃烧获得热能。但是,焚烧以良好的燃烧为基础,否则将产生大量黑烟,同时,未燃物进入残灰,达不到减量与安全、稳定化的目的。固体废物的焚烧,尽管其目的和燃烧条件不同于燃料的燃烧,但毕竟是一种燃烧过程。不论固体废物的种类和成分如何复杂,其燃烧机理和一般固体燃料是相似的。

固体废物焚烧在焚烧炉内进行。焚烧炉种类很多,大体上有炉排式焚烧炉、流化床焚烧炉、回转窑焚烧炉等。

（三）生物处理方法

生物处理是利用微生物分解固体废物中可降解的有机物，从而达到无害化或综合利用。固体废物经过生物处理，在容积、形态、组成等方面均发生重大变化，因而便于运输、贮存、利用和处置。

生物处理包括好氧处理、厌氧处理和兼性厌氧处理。与化学处理方法相比，生物处理在经济上一般比较便宜，应用也相当普遍，但处理过程所需时间较长，处理效率有时不够稳定。沼气发酵、堆肥和细菌冶金等都属于生物处理法。

1. 沼气发酵

沼气发酵是有机物质在隔绝空气和保持一定的水分、温度、酸和碱度等条件下，微生物分解有机物的过程。经过微生物的分解作用可产生沼气，沼气可作为燃料。城市有机垃圾、污水处理厂的污泥、农村的人畜粪便、作物秸秆等可作为产生沼气的原料，为了使沼气发酵持续进行，必须提供和保持沼气发酵中各种微生物所需的条件。产甲烷细菌是一种厌氧细菌，因此，沼气发酵需要在一个能隔绝氧的密闭消化池内进行。

2. 堆肥

堆肥是垃圾、粪便处理方法之一。堆肥是将人畜粪便、垃圾、青草、农作物的秸秆等堆积起来，利用微生物的作用，将堆料中的有机物分解，产生高热，以达到杀灭寄生虫卵和病原菌的目的，形成稳定的腐殖质。堆肥分为普通堆肥和高温堆肥，前者主要是厌氧分解过程，后者则主要是好氧分解过程。堆肥的全程一般约需一个月。

3. 细菌冶金

细菌冶金是利用某些微生物的生物催化作用，使固体废物中的金属溶解出来，从而较容易地从溶液中提取所需金属的过程。它与普通的“采矿—选矿—火法冶炼”相比具有以下优点：① 设备简单，操作方便；② 特别适宜处理废矿、尾矿和炉渣；③ 可综合浸出，分别回收多种金属等。

二、固体废物的处理

固体废物复杂多样，其形状、大小、结构及性质千变万化。为了使它适合于运输、资源化处理或最终处置的形式，往往需要对它进行预先加工，采用物理的、化学的以及生物的方法对它进行系统处理。

固体废物处理系统（图 6-2）可包括固体废物收集运输、压实、破碎、分选等预处理技术，焚烧、热解和微生物分解等资源化转换技术和“三废”处理等后处理技术。预处理过程中，固体废物的性质不发生改变，主要利用物理处理方法，对其有用组分进行分离提取回收，如对空瓶、金属、玻璃、废纸等有用原材料提取回收。

转化技术是把预处理回收后的残余废物用化学的或生物学的方法，使废物的物理性质发生改变而加以回收利用。这一过程显然比预处理过程复杂，成本也较高。焚烧和热解以回收能源为目的，焚烧主要回收水蒸气、热水或电力等不能贮存或随即使用型能源，而热解主要回收燃料气、油、微粒状燃料等可贮存或迁移型的能源。微生物分解主要使废物原料化、产品化而再生使用。

预处理过程和转化过程产生的废渣可用于制备建筑材料、道路材料或进行填埋等处置。

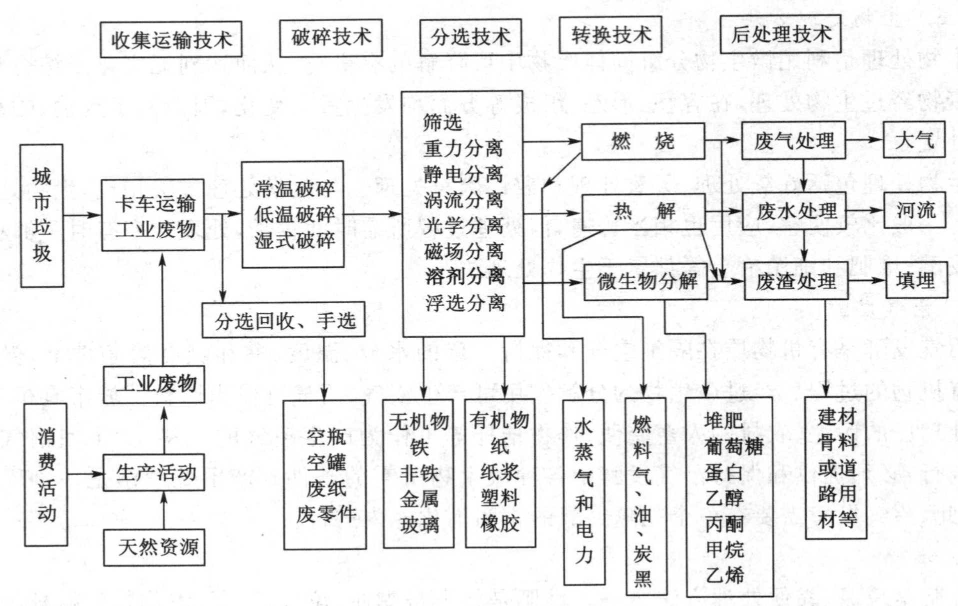

图 6-2　固体废物处理系统

三、固体废物的固化

固体废物的固化是用物理—化学方法将有害废物固定或包封在惰性固体基材中使其稳定化的一种过程。其中，稳定化是指将废物的有害成分，通过化学转变，引入到某种稳定固体物质的晶格中去；固化是指对废物中的有害成分，用惰性材料加以束缚的过程。在目前所应用的稳定化和固化技术中，大多两者兼有。有害废物经过固化处理，终端产物的渗透性和溶出性可以大大降低，能安全地运输，并能方便地进行最终处置。稳定性和强度适宜的产品，还可以作为筑路的基材使用。

固化作为有害废物的一种预处理方法，已在国内外得到利用。20 多年前，日本开始采用固化法处理含有放射性核素的污泥。有关放射性物质的溶出性以及固化产品的强度的研究也已经做了一些工作；美国一直重视固化技术的开发，已对多种基材的固化进行了研究；我国关于放射性废物的固化研究，也已达到实用规模。

固化处理方法可按原理分为包胶固化、自胶结固化、玻璃固化和水玻璃固化。包胶固化又可以根据包胶材料的不同，分为水泥固化、石灰基固化、热塑性材料固化和有机聚合物固化等。包胶固化适用于多种类型的废物。自胶结固化只适于含有大量能成为胶结剂的废物。玻璃和水玻璃固化一般只适用于极少量特毒废物的处理，如高放射废物的处理方面。

目前，固体废物的固化应用最多的还是属于包胶固化的水泥固化。

第三节　固体废物的处置

固体废物经过减量化和资源化处理后，剩余的无再利用价值的残渣，往往富集了大量的不同种类的污染物质，对生态环境和人体健康具有即时性和长期性的影响，必须妥善加以处置。安全、可靠地处置这些固体废物残渣，是固体废物全过程管理中的最重要环节。

一、概述

（一）固体废物处置的概念

固体废物处置是指对在当前技术条件下无法继续利用的固体污染物终态，由于其自行降解能力很微弱，可能长期停留在环境之中，为了防止这些固体污染物质对环境的影响，必须把它们放置在某些安全可靠的场所。这就称之为固体废物处置。实际上这是对固体废物进行后处理，固化后的构件或块体和焚烧后的余烬如何归宿就属于处置工程的范畴。

（二）固体废物处置的基本要求

对固体废物进行处置的目的，是为了使固体废物最大限度地与生物圈隔离，防止其对环境的扩散污染，确保现在和将来都不会对人类和生态环境造成危害或影响甚微。因此，处置固体废物要满足以下基本要求：① 处置场所要安全可靠，对人民的生产和生活不会产生直接的影响，对附近生态环境不造成影响和危害。② 处置场所要设置必要的环境监测设备，便于处置场所的环境检测、管理和维护。③ 被处置的固体废物的体积和有害组分含量要尽量小，以方便安全处理，减少处置成本。④ 处置方法尽量简便、经济，既要符合现有的经济水准和环保要求，也要考虑长远的环境效益。

（三）固体废物处置原则

① 区别对待、分类处置、严格管制危险废物，特别是放射性废物。

② 最大限度地将危险废物与生物圈相隔离的原则。

③ 集中处置原则。

《中华人民共和国固体废物污染环境防治法》把推行危险废物的集中处置作为防治危险废物污染的重要措施和原则。对危险废物实行集中处置，不仅可以节约人力、物力、财力，利于监督管理，也是有效控制乃至消除危险废物污染危害的重要形式和主要的技术手段。

（四）固体废物处置方法

按照处置固体废物场所的不同，可分为陆地处置和海洋处置。海洋处置包括深海投弃和海上焚烧。陆地处置包括土地耕作、土地填埋等方法，具有方法简单、操作方便、投入成本低等优点，其中应用最多的是土地填埋处置。海洋处置现已被国际公约禁止，但陆地处置至今仍是世界各国最常采用的一种废物处置方法。

二、土地填埋处置

土地填埋处置是从传统的堆放和土地处置发展起来的一项最终处置技术，不是单纯的堆、填、埋，而是一种按照工程理论和土工标准，对固体废物进行有效管理的一种综合性科学工程方法。在填埋操作处置方式上，它已从堆、填、覆盖向包容、屏蔽隔离的工程贮存方向发展。目前，国内外习惯采用的填埋方法主要有：卫生土地填埋、安全土地填埋及浅地层埋藏处置。

（一）卫生土地填埋

1. 方法概述

卫生土地填埋是指被处置的固体废物如城市生活垃圾、煤矸石、炉渣等进行土地填埋的方法，包括厌氧、好氧和准好氧三种类型。其中，厌氧填埋是国内采用最多的一种形式，它具有填埋结构简单、施工费用低、操作方便、可回收甲烷气体等优点。

卫生填埋方法历史悠久，以往填埋垃圾的渗出液主要依靠下层土地来净化，但随时间的变迁或地质构造环境变化的影响，渗出液难免会对地下水或周围环境造成污染。为此，卫生填埋已发展成底部密封型结构，或底部和四周都密封的结构，从而防止了渗出液的流出和地下水的流入，渗出液又经收集处理，有效地保证了环境的安全。

2. 场址的选择

卫生填埋场址的选择是处置设计的关键，既要能满足环境保护的要求，又要经济可行。因此，场地选择通常要经过预选、初选和定点三个步骤来完成。在评价一个用于长期处置固体废物的填埋场场址的适宜性时，必须加以考虑的因素主要有：运输距离、场址限制条件、可以使用土地面积、入场道路、地形和土壤条件、气候、地表水文条件、水文地质条件、当地环境条件以及填埋场封场后场地是否可被利用。

（二）安全土地填埋

安全土地填埋与卫生土地填埋的主要区别就在于：安全土地填埋场必须设置人造或天然衬里，下层土壤与衬里相结合处的渗透率应小于 10^{-8} cm/s；最下层的土地填埋场要位于该处地下水位之上；必须配备浸出液收集、处理及监测系统。安全土地填埋场显著的特点是有效地保护了地下水体免受污染，因此称之为安全土地填埋，实际上就是改进的卫生土地填埋。安全土地填埋主要是针对处理有害有毒废物而发展起来的方法。

安全土地填埋从理论上讲可以处置一切有害和无害的废物，但是，实际中对有毒废物进行填埋处置时还是要首先进行稳定化处理。对于易燃性废物、化学性强的废物、挥发性废物和大多数液体、半固体以及污泥，一般不要采用土地填埋方法。

安全土地填埋场设计时应特别注意的问题是：衬里、浸出液回收及监测设施能否满足地下水保护系统的基本要求，地表水的控制工程是否符合要求等。

（三）浅地层埋藏处置

在人类活动中，除了产生大量生活垃圾和有毒有害废物外，还会产生一类放射性固体废物。这类废物不仅含有对人体有害的辐射体，放射出穿透力很强的射线，而且半衰期很长，对环境造成长期的污染。

放射性固体废物不能采用卫生填埋和安全填埋的方法处置。为了防止其对生物系统的污染，必须有特殊而更加安全的填埋方法，这就是浅地层埋藏处置。

所谓浅地层埋藏处置，是指在浅地表或地下具有防护覆盖层的、有工程屏障或没有工程屏障的浅埋处置，埋深在地面以下 50 m 范围内。浅地层埋藏处置方法借助上覆较厚的土壤覆盖层，既可屏蔽来自填埋废物的射线，又可防止天然降水的渗入。当废物的容器发生泄漏时，还可通过缓冲区的土壤吸附加以截留。

浅地层埋藏处置主要适用于处置用容器盛装的中低放射性固体废物，对包装体要求有足够的机械强度，密封性能好，能满足运输与处置操作的要求。

三、土地耕作处置

（一）概述

土地耕作处置是指利用现有的耕作土地，将固体废物分散在其中，在耕作过程中由生物降解、植物吸收及风化作用等使固体废物污染指数逐渐达到背景程度值的方法。

土地耕作处置的废物有早已有之的人畜粪便、城市生活垃圾、冶炼渣、石油废物等可生物降解的东西，被人们广泛地采用土地耕作处置的方法来进行处理。

土地耕作处置固体废物具有工艺简单、操作方便、投资少、对环境影响小等优点，而且确实能够起到改善某些土壤的结构和提高肥效的作用。但是，如果垃圾中含有害重金属和不可生物降解的其他有害组分，采用土地耕作处置应慎之又慎，特别是重金属既可以积累在土壤中，又可以进入生物体循环，其危害性相当大，千万不可盲目采用此法。

（二）影响土地耕作处置的主要因素

1. 废物成分

废物的组成特点直接影响土地耕作处置的环境效果，有机成分在天然土地中较易降解且能提高肥效，一些无机组分则可改良土壤的结构，而过高的盐量和过多的重金属离子则难于得到有效的处置，因此设定处置废物的重金属最高含量限定值是非常必要的，而且，废物中还不能含有足以引起空气、底土及地下水污染的有害成分。

2. 土地耕作深度

由于光照、水分和氧量的影响，微生物种群在不同深度土壤中的分布是有规律的，一些上层土壤中微生物的种群和数量最多，往深处将逐渐减少。因此，土地耕作处置在土壤的表层最好。一般选择耕作处置的土层深度为 1 520 cm。

3. 废物的破碎程度

废物的比表面积越大，废物与微生物的接触就越充分，其降解速度就越快、越彻底。为此，采取对固体废物进行破碎预处理或采用多次连续耕作的方法，能起到增加废物和微生物接触的作用，加快微生物降解。

4. 气温条件

微生物生存繁殖的最佳气温条件一般在 20～30 ℃之间。在低温条件下，微生物的活动明显减弱，甚至停止活动。因此，土地耕作处置要避开寒冷的冬季，春夏季节最适宜。

影响土地耕作处置的因素还有土壤 pH 值、土壤的孔隙率、土壤的水分含量等。总之，最合适的条件就是有利于土壤中的微生物活动，以加快分解废物中的有机物。若是处置用以改良土壤结构的无机废渣，则基本不受上述因素的影响。

（三）场地选择

1. 选择原则

选择场地的基本原则是安全、经济、合理。所谓安全，就是要求选作耕作处置的土地不会受到污染，农作物、地下水、空气等都不会受污染，对人类只有益而无害；经济合理则要求运输距离近，抛撒废物方便，并将对土壤具有提高肥效、改良土壤结构的作用。

2. 场地应具有的基本条件

一个好的土地耕作处置场地，应具有以下基本条件：

① 应避开断层、塌陷区，防止下渗水直接污染地下水和地表水源。

② 处置场地要远离饮用水源 150 m 以上，耕作处置层距地下水位应在 1.5 m 以上。

③ 耕作处置土层应为细粒土壤，即土壤自然颗粒大多应小于 73 mm。

④ 贫瘠土壤适于处置有机物成分含量高的废物，结构密实的黏土适于处置孔隙率高的、结构疏松的无机废物和废渣等。

第四节　城市生活垃圾的资源化利用

随着我国经济的发展，城镇化进程的加快，城市规模不断扩大，人口高度集中，人们生活水平不断提高，城市生活垃圾产生量日益增加，城市生活垃圾造成的环境污染也越来越严重。如何处理生活垃圾,实现城市生活垃圾的资源化利用已成为困扰城市发展的热点和难点。

针对城市垃圾处理问题,世界各国努力探索其处理技术和资源化的方法。目前,生活垃圾处理技术主要有分选、堆肥、焚烧、热解、填埋等。采用上述垃圾处理技术,建立垃圾综合利用处理系统,实现垃圾资源化利用是垃圾处理的重要发展方向。日本、美国、德国、法国等发达国家较早就提出了在实现垃圾分类收集的基础上通过综合处理,实现垃圾减量化、无害化、资源化的思路,并建立起相当完备的垃圾分类收集处理技术体系。

随着国际垃圾处理技术的发展,中国城市生活垃圾处理技术也取得可喜的成就。生活垃圾收集、中转、运输技术与设备已日益成熟,逐步向产业化方向发展;堆肥处理技术与设备也基本成熟,具备了产业化条件;焚烧处理起步较晚,但发展较快,已在一些城市建立了垃圾发电厂,自有技术与设备的国产化水平不断提高;卫生填埋处理技术推广应用较快,但适合中国国情的(渗滤液)处理技术尚需探索。总体上看,我国城市生活垃圾资源化技术水平还较低,缺乏新工艺、新技术的综合开发和工程化经验。

本节主要介绍城市生活垃圾的分选、堆肥、热解、焚烧等城市垃圾的资源化利用方法。

一、城市生活垃圾的组成、收集与运输

(一)城市生活垃圾的组成

城市生活垃圾主要是指城市居民的生活垃圾、商业垃圾、建筑垃圾、粪便、污水处理厂的污泥等。

城市垃圾的组分大致可分为有机物、无机物和可回收废品几类。其中,富含有机物的垃圾主要为动植物性废弃物;富含无机物的垃圾主要为炉灰、庭院灰土、碎砖瓦等;可回收废品主要为金属、橡胶、塑料、废纸、玻璃等。表 6-4 列出了我国部分城市生活垃圾的组成。近年来,由于能源结构和消费结构的变化,城市垃圾成分也有了根本的变化,垃圾中曾占很大比重的炉渣大为减少,而各类纸张或塑料包装物、金属、塑料、玻璃器以及废旧家用电器产品等大大增加。中国垃圾成分与工业发达国家的显著差别是:无机物多,有机物少,可回收的废品也少。随着经济的发展和居民生活方式的改善,在经济发展快、城市化水平高的地区(如北京、上海、广州、深圳等),垃圾中的有机物、无机物的成分构成已呈现向国际大都市过渡的趋势。

表 6-4　　我国部分城市生活垃圾的组成　　%

城市	纸张	塑料	织物	生物	灰土砖石	玻璃	金属	其他
北京	4.2	0.6	1.2	50.6	42.2	0.9	0.8	4.2
上海	0.4	0.5	0.5	42.7	44.6	0.4		
哈尔滨	3.6	1.5	0.5	16.6	74.8	2.2	0.9	
湛江	0.9	1.5	0.4	37.1	59.4	0.02	0.7	
福州	0.6	0.4		21.8	62.2	1.1	0.5	3.4

注:数据来源:张衍国等.国内外城市垃圾能源化焚烧技术发展现状及前景.综合利用,1998,(7):38-41.

(二)城市垃圾的收集与运输

由于产生垃圾的地点分散于每个街道、每幢住宅和每个家庭,而且垃圾的产生不仅有固

定源，也有移动源，因此给垃圾收集工作带来许多困难。

城市垃圾的收集是一个复杂的系统工程。我国的做法是，商业垃圾及建筑垃圾原则上由单位自行清除；居民粪便的收集一般进入化粪池处理后进入污水处理厂；公厕粪便由环卫工人负责收集和运输。

生活垃圾的收集一般采用传统的方法，由垃圾发生源送到垃圾桶，统一由环卫工人将垃圾装车运到中转站，最后由中转站再运输到处理厂或填埋场进行处理。菜场、饮食业及大型团体产生的大宗生活垃圾则由各单位自设容器收集并送至中转站或处理场。为了改善环境卫生，有些城市或部分地区实行垃圾袋装化，然后投入垃圾箱由垃圾车运走。目前，个别城市正进行垃圾分装和上门收集的试验。医院垃圾则由医院自行焚烧处理，再送至处置场所。

随着废物处理场所日益远离市区，运输费用大幅度提高。为了减少长距离运输费用，应当对某些大块垃圾进行破碎与压实，以减少所占体积，减少运输车次，降低运输费用。垃圾破碎后，还有利于焚烧处理和生物分解等资源化利用。

国外正在采用建立垃圾转运站的办法。这种办法是将垃圾用清洁车运到转运站，经机械破碎、压实后，再换装大型卡车或拖车送到垃圾处理场。

在有些国家，垃圾收集加工处理系统已经成为拥有现代化技术装备的重要工业部门。美国、英国、法国和瑞士等国，进行了垃圾分类收集的尝试，由居民从垃圾中分出玻璃、黑色金属、织物、废纸、纸板等。为此，曾使用专用箱，内盛装有不同垃圾的箱子，也用过不同色别的垃圾袋等。不同成分的垃圾装入容器后，分别直接运往垃圾处理厂。

目前比较先进的收集和运输垃圾的方法是采用管道输送。在瑞典、日本和美国，有的城市就是采用管道输送垃圾的，并已取消了部分垃圾车，这是最有前途的垃圾输送方法。预计今后集中的垃圾气流管道输送系统将取代住宅楼的普通垃圾管道。利用气流系统，可将垃圾从多层住宅楼运出 20 km 之外。

收集和输送垃圾的费用很大，发达国家目前已达到垃圾处理总费用的 80%左右。运输费用与填埋、销毁或处理厂的距离成正比，由于处理场必须与居民区保持足够的距离，就必然会增加运费。但应看到，今后若采取垃圾分选的方法，需焚烧或运往处理厂的垃圾数量必将大为减少，故运输费用有降低的趋势。

二、城市垃圾的分选

城市垃圾中含多种可直接回收利用的有价组分，主要包括废纸、废橡胶、塑料、玻璃、纺织品、废钢铁与非铁金属等，可用适当的分选技术加以回收利用。但由于不同城市的垃圾，可回收利用组分的种类与数量不同，是否建立垃圾回收系统应事先通过技术经济评价决策。

我国南北地区气候、人们生活习惯、生活水平有一定的差异，导致生活垃圾的组分也有不同，尤其是垃圾的含水率，因此针对南北不同地区的垃圾，在同济大学与山东莱芜煤矿机械厂的共同合作下，设计了两套不同的垃圾分选处理系统。图 6-3 所示为适合我国南方气候潮湿地区的垃圾分选处理系统。

用破包机将袋装化垃圾破包，然后进入振动筛筛分以使结团垃圾松散。垃圾松散后，通过皮带输送机输送进入人工分选工序，将纸张、塑料、玻璃、橡胶等成分挑选出来，以减轻后续工序的压力。在输送胶带的末端上方安装磁选设备以分离回收垃圾中的金属。

南方垃圾含水率高，因此，垃圾在进入滚筒筛筛分前先要进行烘干处理，烘干设备的热

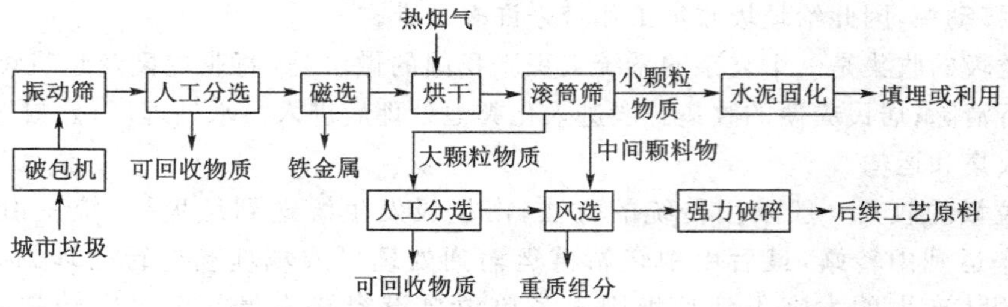

图 6-3　南方垃圾分选处理系统

源可使用热烟气，经过热交换以后的烟气必须进行处理才能排放。滚筒筛的孔径大小、数量以及筛分段数可根据具体需要确定。烘干垃圾经过滚筒筛一般分成三级，粒径最小的一级一般直接做水泥固化处理，中间粒级进行风选处理，粒径最大的一级则先进行人工手选，将厨余物、建筑垃圾与废纸、塑料等可回收废品分离，再进入风选。从风选出来的废纸、塑料、橡胶等成分可进行强力破碎，作为后续工艺的原料。

图 6-4 所示为适合我国北方气候干燥地区的垃圾分选处理系统。

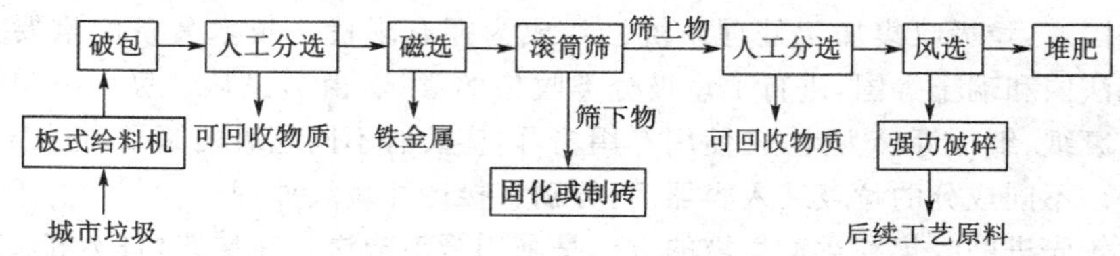

图 6-4　北方垃圾分选处理系统

生活垃圾采用板式给料机给料，可使垃圾在胶带上输送时厚度基本均匀，便于人工分选。经过破包与人工分选后的垃圾磁选后直接进入滚筒筛，这是因为北方垃圾干燥，除了夏季以外，含水率都很低，没有必要进行烘干而直接可以用滚筒筛分选。分选后的粉煤灰与建筑垃圾可直接固化或用来制砖，厨余物可进行堆肥处理，纸张、塑料、橡胶等成分可进行强力破碎，提供后续工艺所需。

北方系统与南方系统相比，流程要简单得多，烘干装置与振动筛都可不用，其他设备相同。遇到夏季垃圾含水率高时，可将垃圾稍加处理，如可把大块的建筑垃圾挑选出来后直接堆肥，堆制完了以后，再对堆肥成品进行分选处理。

三、城市垃圾的堆肥化

堆肥化是依靠自然界广泛分布的细菌、放线菌、真菌等微生物，有控制地促进可被生物降解的有机物向稳定的腐殖质转换的生物化学过程。

废物经过堆肥化处理的产物称为堆肥。它是一类腐殖质含量很高的疏松物质，也称为“腐殖土”。废物经过堆肥处理，体积一般只有原体积的 50%～70%。通常把城市垃圾的堆肥化简称为堆肥。

堆肥是城市生活垃圾处理的四大技术之一。城市生活垃圾进行堆肥处理，其中的有机可腐物转化为土壤需要的有机营养土或腐殖质。这样不仅能有效地解决城市生活垃圾的出路，同时也为农业生产提供了适用的腐殖土，维持了自然界的良性物质循环。因此，利用堆肥技术处理城市生活垃圾受到了世界各国的重视。

目前，堆肥处理的主要对象是城市生活垃圾、污水处理厂污泥、人畜粪便、农业废弃物、食品加工业废弃物等。

堆肥按过程的需氧程度可分为好氧堆肥和厌氧堆肥。现代化堆肥工艺特别是城市垃圾堆肥工艺，大多是好氧堆肥。好氧堆肥系统温度一般为 50～65 ℃，最高可达 80～90 ℃，堆制周期短，也称为高温快速堆肥。厌氧法堆肥工艺的堆制温度低，工艺简单，成品堆肥中氮素保留比较多，但堆制周期长，需 3～12 个月，且异味浓烈，分解不够充分。

（一）好氧堆肥

好氧堆肥是在有氧的条件下，借好氧微生物的作用来进行的有机废物生物稳定作用过程。在堆肥过程中，有机废物中的可溶性有机物质被微生物直接吸收；固体的和胶体的有机物被生物所分泌的酶分解为可溶性物质后吸收。微生物通过自身的生命活动——氧化还原和生物合成过程，把一部分吸收的有机物氧化成简单的无机物，并释放出微生物生长、活动所需要的能量，把另一部分有机物转化合成新的细胞物质，使微生物生长繁殖，产生更多的生物体。

在堆肥过程中，有机质生化降解会产生热量，如果这部分热量大于堆肥向环境的散热，堆肥物料的温度则会上升。此时，热敏感的微生物就会死亡，耐高温的细菌就会快速地生长、大量地繁殖。根据堆肥的升温过程，可将其分为三个阶段，即中温阶段（也称起始阶段）、高温阶段和腐熟阶段。

在中温阶段，嗜温细菌、放线菌、酵母菌和真菌分解有机物中易降解的葡萄糖、脂肪和碳水化合物，分解所产生的热量又促使堆肥物料温度继续上升。当温度升到 40～50 ℃时，则进入堆肥过程的第二阶段——高温阶段。此时，堆肥起始阶段的微生物就会死亡，取而代之的是一系列嗜热性微生物，它们生长所产生的热量又进一步使堆肥温度上升到 70 ℃。在温度为 60～70 ℃的堆肥中，除一些孢子外，所有的病原微生物都会在几小时内死亡。当有机物基本降解完时，嗜热性微生物就会由于缺乏适当的养料而停止生长，产热也随之停止，而堆肥温度就会由于散热而逐渐下降。此时，堆肥过程就进入第三阶段——腐熟阶段。在冷却后的堆肥中，一系列新的微生物（主要是真菌和放线菌），将借助于残余有机物（包括死掉的细菌残体）而生长，最终完成堆肥过程。因此，可以认为堆肥过程就是细菌生长、死亡的过程，也是堆肥物料温度上升和下降的动态过程。根据堆肥温度变化情况，可将堆肥过程划分为如前所述的三个阶段，即起始温度阶段（温度由环境温度到 40～50 ℃，时间为堆肥后 40 h 左右），高温阶段（温度在 50～70 ℃，时间为堆肥后的 40～80 h），腐熟阶段（或冷却阶段，时间在堆肥 80 h 以后）。

可见，堆肥过程就是堆肥物料在通风条件下，微生物对物料中有机质进行生物降解的过程。因此，堆肥过程的关键就是如何更好地满足微生物生长和繁殖所必需的条件要素，其主要条件有供氧量、含水量、碳氮比、碳磷比等。

好氧堆肥的方法有间歇式堆积法和连续堆制法。中国应用较多的是间歇式堆积法。

（二）厌氧发酵

通过厌氧微生物的生物转化作用，将垃圾中大部分可生物降解的有机质分解，转化为能源产品——沼气（CH_4）的过程，称为厌氧发酵。它是城市垃圾资源化的又一重要途径。

有机物厌氧发酵依次分为液化、产酸、产甲烷三个阶段，每一阶段各有其独特的微生物类群起作用。

液化阶段起作用的细菌称为发酵细菌，包括纤维素分解菌、脂肪分解菌、蛋白质水解菌。在这一阶段，发酵细菌利用胞外酶对有机物进行体外酶解，使固体物质变成可溶于水的物质，然后，细菌再吸收可溶于水的物质，并将其降解为不同产物。

产酸阶段起作用的细菌是醋酸分解菌。在这一阶段产氢、产醋酸细菌把前一阶段产生的一些中间产物丙酸、丁酸、乳酸、长链脂肪酸、醇类等进一步分解成醋酸和氢。

在产甲院阶段起作用的细菌是甲烷细菌。在这一阶段，甲烷菌利用 H_2/CO_2、醋酸以及甲醇、甲酸、甲胺等碳一类化合物为基质，将其转化成甲烷。

影响厌氧发酵的主要因素有厌氧条件、温度、pH、添加剂和有毒物质、接种物、原料配比以及搅拌程度。

厌氧发酵装置主要有浮罩式沼气池和水压式沼气池。

需要明确指出的是，中国现行的一些原生垃圾堆肥工艺由于在堆肥产品中含有大量的无机成分以及重金属成分，使得堆肥产品销路不佳，甚至导致生产的停滞，其根本原因是中国生活垃圾的混合收集方法以及分选工艺的落后。借鉴国外经验，发展垃圾的分类收集体制和改进分选工艺，不仅可以回收大量的资源，而且可以生产出高质量的堆肥产品。

（三）工程实例

堆肥化技术具有悠久的历史。早在几个世纪以前，世界各地的农村就使用秸秆、落叶和动物粪便等堆积在一起进行发酵获得堆肥。20 世纪 70 年代以来，现代化堆肥得到了巨大的发展，在许多国家开发了系列化的堆肥设备，大大促进了城市垃圾堆肥技术的发展。图 6-5 所示为杭州市垃圾堆肥厂工艺流程，它由垃圾预处理、四棱锥台式发酵系统和简单的后处理系统组成。

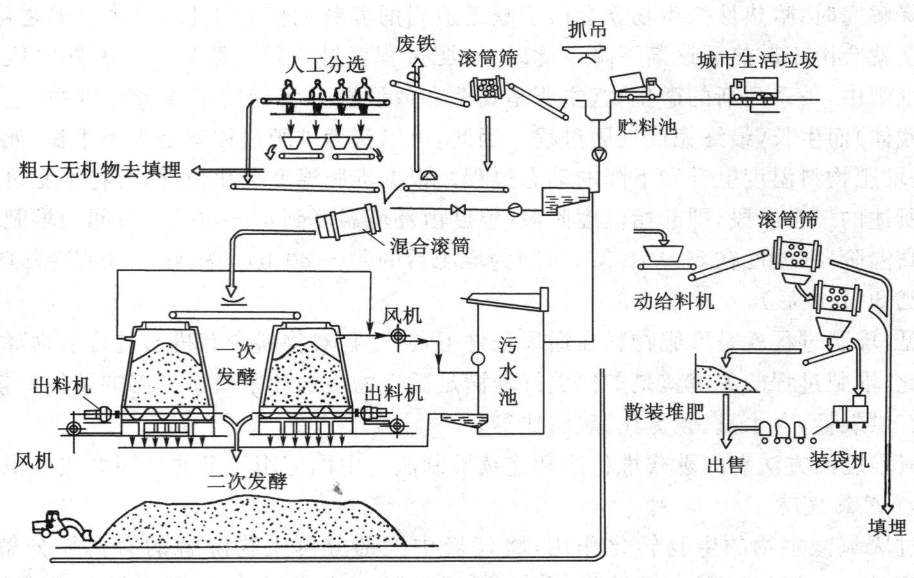

图 6-5　杭州市垃圾堆肥厂工艺流程图

四、城市垃圾的热解

热解又叫干馏，是利用有机物的不稳定性，在无氧或缺氧条件下使有机物受热分解成分子量较小的气态、液态和固态物质的过程。固体废物中的能量以上述物质的形式储存起来，成为可储藏、运输的有价值的燃料。由于热解法有利于资源的回收利用，它的研究和应用在20世纪70年代以来得到快速发展。在德国、美国，相继建立了废塑料热解制油以及城市固体废物热解造气的热解厂。城市生活垃圾、污泥、工业废物，如塑料、树脂、橡胶以及农业废料、人畜粪便等各种固体废物都可以采用热解的方法，从中回收燃料。

固体废物热解是一个复杂的、连续的化学反应过程，在反应中包含着复杂的有机物断键、异构化等化学反应。在热解过程中，其中间产物存在两种变化趋势，它们一方面由大分子变成小分子直至气体的裂解过程，另一方面又由小分子聚合成较大分子的聚合过程。热解过程总的反应方程式可表示为：

$$\text{有机固体废物}+\text{热量}\xrightarrow{\text{无 } O_2 \text{ 或缺 } O_2}\text{可燃气}+\text{液态油}+\text{固体燃料}$$

由总反应方程式可知，热解产物包括气、液、固三种形式，具体有以下几种成分。

① 气态产物：$C_{1\sim5}$的烃类、氢和CO。

② 液态产物：C_{25}的烃类、乙酸、丙酮、甲醇等。

③ 固态产物：含纯碳和聚合高分子的含碳物。

不同的废物类型，不同的热解反应条件，热解产物都有差异。含塑料和橡胶成分比例大的废物其热解产物中含液态油较多，包括轻石脑油、焦油以及芳香烃油的混合物。

热解过程产生可燃气量大，特别是温度较高情况下，废物有机成分的50%以上都转化成气态产物。这些产品以H_2、CO、CH_4、C_2H_6为主，其热值高达$6.47\times10^3\sim1.02\times10^4$ kJ/kg。除少部分气体供给热解过程本身所需的热量外，大部分气体成为有价值的可燃气产品。

固体废物热解后，减容量大，残余炭渣较少。这些炭渣化学性质稳定，含碳量高，有一定热值，一般可用做燃料或道路路基材料、混凝土骨料、制砖材料。纤维类废物(本屑、纸)热解后的渣，还可经简单活化制成中低级活性炭，用于污水处理等。

热解过程的关键影响因素有温度、加热速率、保温时间，每个因素都直接影响热解产物的成分和产量。另外，废物的成分、反应器的类型及空气供氧程度等，都对热解反应过程产生影响。

有关城市垃圾热解的研究中，美国和日本结合本国城市垃圾的特点，开发了许多工艺流程，有些已达实用阶段。目前有移动床热分解法、双塔循环式流动床法、管型瞬间热分解法、回转窑热解法、高温熔融热分解及纯氧高温热分解等多种工艺流程和装置。由于垃圾组分的不同，有些流程在美国实用，但对日本不适用。同样，中国的城市垃圾成分又不同于美国和日本，这些工艺过程能否用于中国还有待研究。

五、城市垃圾的焚烧

焚烧是一种热化学处理方法。垃圾焚烧是实现垃圾无害化和减量化的重要途径。因而自20世纪以来不少国家即采用焚烧方法处理垃圾。目前全世界已拥有近2 000多座现代化垃圾焚烧厂，其中仅日本就有300多座，美国有200多座，西欧各国利用垃圾焚烧热能的工厂近200座。统计表明，垃圾焚烧装置大多集中在发达国家，这一方面与其工业科学技术水平、经济实力有关，另一方面也与垃圾的组成成分有关。

众所周知，许多固体废物含有潜在的能量可通过焚烧回收利用。固体废物经过焚烧，一般体积可减少80%～90%；而在一些新设计的焚烧装置中，焚烧后的废物体积只是原体积的5%或更少。一些有害固体废物通过焚烧，可以破坏其组成结构或杀灭病原菌，达到解毒、除害的目的。所以，可燃固体废物的焚烧处理，能同时实现减量化、无害化和资源化，是一条重要的有机固体废物处理处置途径。

一般情况下，低位发热量小于3 300 kJ/kg的垃圾属于低发热量垃圾，不适宜焚烧处理；低位发热量介于3 300～5 000 kJ/kg的垃圾为中发热量垃圾，适宜焚烧处理；低位发热量大于5 000 kJ/kg的垃圾属于高发热量垃圾，适宜焚烧处理并回收其热能。所谓低位发热量，就是物料完全氧化燃烧放出的热量（也称高位发热量），扣除物料中水分的汽化热后剩余的热量。

城市垃圾经过焚烧处理，其主要有机有害组成（POHC）的破坏去除率（DRE）要达到99.99%以上。

城市垃圾从送入焚烧炉起，到形成烟气和固态残渣的整个过程，可总称为城市垃圾焚烧过程。它包括了三个阶段：第一阶段是物料的干燥加热阶段；第二阶段是焚烧过程的主阶段——真正的燃烧过程；第三阶段是燃烬阶段，即生成固体残渣的阶段。对混合垃圾之类的焚烧过程来说，三个阶段并非界限分明。从炉内实际过程看，送入的垃圾有的物质还在预热干燥，有的物质已开始燃烧，甚至已燃烬了。对同一物料来讲，物料表面已进入了燃烧阶段，而内部还在加热干燥。这就是说上述三个阶段只不过是焚烧过程的必由之路，其焚烧过程的实际工况将更为复杂。

影响城市垃圾焚烧效果的主要因素有：垃圾的性质、焚烧温度、停留时间、搅拌程度、过剩空气系数。

废物焚烧必须在焚烧设备内进行，常用的焚烧处理设备有流化床焚烧炉、多膛式焚烧炉、转窑式焚烧炉以及敞开式焚烧炉。

焚烧过程，特别是有害废物的焚烧过程，必然会产生大量排放物，主要有两种：一是烟气，二是残渣。烟气中可能含有粉尘、酸性气体、重金属污染物、有机污染物（二噁英）等污染物质，如果不经过净化处理排放，必然导致二次污染。烟气净化的内容主要是除臭、除酸和除尘。除臭就是去除焚烧产生的特殊气味，包括垃圾厌氧发酵产生的臭气和不完全燃烧产生的烃类、芳香族类物质；除酸就是去除焚烧产生的NO_x、SO_x、H_2S、HCl等酸性气体；除尘就是去除烟气中的颗粒物。

焚烧过程产生的残渣（炉渣）一般为无机物，它们主要是金属的氧化物、氢氧化物和碳酸盐、硫酸盐、磷酸盐以及硅酸盐。大量的炉渣特别是含重金属化合物的炉渣，对环境造成很大的危害。许多国家都对残渣进行填埋或固化填埋的处理。由于土地有限，且残渣中含有可利用的物质，美、日、俄等国将焚烧残渣作为资源开发利用，从中回收有用物质。

目前，世界上有许多垃圾焚烧发电厂在运行。其中，法国约300座、日本102座、美国90座、德国50余座。我国自1988年在深圳投产第一个垃圾焚烧发电厂以来，广州、珠海、上海、浙江、北京等地都在兴建或筹建大型垃圾焚烧厂。垃圾焚烧发电是垃圾处置及资源化利用的重要发展方向。

第五节　煤系固体废物的资源化利用

煤系固体废物是煤炭的开采、加工和利用过程中产生的固体废物，包括煤矸石、粉煤灰和锅炉渣等，它们在工业固体废物中占有很大的比重，如不加以处理，不仅占用耕地，还会引起严重的环境问题。但它们的组成和性质决定了它们有很高的利用价值，可以资源化利用。

一、煤矸石的资源化

煤矸石的生产量很大，约占我国工业废渣年排放总量的1/4，它是煤炭开采和洗煤过程中排出的含碳量较低、比煤坚硬的黑灰色岩石。一般每采取1 t原煤排煤矸石0.2 t。据统计，煤矸石每年以$0.8\times10^8\sim1.0\times10^8$ t的速度增加。因此，煤矸石是一类数量较大的固体废物。

（一）煤矸石的组成与资源化途径

煤矸石的化学组成比较复杂，所含元素可多达数十种，SiO_2、Al_2O_3是主要成分，另含有数量不等的Fe_2O_3、CaO、MgO、K_2O、Na_2O以及磷、硫的氧化物（P_2O_5、SO_3）和微量的稀有金属元素，如Ga、Be、Co、Cu、Mn、Mo、Ti、Pb、V、Zn、In、Bi、Ge等，有的还含有放射性元素，表6-5所示为煤矸石的化学组成。

表6-5　煤矸石的化学组成　%

SiO_2	Al_2O_3	CaO	MgO	Fe_2O_3	TiO_2	P_2O_5	V_2O_5	Na_2O及K_2O	烧失量
51～65	16～36	1～7	1～4	2～9	0.9～4	0.078～0.24	0.008～0.01	1～2.5	2～17

不同地区的煤矸石，其组成和性质存在很大的差异，因此，必须根据当地条件因地制宜地选择煤矸石资源化技术。

我国各地煤矸石的含碳量差别很大，其热值波动范围一般为837～12 600 kJ/kg。为了合理利用煤矸石资源，我国煤炭和建材工业按热值划分煤矸石的合理用途（表6-6）。就目前而言，技术成熟、利用量大的途径是生产建筑材料，主要是制水泥和烧结（内燃）砖。

表6-6　煤矸石的合理利用途径

热值/(kJ/kg)	合理利用途径	说　明
<2 090	回填、修路、造地、制骨料	制骨料以砂岩类未燃矸石为宜
2 090～4 180	烧内燃砖	CaO含量低于5%
4 180～6 270	烧石灰	渣可做混合材、骨料
6 270～8 360	烧混合材、制骨料、代土节煤烧水泥	用于小型沸腾炉供热产气
>8 360	烧混合材、制骨料、代土节煤烧水泥	用于大型沸腾炉供热发电

一般地，含碳量高于20%的煤矸石，应进行洗选回收煤炭。含硫量高于5%的煤矸石应回收硫铁矿。高硫煤矸石堆应用石灰浆、土浆等灌注其孔隙，以隔绝空气，抑制自燃。自燃后的矸石成为一种多孔质轻并有较高的胶凝活性材料，破碎筛分后，可作为轻质骨料使用，

其保温、隔热和耐热性能都较好，自燃矸石磨细后即可作为水泥、混凝土、砂浆等的掺和料。

此外，煤矸石还可以用来生产化工产品（聚合铝、分子筛、氨水等）和农用肥料（硫酸铵、直接用做农肥）等。

（二）煤矸石生产建筑材料

目前，煤矸石主要用于生产建筑材料和筑路回填等。煤矸石建材主要包括煤矸石砖、煤矸石骨料、煤矸石水泥、煤矸石砌块等。

1. 煤矸石砖

利用煤矸石制砖包括用煤矸石生产烧结砖和做烧砖内燃料。泥质和碳质煤矸石，质软、易粉碎，是生产煤矸石砖的理想原料。用做矸石砖的煤矸石，要求发热量在 2 100～4 200 kJ/kg 范围，SiO_2 50%～70%、氧化铝 15%～20%、氧化铁 3%～8%。

煤矸石砖以煤矸石为主要原料，一般占坯料质量的 80%以上，有的全部以煤矸石为原料，有的外掺少量黏土。图 6-6 所示为煤矸石烧结砖生产工艺流程。

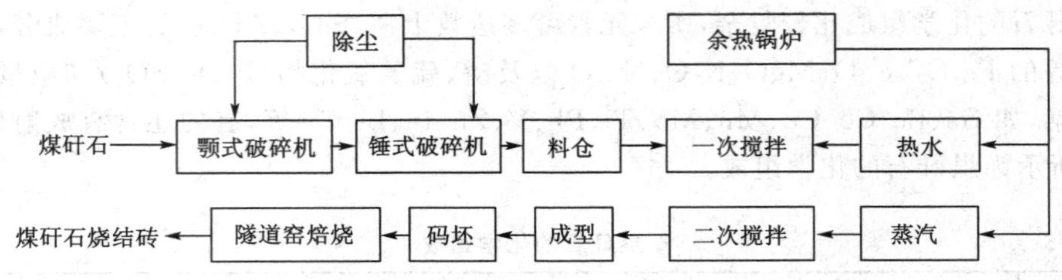

图 6-6　煤矸石烧结砖的生产工艺流程

煤矸石制砖工艺与黏土制砖工艺相似，主要包括原料的破碎、成型、砖坯干燥和焙烧等工序。焙烧基本不要再外加燃料。

煤矸石砖质量较好，颜色均匀，抗压强度一般为 9.8～14.7 MPa，抗折强度为 2.5～5 MPa，抗冻、耐火、耐酸、耐碱等性能均较好，其强度和耐磨蚀性均优于黏土砖，成本较低。因此，是一种极有发展前途的墙体材料。

2. 煤矸石做原料生产水泥

煤矸石能做原料生产水泥，是由于煤矸石和黏土的化学成分相近，代替黏土提供硅质和铝质成分。煤矸石还能释放一定热量，可代替部分燃料。煤矸石作为原燃料生产水泥的工艺过程与生产普通水泥基本相同。图 6-7 所示为水城水泥厂利用煤矸石生产水泥工艺流程。

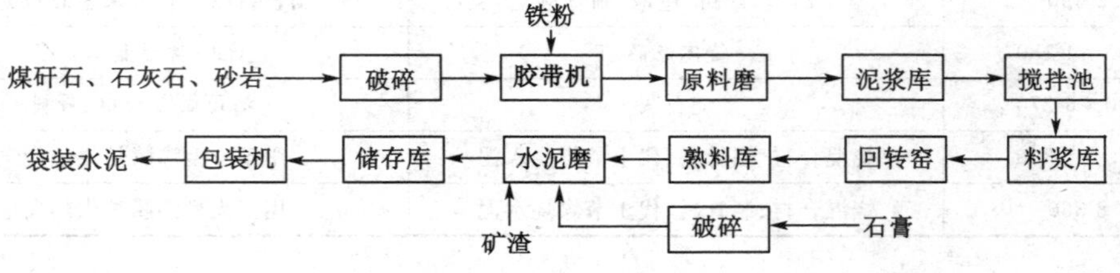

图 6-7　水城水泥厂利用煤矸石生产水泥工艺流程

将原料按一定的比例配合，磨细成生料，烧至部分熔融，得到以硅酸钙为主要成分的熟料，再加入适量的石膏和混合材料（矿渣），磨成细粉而制成煤矸石水泥，即采用所谓的“二磨一烧”工艺，煅烧设备可用回转窑或立窑。

（三）煤矸石生产化工产品

从煤矸石中可生产化学肥料以及多种化工产品，如结晶三氯化铝、固体聚合铝以及化学肥料氨水和硫酸铵、高岭土等。这里主要介绍用煤矸石生产结晶三氯化铝和固体聚合铝。

结晶氯化铝分子式为 $AlCl_3 \cdot 6H_2O$，外观为浅黄色结晶颗粒，易溶于水，是一种新型净水剂。聚合氯化铝是一种优质的高分子混凝剂，具有优良的凝结性能，广泛应用于造纸、制革、原水及废水处理等许多领域。在废水处理中应用，具有比目前常用的无机混凝剂 $Al_2(SO_4)_3$、$FeSO_4$、$FeCl_3$ 更优越的性能。结晶氯化铝是聚合氯化铝生产的中间产品。

聚合物生产可供选择的矿物原料有铝矾土、硅藻土、高岭土、粉煤灰和煤矸石等。我国煤矸石资源丰富，是制取聚合铝最有前途的矿物原料，但要求所用煤矸石的含铝量较高，含铁量较低。聚合氯化铝制取方法很多，大致可分为：热解法、酸溶法、电解法、电渗法等，图 6-8 所示为煤矸石酸溶法制取聚合氯化铝的工艺流程。

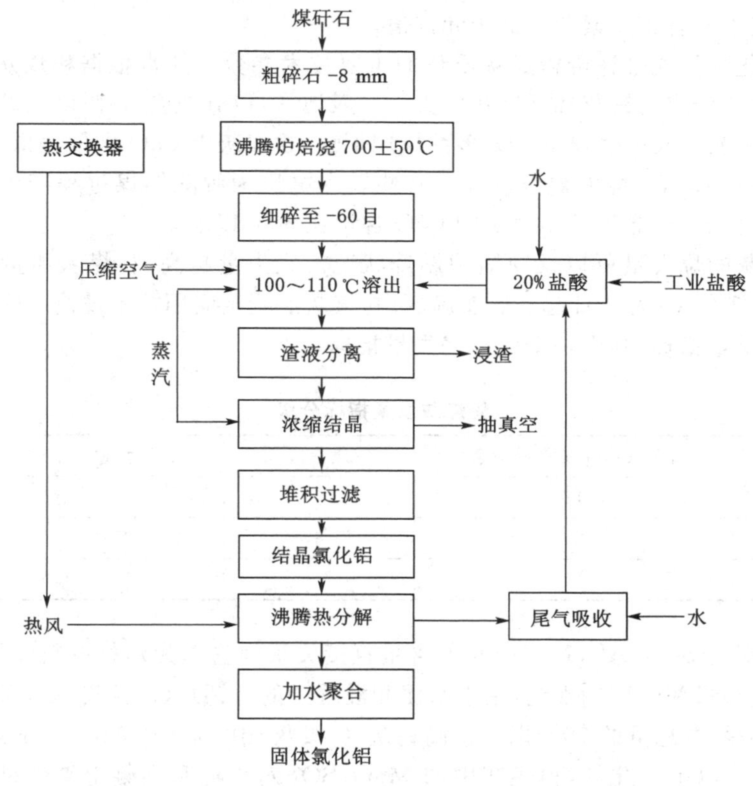

图 6-8　煤矸石酸溶法制取聚合氯化铝的工艺流程

二、粉煤灰的资源化利用

电力工业是我国国民经济的重要支柱行业之一，电力生产 80%以上靠燃煤进行热电转换，目前我国煤炭产量的 50%以上用于发电。

燃煤电厂将煤磨细至 100 μm 以下用预热空气喷入炉膛悬浮燃烧，燃烧后产生大量煤灰渣。其中从烟道排出、经除尘设备收集的煤灰渣称为粉煤灰，又称飘灰或飞灰；由炉底排出的煤灰渣称为炉渣或底灰。一般地，一座装机容量为 10^5 kW 的电厂一年要排出 10^5 t 煤灰渣。我国电厂每 10^5 kW 装机容量每年约排放 $1.4\times10^5 \sim 1.5\times10^5$ t 的煤灰渣，其中，粉煤灰约占整个煤灰渣的 70%。

（一）粉煤灰的组成和性质

1. 粉煤灰的组成

粉煤灰的化学组成与黏土质相似，其中以 SiO_2 和 Al_2O_3 的含量占大多数，其余为少量 Fe_2O_3、CaO、MgO、Na_2O、K_2O 及 SO_3 等。表 6-7 所示为粉煤灰的主要成分及其范围变化。

表 6-7　粉煤灰的化学成分　%

成分	SiO_2	Al_2O_3	Fe_2O_3	CaO	MgO	Na_2O 和 K_2O	SO_3	烧失量
含量	40～60	20～30	4～10	2.5～7	0.5～2.5	0.5～2.5	0.1～1.5	3～30

此外，粉煤灰中还含有少量镓、铟、钪、铌、钇等微量元素以及镉、铅、汞、砷等有害元素。一般地，粉煤灰中的有害元素含量低于允许值。

粉煤灰的化学组成是评价粉煤灰质量的重要技术参数。如常根据粉煤灰中 CaO 含量的多少，将粉煤灰分成高钙灰和低钙灰两类。一般地，CaO 含量在 20%以上的称为高钙灰，其质量优于低钙灰。我国燃煤电厂大多数燃用烟煤，粉煤灰中 CaO 含量偏低，属于低钙灰，但 Al_2O_3 含量一般较高，烧失量也较高。有些燃煤电厂为脱除燃煤过程产生的硫氧化物，常喷烧石灰石、白云石，导致其粉煤灰的 CaO 含量在 30%以上。

又如粉煤灰的烧失量可以反映锅炉燃烧状况。烧失量越高，粉煤灰质量越差。表 6-8 所示为我国 1991 年 10 月 1 日起开始实施的《粉煤灰混凝土应用技术规范》(GB 146—1990) 规定的粉煤灰质量指标，其中一个就是烧失量指标。

表 6-8　粉煤灰质量指标分级　%

粉煤灰等级	细度(45 μm 方孔筛筛余)	烧失量	需水量	SO_3 含量
Ⅰ	12	5	95	3
Ⅱ	20	8	105	3
Ⅲ	45	15	115	33

再如粉煤灰中 SiO_2、Al_2O_3、Fe_2O_3 的含量直接关系到它作为建材原料使用的好坏。美国粉煤灰标准[ASTM(618)]规定，用于水泥和混凝土的低钙灰(F 级灰)中，$SiO_2+Al_2O_3+Fe_2O_3$ 的含量必须占总量的 70%以上。高钙灰(C 级灰)中，$SiO_2+Al_2O_3+Fe_2O_3$ 的含量必须占总量的 50%以上。此外，粉煤灰中的 MgO、SO_3 对水泥和混凝土来说是有害成分，对其含量要有一定的限制。我国要求 SO_3 含量小于 3%。

2. 粉煤灰的性质

粉煤灰是灰色或灰白色的粉状物，含水量大的粉煤灰呈灰黑色。它是一种具有较大内表面的多孔结构，多半呈玻璃状。其密度为 2～2.3 g/cm^3、孔隙率为 60%～75%，比表面积 1 700～3 500 cm^2/g。

粉煤灰中含有较多的活性氧化物 SiO_2、Al_2O_3，它们能与氢氧化钙在常温下起化学反应，生成较稳定的水化硅酸钙和水化铝酸钙。因此粉煤灰和其他火山灰质材料一样，当与石灰、水泥熟料等碱性物质混合加水搅拌成胶泥状态后，能凝结、硬化并具有一定的强度，即粉煤灰具有潜在的活性。

粉煤灰的活性不仅取决于它的化学组成，而且与它的物相组成和结构特征有着密切的关系。高温熔融并经过骤冷的粉煤灰，含大量的表面光滑的玻璃微珠。这些玻璃微珠含有较高的化学内能，是粉煤灰具有活性的主要物相。玻璃体中活性 SiO_2 和活性 Al_2O_3 含量愈多，粉煤灰的活性愈高。

（二）粉煤灰的资源化利用

粉煤灰的资源化利用取决于粉煤灰的化学组成，如粉煤灰中碳含量（烧失量）较高时，可用浮选的方法回收粉煤灰中的煤炭；粉煤灰中的空心玻璃微珠含量较高时，可采用重力分选与磁选联合分选工艺提取其中的空心玻璃微珠，由于玻璃微珠具有颗粒细小、质轻、空心、隔热、隔音、耐高温、耐磨、强度高及电绝缘等优异的多功能特性，已成为一种可用于建筑、塑料、石油、电气、军事等方面的多功能材料。粉煤灰中 Al_2O_3 含量较高时，可用化学的方法回收其中的 Al_2O_3。此外，还可以用粉煤灰生产水泥、砖、硅酸盐砌块等建筑材料，生产絮凝剂、分子筛、白炭黑（沉淀 SiO_2）、水玻璃、无水氯化铝、硫酸铝等化工产品。下面简单介绍用粉煤灰生产化工产品的综合利用工艺（图 6-9）过程的反应机理。

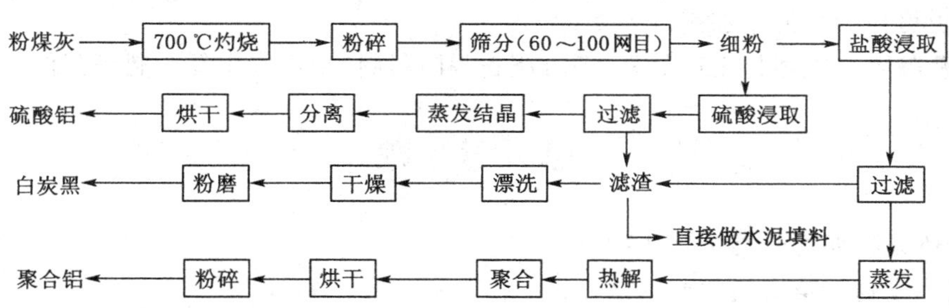

图 6-9　粉煤灰生产化工产品的综合利用工艺流程

1. 反应机理

粉煤灰含 Al_2O_3 较高，一般在 25%左右，但主要以 $3Al_2O_3—SiO_2$（α-Al_2O_3）的形式存在，酸溶性较差，一般要加入助熔剂或通过煅烧打开 Si—Al 键才能溶出铝生成铝盐。而粉煤灰中的铁主要以氧化物的形式存在，可直接溶于酸生成铁盐。本工艺通过马弗炉 700 ℃灼烧（温度不能超过 1 000 ℃）粉煤灰，使粉煤灰中不溶于酸碱的 α-Al_2O_3 转化为 γ-Al_2O_3，再经过粉碎、磨细、过筛，得到粒度 60～100 网目的细粉进行酸处理。酸处理过程发生一系列物理化学变化，其主要反应如下。

粉煤灰中

$$Al_2O_3 \cdot SiO_2 + 3H_2SO_4 \longrightarrow Al_2(SO_4)_3 + SiO_2 + 3H_2O$$

$$Al_2O_3 \cdot SiO_2 + 6HCl + 9H_2O \longrightarrow 2(Al \cdot 6H_2O)Cl_3 + SiO_2 + 3H_2O$$

粉煤灰中

$$Fe_2O_3 + 2H_2SO_4 \longrightarrow Fe_2(SO_4)_3 + 3H_2O$$

$$Fe_2O_3 + 6HCl + 9H_2O \longrightarrow 2(Fe \cdot 6H_2O)Cl_3 + 3H_2O$$

粉煤灰中

$$CaO \cdot MgO \cdot 2SiO_2 + 2H_2SO_4 \longrightarrow CaSO_4 + MgSO_4 + 2SiO_2 + 2H_2O$$

$$CaO \cdot MgO \cdot 2SiO_2 + 4HCl \longrightarrow CaCl_3 + MgCl_2 + 2SiO_2 + 2H_2O$$

2. 聚合铝的生成

盐酸浸出液过滤、蒸发、热解，发生如下反应：

$$2[Al \cdot 6H_2O]Cl_3 \longrightarrow [Al(H_2O)_5(OH)]Cl_2 + HCl$$

热解产物经分离、烘干得到碱式氯化铝。如果控制碱式氯化铝溶液的浓度和 pH 值，则碱式氯化铝可进一步水解和聚合：

$$2[Al(H_2O)_5(OH)]Cl_2 \longrightarrow [(H_2O)_4Al(OH)(OH)Al(H_2O)_4]Cl_2 + 2H_2O$$

随着聚合物生成浓度的增加，促使水解和聚合反应交替进行，其聚合反应式为：

$$mAl_2(OH)_nCl_{6-n} + mxH_2O \longrightarrow [Al_2(OH)_nCl_{6-n} \cdot xH_2O]_m$$

将聚合后的晶体烘干，得到棕黄色或褐色的聚合铝产品。

3. 硫酸铝的生成

硫酸浸出液过滤，将滤液蒸发至相对密度 1.4 后冷却，析出硫酸铝晶体，再经过滤、水洗、烘干、晾干，得到外观为白色或微带灰色的粒状结晶硫酸铝产品。

4. 白炭黑

制备硫酸铝和聚铝的废渣，含高纯度的 SiO_2，经漂洗、热解干燥、粉磨得到白炭黑产品。烘干废渣也可作为水泥添加剂。

粉煤灰除可制上述化工产品外，还可制备吸附材料、生产农用复合肥等其他用途。

思 考 题

1. 固体废物如何分类？有何特点？
2. 固体废物污染防治的原则是什么？
3. 固体废物处置方法有哪些？
4. 城市垃圾资源化利用方法有哪些？
5. 粉煤灰资源化有哪些主要途径？

第七章 清洁生产与循环经济

近几十年来，中国的经济发展取得了举世瞩目的成就，GDP增长速度位居世界前列，但是，在这种连年的高速增长中存在着相当多的隐忧，正面临着来自资源和环境的严重挑战，从长远来看，这样的发展是不可持续的。20世纪90年代以来，以淮河污染、黄河断流、长江洪水以及北方的沙尘暴为代表的频频发生的环境事件突显了我国的生态脆弱性。随着人口趋向高峰，不少国内外学者预测，21世纪的前20～30年将是中国发展道路上的一段“窄路”。在此期间，耕地减少、用水紧张、粮食缺口、能源短缺、环境污染加剧、矿产资源不足等不可持续因素造成的压力将进一步增加，其中有些因素将逼近极限值。面对名副其实的生存威胁，推行清洁生产和循环经济是克服我国可持续发展“瓶颈”的唯一选择。

第一节 概 论

一、清洁生产的由来及概念

（一）清洁生产的由来

19世纪工业革命以来，世界经济得到迅速发展，而20世纪的科技进步极大地提高了社会生产力，人类征服自然和改造自然的能力大大增强，创造了人类前所未有的物质财富。但传统的工业是追求高投入与高产出为目标的单向的线型经济发展模式，其结果是资源利用率低、排放物高和污染大。资源过度地被消耗，环境越来越遭到破坏，人类赖以生存的生态系统受到严重威胁。20世纪中期出现的“八大公害事件”就是有力的证据，虽然从20世纪70年代开始人类采取了一些治理措施，但最终发现虽投入了大量的人力、物力和财力，治理效果并不理想，20年来的“新十大公害事件”再次给人类敲响了警钟。工业生产也面临丧失发展后劲的威胁。这就是“繁荣的代价”。

人们逐渐意识到单纯就环境论环境，就污染治污染，永远也不能解决环境与经济、社会发展的矛盾，寻求有效的新的生产和生活方式迫在眉睫。在此背景下，“清洁生产”这个概念开始进入生产和生活领域。

清洁生产起源于20世纪60年代美国化工行业的污染预防审计，清洁生产概念最早出现于1976年的11～12月间欧洲共同体在巴黎举行的“无废工艺和无废生产的国际研讨会”，提出“协调社会和自然的相互关系应主要着眼于消除造成污染的根源”的思想。美国和欧洲工业发达国家从1987年至1990年相继开展了源头控制、预防污染的环保政策讨论。1984年欧洲经济委员会在塔什干召开的国际会议上提出了“无废工艺”；美国环保局在1984年提出了“废物最少化”，1990年又颁布了《污染预防法》，提出“通过源削减和环境安全的回收利用来减少污染物的数量和毒性，从而达到污染控制的要求。”对环境政策的讨论和实践，使人们认识到，通过污染预防和废物的源削减，要比在废物产生后再进行治理有着更显著的经济与环境效益。

1989年，联合国环境规划署工业与环境规划活动中心（UNEP/PAC）综合各国的预防污染的研究成果，提出了“清洁生产”的概念，定义为：“清洁生产是指将综合性、预防污染的环境战略持续地应用于生产过程、产品和服务中，以提高效率和降低对人类和环境的危害。”清洁生产是环保战略由被动走向主动的一种转变，清洁生产的要求是在可持续的工业发展观的推动下产生的。至此，一种新的预防污染的战略——“清洁生产”诞生了，并在1992年的巴西“环境与发展”大会上，作为可持续发展的战略之一，得到了各国政府认可。

从“清洁生产”概念的产生历程可推出一个结论——清洁生产是人类社会必然而明智的选择。

（二）清洁生产的概念及内容

清洁生产在不同的地区和国家有许多不同而相近的提法。如欧洲国家有时称之为“少废无废工艺”、“无废生产”；日本多称“无公害工艺”；美国则称之为“废料最少化”、“污染预防”、“减废技术”。此外，还有“绿色工艺”、“生态工艺”、“再循环”等叫法。这些不同的提法实际上描述了清洁生产概念的不同方面，我国以往比较通行“无废工艺”的提法。

清洁生产虽然已成为环保和节能减排领域的一个研究热点，但至今还没有完全统一、完整的定义。另外，清洁生产是一个相对的、抽象的概念，没有统一的标准。因此，清洁生产的概念将随经济的发展和技术的更新而不断完善，达到新的更高、更先进水平。目前，比较权威的定义是联合国环境规划署在1996年提出的清洁生产的概念，即：清洁生产是指将整体预防的环境战略持续应用于生产过程、产品和服务中，以期增加生态效率并减少对人类和环境的风险。

对于产品，清洁生产指降低产品整个产品生命周期（包括从原材料的生产到生命终结的处置）对环境的有害影响。

对于生产过程，清洁生产意味着节约原材料和能源，取消使用有毒原材料，在生产过程排放废物之前降低废物的数量和毒性。

对于服务，清洁生产指将预防性的战略结合到服务的设计和提供活动中。

显然在清洁生产概念中包含了四层涵义：

① 清洁生产的目标是节省能源、降低原材料消耗、减少污染物的产生量和排放量；

② 清洁生产的基本手段是改进工艺技术、强化企业管理，最大限度地提高资源、能源的利用水平和改变产品体系，更新设计观念，争取废物最少排放及将环境因素纳入服务中去；

③ 清洁生产的方法是排污审计，即通过审计发现排污部位、排污原因，并筛选消除或减少污染物的措施及产品生命周期分析；

④ 清洁生产的终极目标是保护人类与环境，提高企业自身的经济效益。

清洁生产的内容主要包括：① 清洁能源。包括开发节能技术，尽可能开发利用再生能源以及合理利用常规能源。② 清洁生产过程。包括尽可能不用或少用有毒有害原料和中间产品。对原材料和中间产品进行回收，改善管理、提高效率。③ 清洁产品。包括以不危害人体健康和生态环境为主导因素来考虑产品的制造过程甚至使用之后的回收利用，减少原材料和能源使用。

二、清洁生产的意义及在国内的发展

（一）清洁生产的意义

清洁生产作为一种全新的发展战略，它是可持续发展理论的实践，以保证环境与经济的协调发展，实施清洁生产具有重大的意义。

1. 开展清洁生产是控制环境污染的有效手段

清洁生产彻底改变了过去被动的、滞后的污染控制手段，强调在源头和污染产生之前就予以削减，即在产品及其生产过程并在服务中减少污染物的产生和对环境的不利影响。清洁生产的减污活动具有主动性，经国内外的许多实践证明，具有效率高、能带来可观的经济效益、容易为企业接受等特点。

2. 开展清洁生产可大大减轻末端治理的负担

末端治理作为目前国内外控制污染最重要的手段，为保护环境起到了极为重要的作用。然而，随着工业化发展速度的加快，末端治理这一污染控制的传统模式显露出多种弊端。第一，末端治理设施投资大、运行费用高，造成企业成本上升，经济效益下降；第二，末端治理存在污染物转移等问题，不能彻底解决环境污染；第三，末端治理未涉及资源的有效利用，不能制止自然资源的浪费。而清洁生产从根本上抛弃了末端治理的弊端，它通过生产全过程控制，减少甚至消除污染物的产生和排放。这样，不仅可以减少末端治理设施的建设投资，降低其日常运转费用，也大大减轻了工业企业的负担。

3. 开展清洁生产是提高企业市场竞争力的最佳途径

实现经济、社会和环境效益的统一，提高企业的市场竞争力，是企业的根本要求和最终归宿。开展清洁生产的本质在于实行污染预防和全过程控制，它将给企业带来不可估量的经济、社会和环境效益。

清洁生产是一个系统工程，它提倡通过工艺改造、设备更新、废弃物回收利用等途径，实现“节能、降耗、减污、增效”，从而降低生产成本，提高企业的综合效益，同时它也强调提高企业的管理水平，提高包括管理人员、工程技术人员、操作工人在内的所有员工在经济观念、环境意识、参与管理意识、技术水平、职业道德等方面的素质。另外，清洁生产还可有效改善操作工人的劳动环境和操作条件，减轻生产过程对员工健康的影响，为企业树立良好的社会形象，促使公众对其产品的支持，提高企业的市场竞争力。

（二）清洁生产在中国的发展与应用

自 1992 年联合国环境规划署在厦门举办清洁生产培训班，首次将清洁生产理念引入中国以后，清洁生产就在中国开花结果，20 年来清洁生产在中国飞速发展，主要取得了如下成果。

1. 组建了较健全的清洁生产机构

2002 年颁布的《中华人民共和国清洁生产促进法》中明确了清洁生产的主管部门，规定国务院经济贸易行政主管部门负责组织、协调全国的清洁生产促进工作。国务院环境保护、计划、科学技术、农业、建设、水利和质量技术监督等行政主管部门，按照各自的职责，负责有关的清洁生产促进工作。但随后的机构改革使承担清洁生产组织、协调职能的经济贸易主管部门几经变更，工业和通信业清洁生产职责也已划入工信部职责范围。

1995年成立了环境保护部清洁生产中心，其后陆续建立了几十个清洁生产行业中心和地方中心。国家发展和改革委员会、环境保护部在2007年1月22日公布了第一批国家清洁生产专家库专家名单，各省也陆续公布了本省的清洁生产专家库专家名单。

2. 清洁生产培训体系不断完善

加大清洁生产培训和宣传力度，提高清洁生产领域从业人员的业务素质。如国家清洁生产中心每年都举办国家清洁生产审核师和政府清洁生产管理人员的培训，前者经培养考试合格后发给合格证书，全国通用，作为清洁生产审核的从业资格。近年来，全国累计对25 015家工业企业有关人员进行培训。2001年至2009年，全国举办了276期“国家清洁生产审核师培训班”，培训人员近1.5万人，强化了从业人员的队伍建设。各地也普遍举办各类清洁生产培训班，每年培训人员超过5万人次。

3. 逐步建立了清洁生产技术支撑体系

环境保护部发布了54个行业清洁生产标准，并将新扩建项目是否符合国家产业政策和清洁生产标准作为环评审查的内容；国家发展和改革委员会先后发布了煤炭、火电、钢铁、氮肥、电镀、铬盐、印染、制浆造纸等45个行业的清洁生产评价指标体系；原国家经济贸易委员会先后分三批公布《淘汰落后生产能力、工艺和产品的目录》，计353项；国家发展和改革委员会、环境保护部先后分三批公布《国家重点行业清洁生产技术导向目录》，共141项清洁生产技术，这些清洁生产技术经过生产实践证明，具有明显的环境效益、经济效益和社会效益，可以在本行业或同类性质生产装置上推广应用；出版发行了《企业清洁生产审核手册》。

4. 逐步完善了清洁生产政策法规体系

《中华人民共和国固体废物污染防治法》、《中华人民共和国大气污染防治法》和《中华人民共和国水污染防治法》均明确规定，国家鼓励、支持开展清洁生产，减少污染物的产生量；2002年颁布《中华人民共和国清洁生产促进法》，2004年颁布《清洁生产审核暂行办法》；2005年颁布《重点企业清洁生产审核程序的规定》；环境保护部组织编制了2010年度《国家先进污染防治示范技术名录》和《国家鼓励发展的环境保护技术目录》。目前，全国有3个省市出台了《清洁生产促进条例》，20多个省（区、市）印发《推行清洁生产的实施办法》，30个省（区、市）制定了《清洁生产审核实施细则》，22个省（区、市）制定了《清洁生产企业验收办法》。

5. 在企业进行清洁审计全面实施

全国公布的应当实施清洁生产审核的重点企业数量从2004年的117家增加到2008年的2 789家，开展清洁生产审核的重点企业数量从77家增加到2 027家；据不完全统计，2003年至2009年全国共有12 650家工业企业自愿开展清洁生产审核，在此期间，全国工业企业清洁生产项目累计削减化学需氧量227万t、二氧化硫71.2万t、氨氮5.1万t，节水118亿t，节能4932万t标煤。

6. 积极开展清洁生产的国际合作

我国第一个清洁生产项目是世界银行资助的原国家环保总局的“推进中国清洁生产”项目，该项目总金额达640万美元，从1994年起，发达国家、欧盟、世界银行、亚洲开发银行和联合国等资助我国推进清洁生产的项目不断增加。

三、清洁生产与循环经济

清洁生产与循环经济两者之间究竟有什么关系呢？对这个问题如果没有清楚的认识，就会造成概念的混乱，实践的错位，既冲击清洁生产的实施，也不利于循环经济的健康展开。

总体而言，清洁生产与循环经济都具有提升环境保护对经济发展的指导作用，但清洁生产是循环经济在企业层面上实践的重要推进途径，是循环经济的微观基础，而循环经济是清洁生产的最终发展目标，两者的相互关系见表 7-1。

表 7-1　　清洁生产和循环经济两者之间的相互关系

<table>
<tr><th>比较内容</th><th>清洁生产</th><th>循环经济</th></tr>
<tr><td>思想本质</td><td>环境战略：新型污染预防和控制战略</td><td>经济战略：将清洁生产、资源综合利用、生态设计和可持续消费等融为一套系统的循环经济战略</td></tr>
<tr><td>原　　则</td><td>节能、降耗、减污、增效</td><td>减量化、再利用、资源化。首先强调的是资源的节约利用，然后是资源的重复利用和资源再生</td></tr>
<tr><td>核心要素</td><td>整体预防、持续运用、持续改进</td><td>以提高生态效率为核心，强调资源的减量化、再利用和资源化，实现经济行动的生态化、非物质化</td></tr>
<tr><td>适用对象</td><td>主要对生产过程、产品和服务（点、微观）</td><td>主要对区域、城市和社会（面、宏观）</td></tr>
<tr><td>基本目标</td><td>生产中以更少的资源消耗生产更多的产品，防治污染产生</td><td>在经济过程中系统地避免和减少废物</td></tr>
<tr><td rowspan="4">基本特征</td><td>污染性：清洁生产从源头抓起，实行生产全过程控制，尽最大可能减少乃至消除污染物的产生，其实质是预防污染。通过污染物产生源的削减和回收利用，使废物减至最少</td><td>低消耗（或零增长）：提高资源利用效率，减少生产过程的资源和能源消耗（或产值增加，但资源能源零增长）。这是提高经济效益的重要基础，也是污染排放减量化的前提</td></tr>
<tr><td>综合性：实施清洁生产的措施是综合性的预防措施，包括结构调整、技术进步和完善管理</td><td rowspan="2">低排放（或零排放）：延长和拓宽生产技术链，将污染尽可能地在生产企业内处理，减少生产过程中的污染排放；对生产和生活用过的废旧产品进行全面回收，可以重复利用的废弃物通过技术处理进行无限次的循环利用。这将最大限度地减少初次资源的开采、最大限度地利用不可再生资源，最大限度地减少造成污染的废弃物的排放</td></tr>
<tr><td>统一性：清洁生产最大限度地利用资源，将污染物消除在生产过程之中，不仅环境状况从根本上得到改善，而且能源、原材料和生产成本降低，经济效益提高，竞争力增强，能够实现经济效益与环境效益相统一</td></tr>
<tr><td>持续性：清洁生产是一个持续改进的过程，没有最好，只有更好</td><td>高效率：对生产企业无法处理的废弃物集中回收、处理，扩大环保产业和资源再生产业的规模，提高资源利用效率，同时扩大就业</td></tr>
<tr><td>宗　　旨</td><td colspan="2">提高生态效率，并减少对人类及环境的风险</td></tr>
</table>

第二节　清洁生产的评价、审核和实施途径

清洁生产的评价和审核是一种全新的污染防治战略。清洁生产评价是通过对企业的生产从原材料的选取、生产过程到产品服务的全过程进行综合评价，判断出企业清洁生产总体水平以及主要环节的清洁生产水平，并针对清洁水平较低的环节提出相应的清洁生产对策和措施。清洁生产审核是按照一定的程序，对生产和服务过程进行调查和诊断，找出能耗

高、物耗高、污染重的原因，提出减少有毒有害物料的使用、产生，降低能耗、物耗以及废物产生的方案，进而选定技术经济及环境可行的清洁生产方案的过程。

一、清洁生产的评价内容与评价指标体系

清洁生产的评价内容包括清洁原材料评价、清洁工艺评价、设备配置评价、清洁产品评价、二次污染和积累污染评价、清洁生产管理评价和推行清洁生产效益和效果评价，而这些内容主要通过清洁生产评价指标体现出来。

清洁生产评价指标具有标杆的功能，提供了一个清洁生产绩效的比较标准。它是对清洁生产技术方案进行筛选的客观依据，清洁生产技术方案的评价，是清洁生产审计活动中最为关键的环节。由于各个行业的特点不同，实际应用的是清洁生产评价指标体系，它是由相互联系、相对独立、互相补充的系列清洁生产评价指标所组成的，包括定量评价指标和定性评价指标，也可分为一级评价指标（具有普适性、概括性的指标）和二级评价指标（代表行业清洁生产特点的、具体的、可操作的、可验证的指标），也可根据行业自身特点设立多项指标。国家发展和改革委员会先后发布了钢铁行业等45个行业的清洁生产评价指标体系。清洁生产评价指标体系框架示意图如图7-1所示。

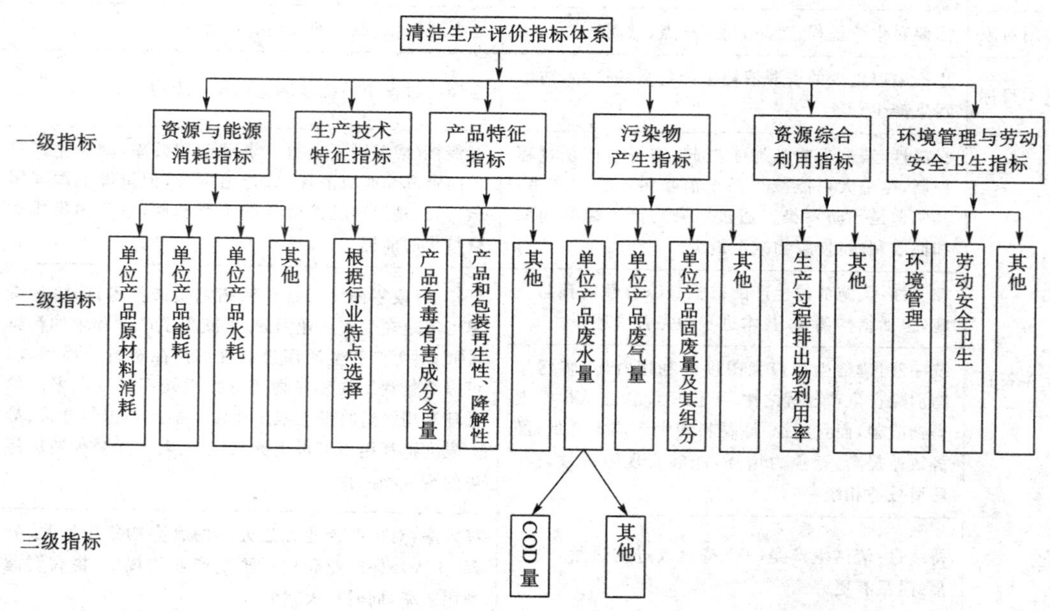

图7-1　清洁生产评价指标体系框架示意图

二、企业清洁生产水平的评价

根据清洁生产的原则要求和指标的可度量性，清洁生产评价指标体系分为定量评价和定性要求两部分。定量评价指标选取了有代表性的、能反映“节能”、“降耗”、“减污”和“增效”等有关清洁生产最终目标的指标，建立评价模式。通过对各项指标的实际达到值、评价基准值和指标的权重值进行计算和评分，综合考评企业实施清洁生产的状况和企业清洁生产程度；而定性评价指标主要根据国家有关推行清洁生产的产业发展和技术进步政策、资源环境保护政策规定以及行业发展规划选取，用于定性考核企业对有关政策法规的符合性及

其清洁生产工作实施情况，按“是”或“否”两种选择来评定，选择“是”即得到相应的分值，选择“否”则不得分。在定量评价指标体系中，各指标的评价基准值是衡量该项指标是否符合清洁生产基本要求的评价基准；评价指标的权重值由该项指标对清洁生产水平的影响程度及其实施的难易程度确定，应在行业清洁生产评价标准中统一确定，该值反映了该指标在整个清洁生产评价指标体系中所占的比重。

（一）定量评价指标的考核评分计算

企业清洁生产定量评价指标的考核评分，以企业在考核年度（一般以一个生产年度为一个考核周期，并与生产年度同步）各项二级指标实际达到的数据为基础进行计算，综合得出该企业定量评价指标的考核总分值。

在计算各项二级指标的评分时，应根据定量评价指标的类别采用不同的计算公式计算。

对指标数值越大越符合清洁生产要求的指标，按式(7-1)计算：

$$S_i=\frac{S_{xi}}{S_{oi}} \tag{7-1}$$

对指标数值越小越符合清洁生产要求的指标，按式(7-2)计算：

$$S_i=\frac{S_{oi}}{S_{xi}} \tag{7-2}$$

式中　S_i——第 i 项评价指标的单项评价指数；

S_{xi}——第 i 项评价指标的实际值；

S_{oi}——第 i 项评价指标的基准值。

当可能出现 S_{xi} 远大于[采用式(7-1)计算]或远小于评价基准值[采用式(7-2)计算]的情况时，计算结果会偏离实际情况，对其他评价指标单项评价指数的作用产生干扰，需要对 S_i 值幅度范围进行限制。限制方法可根据行业特点予以确定并加以具体说明。

定量评价指标考核总分值按式(7-3)计算：

$$P_1 = \sum_{i=1}^{n} S_i \cdot K_i \tag{7-3}$$

式中　P_1——定量评价考核总分值；

n——参与考核的定量评价的二级指标项目总数；

S_i——第 i 项评价指标的单项评价指数；

K_i——第 i 项评价指标的权重值。

由于企业因自身统计原因值所造成的缺项，该项考核分值为零。

（二）定性评价指标考核评分计算

定性评价指标考核总分值按式(7-4)计算：

$$P_2 = \sum_{j=1}^{n} F_j \cdot K_j \tag{7-4}$$

式中　P_2——定性评价的二级指标考核总分值；

F_j——第 j 项评价指标的单项评价指数；

n——参与考核的定性评价的二级指标总数；

K_j——第 j 项评价指标的权重值。

（三）综合评价指数的考核评分计算

综合评价指数是评价被考核企业在考核年度内清洁生产总体水平的一项综合指标，综合评价指数之差可以反映企业之间清洁生产水平的总体差距。综合评价指数按式(7-5)计算：

$$P=\alpha \cdot P_1+\beta \cdot P_2 \tag{7-5}$$

式中 P——企业清洁生产的综合评价指数；

α——综合评价时定量类指标采用的权重值；

P_1——定量评价指标的二级指标考核总分值；

β——综合评价时定性类指标采用的权重值；

P_2——定性评价指标的二级指标考核总分值。

(四) 确定企业清洁生产的等级

国家环境保护部颁布的行业清洁生产标准中规定了三级技术指标，即：一级(国际清洁生产先进水平)、二级(国内清洁生产先进水平)和三级(国内清洁生产基本水平)。而在国发展和改革委员会颁布的行业清洁生产评价指标体系中，根据综合评价指数将企业的清洁生产水平划分为两级，即国内清洁生产先进水平和国内清洁生产企业($P>80$)，而先进水平要求 P 值更大，按照行业的特点具体确定。按照现行环境保护政策法规以及产业政策要求，凡参评企业被地方环境保护主管部门认定为主要污染物排放未“达标”(指总量未达到控制指标或主要污染物排放超标)，生产淘汰类产品或仍继续采用要求淘汰的设备、工艺进行生产的，则该企业不能被评定为“清洁生产先进企业”或“清洁生产企业”。清洁生产综合评价指数低于 80 分的企业，应类比本行业清洁生产先进企业，积极推行清洁生产，加大技术改造力度，强化全面管理，提高清洁生产水平。

三、清洁生产审核

最有效的清洁生产措施是源头削减，即在污染发生之前消除或削减污染，这样会以较低的成本而取得较好的效果。而要达到该目标就必须搞清废物和排放物的起因和起源。企业在筹划、实施清洁生产之前，应对整个生产过程进行清洁生产审核，找出问题，以便针对性改正。

(一) 清洁生产审核的定义

清洁生产是一种高层次的带有哲学性和广泛适用性的战略，而清洁生产审核是一种在企业层次操作的环境管理工具，即审核的对象为企业。它是指按照一定程序，对生产和服务过程进行调查和诊断，找出能耗高、物耗高、污染重的原因，提出减少有毒有害物料的使用、产生，降低能耗、物耗以及废物产生的方案，进而选定技术经济及环境可行的清洁生产方案的过程。也就是说清洁生产审核由两部分(审和核)组成，“审”主要是列出企业物耗、能耗、水耗清单及污染源、有毒有害物清单，审查其产生部位、产生原因及与国家的法规是否符合；“核”主要是表现为清洁生产方案的实施效果的跟踪与验证。

(二) 清洁生产审核的思路

清洁生产审核的思路见图 7-2。

通过现场调查和物料平衡、水平衡、能量平衡就能在生产过程中找到废弃物产生的部位及确定数量。而在分析原因、寻找清洁生产方案时，一般要从八个方面加以考虑，如图 7-3 所示。再通过分析结果，设计相应的清洁生产方案，进行可行性分析，最终通过实施方案达到节能、降耗、减轻和清除污染的目标。

① 原辅材料和能源：由原材料和辅助材料本身所具有的特性，选择对环境无害的原辅

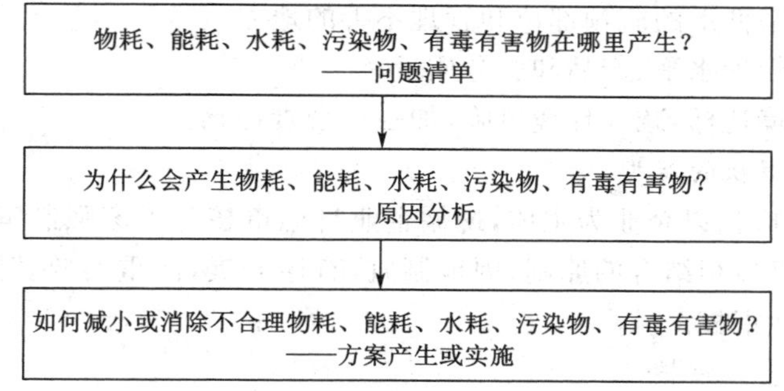

图 7-2　清洁生产审核思路

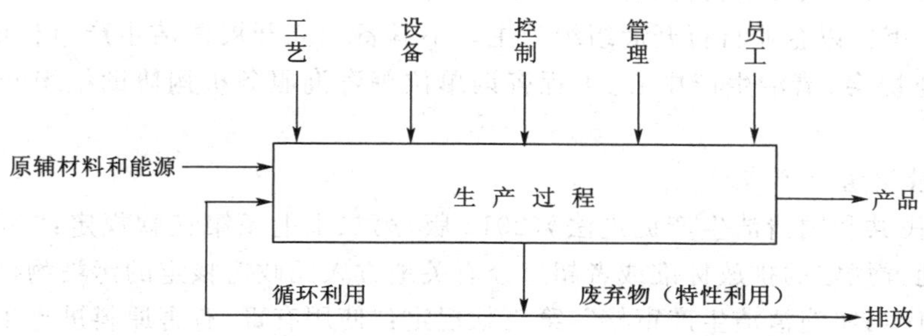

图 7-3　寻找清洁生产方案的八个方面

材料是清洁生产所要考虑的重要方面。

② 技术工艺：生产过程的技术工艺水平基本决定了废弃物的产生量和状态，结合技术改造来预防污染是实现清洁生产的一条重要途径。

③ 设备：设备的适用性及其维护、保养等均会影响到废弃物的产生。

④ 过程控制：过程控制中反应参数是否处于受控状态并达到优化水平或工艺要求，对产品的得率及废弃物的产生量具有直接的影响。

⑤ 产品：产品本身的要求决定了生产过程。产品性能、种类和结构等的变化往往要求生产过程做出相应的改变和调整，因而影响废弃物的种类和数量。

⑥ 废弃物：废弃物本身具有的特性和所处的状态直接关系到它是否可回收利用和循环使用。

⑦ 管理：加强管理是企业发展的永恒主题，任何管理上的松懈都会影响到废弃物的产生。

⑧ 员工：主要从人的素质和参与角度上讲。缺乏专业技术人员、熟练工和优良管理人员及员工缺乏积极性、责任心和进取精神都可导致废弃物的增加。

（三）清洁生产审核的作用

对于企业，通过实施清洁生产审核，可以实现以下目的：

① 确定企业有关单元操作、原材料、产品、用水、能源和废弃物的资料；

② 确定企业废弃物的来源、数量以及类型，确定废弃物削减目标，制定经济有效的削减废弃物产生的对策；

③ 提高企业对由削减废弃物获得环境和经济效益的认识和知识；

④ 判定企业效率低下的瓶颈部位和管理不善的地方；

⑤ 提高企业的管理水平、产品和服务质量；

⑥ 帮助企业环境达标，减少环境风险，加强社会责任感。

（四）清洁生产审核的类型

"清洁生产审核应当以企业为主体，遵循企业自愿审核与国家强制审核相结合，企业自主审核与外部协助审核相结合的原则，因地制宜，有序开展，注重实效。"因此清洁生产审核分为自愿性和强制性审核。

1．自愿性清洁生产审核

污染物排放达到国家或者地方排放标准的企业，可以自愿组织实施清洁生产审核，提出进一步节约资源、削减污染物排放量的目标。

清洁生产审核以企业自行开展组织为主。不具备独立开展清洁生产审核能力的企业，可以委托行业协会、清洁生产中心、工程咨询单位等咨询服务机构协助组织开展清洁生产审核。

2．强制性清洁生产审核

《中华人民共和国清洁生产促进法》(2012 版)第二十七条第三款规定："污染物排放超过国家或者地方规定的排放标准或者超过经有关地方人民政府核定的污染物排放总量控制指标的企业，应当实施清洁生产审核"，第三款规定："使用有毒、有害原料进行生产或者在生产中排放有毒、有害物质的企业，应当定期实施清洁生产审核，并将审核结果报告所在地的县级以上地方人民政府环境保护行政主管部门和经济贸易行政主管部门"。根据上述要求，以下三类企业必须实施清洁生产审核。

① 污染物排放超过国家和地方规定的排放标准或者超过经有关地方人民政府核定的污染物排放总量控制指标的企业，即超标排污企业；

② 使用有毒、有害原料进行生产的企业；

③ 在生产中排放有毒、有害物质的企业。

有毒有害原料或者物质主要指《危险货物品名表》、《危险化学品名录》、《国家危险废物名录》和《剧毒化学品目录》中的剧毒、强腐蚀性、强刺激性、放射性（不包括核电设施和军工核设施）、致癌、致畸等物质。

（五）清洁生产审核的程序

企业清洁生产审核包括以下六个阶段，各阶段主要内容和产出见图 7-4。

（六）清洁生产审核的特点

进行企业清洁生产审核是推行清洁生产的一项重要措施，它从企业的角度出发，通过一套完整的程序来达到预防污染的目的，具备以下特点。

① 具有鲜明的目的性。清洁生产审核特别强调节能、降耗、减污和增效，并与现代企业的管理要求一致。

② 具有系统性。清洁生产审核是一套系统的、逻辑缜密的审核方法。

③ 突出预防性。清洁生产审核的目的就是减少废弃物的产生，从源头开始在生产过程中削减污染，从而达到预防污染的目的，这个思想贯穿在整个审核过程中。

④ 符合经济性。污染物一经产生需要花费很高的代价去收集、处理和处置它，使其无害化，这也就是末端处理费用高，往往许多企业难以承担的原因，而清洁生产审核倡导在污

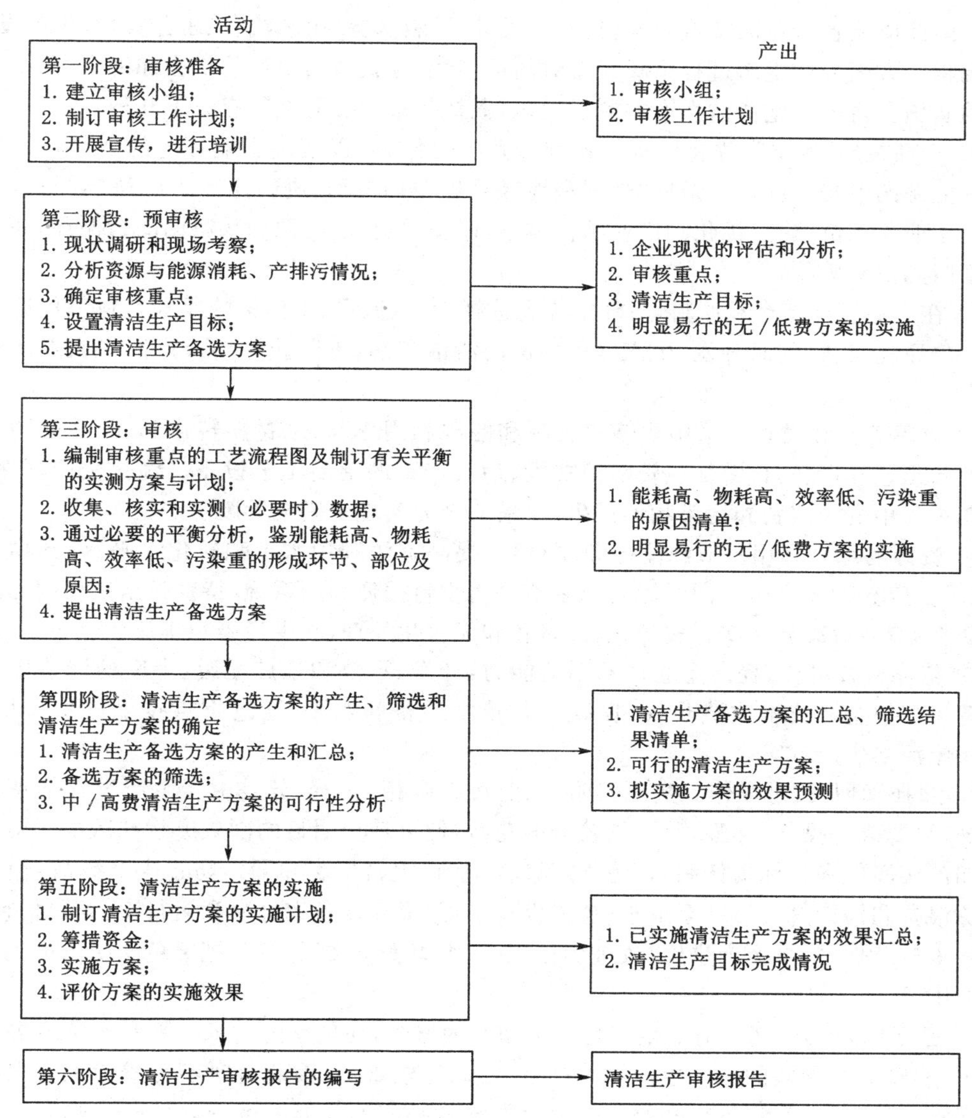

图 7-4　清洁生产审核程序框架图

染物产生之前就予以削减，不仅可减轻末端处理的负担，同时污染物在其成为污染物之前就转化成有用的原料，这相当于增加了产品的产量和生产效率。

⑤ 强调持续性。清洁生产审核十分强调持续性，无论是审核重点的选择还是方案的滚动实施体现了从点到面、逐步改善的持续性原则。

⑥ 注重可操作性。清洁审核最重要的特点是能与企业的实际生产过程和具体情况相结合。

四、清洁生产的实施途径

清洁生产是一个系统工程，是对生产全过程及产品的整个生命周期采取污染预防的综合措施，既涉及生产技术问题，又涉及管理问题。而工业生产过程千差万别，生产工艺繁简不一。因此应从各行业的特点出发，在产品设计、原料选择、工艺流程、工艺参数、生产设备、操作规程等方面分析生产过程中减污增效的可能性，寻找清洁生产的机会和潜力，促进清洁生产的实施。目前实施清洁生产的途径很多，概括起来主要的途径有以下几种：

① 合理布局，调整和优化经济结构和产业产品结构，以解决影响环境的"结构型"污染和资源能源的浪费。同时，在科学规划和地区合理布局方面，进行生产力的科学配置，组织合理的工业生态链，建立优化的产业结构体系，以实现资源、能源和物料的闭合循环，并在区域内削减和消除废物。

② 在产品设计生产和原料选择时，优先选择无毒、低毒、少污染的原辅材料替代原有毒性较大的原辅材料，同时开发、生产绿色环保的清洁产品，以防止原料及产品对人类和环境的危害。

③ 改革工艺和设备。采用能够使资源和能源利用率高、原材料转化率高、污染物产生量少的新工艺和设备，代替那些资源浪费大、污染严重的落后工艺设备。优化生产程序，减少生产过程中资源浪费和污染物的产生，尽最大努力实现少废或无废生产。

④ 资源的综合利用。节约能源和原材料，提高资源利用水平和转化水平，做到物尽其用，以减少废弃物的产生。同时尽可能多地采用物料循环利用系统，特别是组织厂内和厂际间的物料循环，对废弃物实行资源化、减量化和无害化处理，减少污染物排放。

⑤ 依靠科技进步，提高企业技术创新能力，开发、示范和推广无废、少废的清洁生产技术装备。加快企业技术改造步伐，提高工艺技术装备和水平，通过重点技术进步项目（工程），实施清洁生产方案。

⑥ 加强管理，改进操作。实践表明，工业污染有相当一部分是由于生产过程管理不善造成的，只要改进操作，加强管理，用较低的花费，便可获得明显的削减废物和减少污染的效果。如落实岗位和目标责任制，杜绝生产过程中的"跑、冒、滴和漏"，防止生产事故，使人为的资源浪费和污染排放量减至最小；加强设备管理，提高设备完好率和运行率；开展物料、能量流程审核；科学安排生产进度，改进操作程序；组织安全文明生产，把绿色文明渗透到企业文化之中等。

⑦ 必要的末端处理。清洁生产是一个相对的概念，在现有的技术水平和经济发展水平条件下，实现完全彻底的无废生产和零排放，还是比较难的，因此有时不可避免地会产生一些废弃物，对这些废弃物进行必要的处理和处置是必需的。但要区分此处的末端处理与传统概念中的末端处理是不同的，前者只是一种采取其他预防措施之后的最后把关措施，而后者在处理废物上一直处于首要地位。

第三节　循环经济

资源环境对经济发展约束的加剧，使传统经济发展模式面临增长的极限，循环经济应时而生，在国际社会迅速而蓬勃地发展起来。

一、循环经济的起源

（一）传统经济发展模式的增长极限

经济增长通常是指在一个较长的时间跨度上，一个国家人均产出（或人均收入）水平的持续增加。经济增长是否有极限在经济学界还是一个存在争议的问题，但美国经济学家梅多斯在1972年通过用电子计算机分析影响经济增长的五个因素(即人口增长、粮食供应、资本投资、环境污染和能源消耗)后,在《经济增长极限》一书中提出了经济增长极限理论。而经济增长从物质形态来说无非就是对已有的物质形态加以转换,使其更适于人生存的目的。地球的资源与环境承载力是有限度的,这就决定了经济增长的最大极限。

传统经济发展模式是工业文明以来的“资源—生产—消费—废弃物排放”的单向线性物质流动的经济模式,这种模式具有以下特点:是一种以高速增长为主要目标的赶超型发展模式;是一种经济结构倾斜型的发展模式,其实质上是以农业、轻工业等产业部门的缓慢发展为代价的;是一种粗放型发展模式,其显著特征是追求外延型扩大再生产方式,通过大量的劳动力和资金的投入来不断增加产品数量;是一种封闭式的经济发展模式。正是工业革命以来人类追求和坚持这种“高开发、高投入、高消耗、高排放、高污染”的传统经济发展模式,是地球承载力被逾越的深刻根源。

(二)新的经济发展模式的探索

1. 末端治理方式

自20世纪30～60年代“八大公害”事件相继发生后,人们开始重视治理环境污染的技术与设备,从20世纪60年代起,美国、欧洲和日本等一些发达国家普遍采用末端治理的方法进行污染防治。末端治理主要是指在生产过程的末端,针对产生的污染物开发并实施有效的治理技术。但随着时间的推移、工业化进程的加速,末端治理的局限性也日益显露,首先,处理污染的设施投资大、运行费用高,使企业生产成本上升,经济效益下降;其次,末端治理往往不是彻底治理,而是污染物的转移,如烟气脱硫、除尘形成大量废渣,废水集中处理产生大量污泥等,所以不能根除污染;再者,末端治理未涉及资源的有效利用,不能制止自然资源的浪费。所以,要真正解决污染问题需要实施过程控制,减少污染的产生,从根本上解决环境问题。

2. 清洁生产方式

清洁生产的本质在于源头削减和污染预防。首先,它侧重于“防”,从产生污染的源头抓起,注重对生产全过程进行控制,强调“源削减”,尽量将污染物消除或减少在生产过程中,减少污染物的排放量,且对最终产生的废弃物进行综合利用。其次,它从产品的生态设计、无毒无害原辅材料选用,改革和优化生产工艺和技术设备、物料和废弃物综合利用等多环节入手,通过不断优化管理和技术创新,达到“节能、降耗、减污、增效”的目的,在提高资源利用效率的同时,减少污染物的排放量,实现经济效益与环境效益的双赢。相对末端治理而言,注重源头预防的清洁生产则是实现经济与环境协调发展的一种更好的选择。

3. 可持续发展

可持续发展就是转向更清洁、更有效的技术,尽可能接近“零排放”或“密闭式”的工艺方法,尽可能减少能源和其他自然资源的消耗。可持续发展注重经济数量的增长,更关注经济增长质量的提高。它的标志是资源的永续利用和良好的生态环境,目标是谋求社会的全面进步。目前,可持续发展已经成为许多国家制定政策的指导思想,也是人类寻找新的经济发展模式的指导思想和方向目标。

面对经济发展与环境冲突在世界范围内出现的问题,一些发达国家提出变革传统的经济发展模式。在20世纪60年代美国经济学家鲍尔丁提出了“宇宙飞船理论”,他认为,地球就像在太空中飞行的宇宙飞船,要靠不断消耗和再生自身有限的资源而生存,如果不合理开发资源、破坏环境，就会走向毁灭。这是循环经济思想的最初萌芽，直到20世纪90年代，特别是可持续发展战略成为世界潮流的近些年，环境保护、清洁生产、绿色消费和废弃物的再生利用等才整合为一套系统的以资源循环利用、避免废物产生为特征的循环经济战略。

综上所述，循环经济的产生过程就是人类对经济发展和环境保护问题的认识的发展过程，经历了从“排放废物”到“净化废物”再到“利用废物”。

二、循环经济的内涵、特征与原则

（一）循环经济的定义及内涵

“循环经济”术语在中国出现于20世纪90年代中期，许多学者已从资源综合利用、环境保护、技术范式、经济形态和增长方式、广义和狭义等不同角度对其作了多种解释，但迄今为止，还没有一个完全一致的概念。目前应用较多的是国家发展和改革委员会对循环经济下的定义：“循环经济是一种以资源的高效利用和循环利用为核心，以‘减量化、再利用、资源化’为原则，以低消耗、低排放、高效率为基本特征，符合可持续发展理念的经济增长模式，是对‘大量生产、大量消费、大量废弃’的传统增长模式的根本变革。”与传统经济发展模式不同，循环经济倡导的是一种与环境和谐的经济发展模式。它要求把经济活动组织成一个“资源生产消费废弃物排放再生资源”的反馈式流程，其特征是低开采、高利用、低排放。所有的物质和能源要能在这个不断进行的经济循环中得到合理和持久的利用，以把经济活动对自然的影响降低到尽可能小的程度。循环经济按照自然生态系统物质循环和能量流动规律重构经济系统，使经济系统和谐地纳入到自然生态系统的物质循环的过程中，建立起一种新形态的经济。

循环经济的核心内涵是资源的循环利用，为了达到此目的，必须着力构建三个层次的产业体系：① 企业层面的循环经济要求实现清洁生产和污染排放最小化；② 区域层面的循环经济要求企业之间建立工业生态系统或生态工业园区，实现企业间废物相互交换；③ 社会层面的循环经济要求废物得到再利用和再循环，产品消费过程中和消费后进行物质循环。

（二）循环经济的特征

循环经济作为一种科学的发展观和一种全新的经济发展模式，具有自身的独立特征，主要体现在以下几个方面：

① 循环经济是一种新的系统观。循环是指在一定系统内的运动过程，该系统是由经济、自然生态系统和社会构成的大系统。循环经济观要求人在考虑生产和消费时不再置身于这一大系统之外，而是将自己作为这个大系统的一部分来研究符合客观规律的经济原则。

② 循环经济是一种新的经济观。循环经济要求运用生态学规律，使经济活动不能超过资源承载能力，使生态系统平衡地发展。

③ 循环经济是一种新的价值观。循环经济不再像传统工业经济那样将自然作为“原料场”和“垃圾场”，而是将其作为人类赖以生存的基础，认为自然生态系统是人类最主要的价值源泉，是需要维持良性循环的生态系统；在开发技术工艺时不仅考虑其对自然的开发能力，而且要充分考虑到它对生态系统的修复能力，使之成为有益于环境的技术；在考虑人自身的发展时，不仅考虑人对自然的征服能力，而且更重视人与自然和谐相处的能力，促进人的全面发展。

④ 循环经济是一种新的生产观。传统工业经济的生产观念是最大限度地开发利用自然资源，最大限度地创造社会财富，最大限度地获取利润，不考虑生产过程的资源环境负荷。

而循环经济的生产观念是要充分考虑自然生态系统的承载能力，尽可能地节约自然资源，不断提高自然资源的利用效率，循环使用资源；创造良性的社会财富，以达到经济、社会与生态的和谐统一，使人类在良好的环境中生产生活，真正全面提高人民生活质量。

⑤ 循环经济是一种新的消费观。循环经济要求走出传统工业经济"拼命生产、拼命消费"的误区，提倡物质的适度消费、层次消费，在消费的同时就考虑到废弃物的资源化，建立循环生产和消费的观念。

（三）循环经济的原则

循环经济有三条基本原则，即减量化、再利用和资源化，简称"3R 原则"，循环经济要求以"3R 原则"为经济活动的行为准则，如图 7-5 所示。

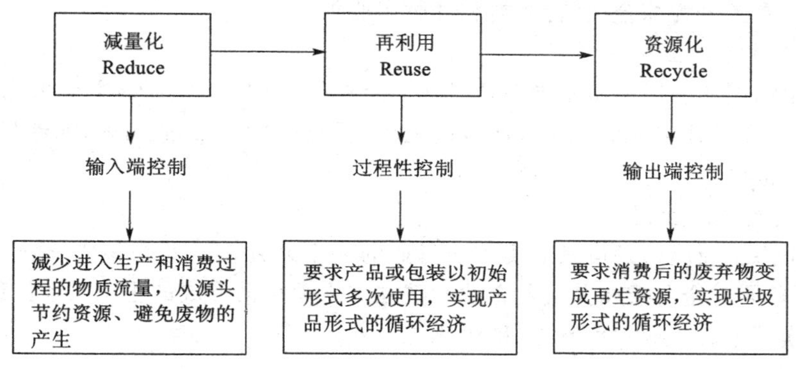

图 7-5　循环经济的 3R 原则

3R 原则是循环经济思想的基本体现，但 3R 原则的重要性并不是并行的。循环经济提倡以源头控制、节省资源消耗和避免废弃物产生为优先目标。我们要避免把循环经济片面理解为传统意义上的"三废"综合利用，认为是污染防治策略的一种翻版。事实上废物综合利用仅仅是减少废物最终处理量的有效方法之一，循环经济的根本目标是发展经济，废物的循环利用只是一种措施和手段，而投入经济活动的物质和所产生废弃物的减量化是其核心。3R 原则的优先顺序是：减量化→再使用→再循环利用，减量化原则优于再使用原则，再使用原则优于再循环利用原则，本质上再使用原则和再循环利用原则都是为减量化原则服务的。

三、循环经济与生态工业园区

循环经济本质上是一种生态经济，而生态工业园区是实现循环经济在区域层面的主要方式。生态工业园区是依据循环经济理念、工业生态学原理和清洁生产要求而设计建立的一种新型工业园区，它是继经济技术开发区、高新技术开发区之后我国第三代产业园区。它通过物流或能流传递等方式把不同工厂或企业连接起来，形成共享资源和互换副产品的产业共生组合。在产业共生组合中，模拟自然生态系统，建立"生产者—消费者—分解者"的物质循环方式，使一家工厂的废弃物或副产品成为另一家工厂的原料或能源，寻求物质闭环循环、能量多级利用和废物产生最小化，从而最大限度地提高资源利用率，从工业源头上将污染物排放量减至最低。

（一）生态工业园区的作用

① 科学指导工业集中区产业结构优化调整。

② 通过园区内各单元间的副产物和废物交换、能量和废水的梯级利用以及基础设施的共享，实现园区内资源利用的最大化、废物排放的最小化、节约物质能源消耗和改善了区域生态环境。

③ 增强了工业园区产业竞争力，带动区域经济发展。

④ 通过现代化管理手段、政策手段以及新技术（如信息共享、节水、能源利用、再循环和再使用、环境监测）的采用，保证园区的稳定和持续发展，改善区域人居环境，提高公众生态意识。

（二）生态工业园区的分类构建

生态工业园区按不同的要素，有多种分类方法，针对我国生态工业园区产业结构，可将我国生态工业园区分为综合类、行业类和静脉产业类三类。

1. 综合类生态工业园区

综合类生态工业园区是由不同工业行业的企业组成的工业园区，主要指在高新技术产业开发区、经济技术开发区等工业园区基础上改造而成的生态工业园区，如苏州工业园国家生态工业园示范区。

2. 行业类生态工业园区

行业类生态工业园区是以某一类工业行业的一个或几个企业为核心，通过物质和能量的集成，在更多同类企业或相关行业企业间建立共生关系而形成的生态工业园区，如贵阳开阳磷煤化工国家生态工业示范基地（磷煤化工行业）。

3. 静脉产业类生态工业园区

静脉产业（资源再生利用产业）是以保障环境安全为前提，以节约资源、保护环境为目的，运用先进的技术，将生产和消费过程中产生的废物转化为可重新利用的资源和产品，实现各类废物的再利用和资源化的产业，包括废物转化为再生资源及将再生资源加工为产品两个过程。静脉产业类生态工业园区是以从事静脉产业生产的企业为主体建设的生态工业园区，如青岛新天地静脉产业园。

因此，在充分运用产业（工业）生态学原理的基础上，要引入循环经济理念，有效推进工业园区的“生态化”进程。

截至 2010 年 6 月，环境保护部（原国家环保总局）和国家生态工业示范园区建设领导小组共批准了 46 个工业园区开展国家生态工业示范园区建设，其中行业类园区 10 个（涉及钢铁、能源、电解铝、氧化铝、制糖、造纸、化工、矿山开采、炼焦、环保产业等行业门类），综合类园区 35 个（国家级经济技术开发区、国家级高新技术产业高新区、保税区及省级开发区），静脉产业类园区 1 个。

（三）生态工业园区的评价指标体系

为规范生态工业园区建设、管理、验收和绩效评估，原国家环保总局于 2006 年 8 月 8 日首次发布我国生态工业园区标准，即《综合类生态工业园区标准（试行）》（HJ/T 274—2006）、《行业类生态工业园区标准（试行）》（HJ/T 273—2006）和《静脉产业类生态工业园区标准（试行）》（HJ/T 275—2006），从 2006 年 9 月 1 日起实施。这项标准对生态工业园区提出了基本要求：一是国家和地方有关法律、法规、制度及各项政策要得到有效贯彻执行，近年内未发生重大污染事故或重大生态破坏事件。二是环境质量达到国家或地方规定的环境功能区环境质量标准，园区内企业污染物达标排放，污染物排放总量不超过总量控制指标。三是《生态工业园区建设规划》已通过国家环保部门组织的论证，并由当地人民政府或人大批准实施。其中环境保护部于2009年修订了《综合类生态工业园区标准》，于当年6月23日实施。《综合类生态工业园区标准》（HJ 274—2009）规定了国家级和省级综合类生态工业园区验收的基本条件（7个）和由经济发展、物质减量与循环、污染控制和园区管理部分组成的26个指标。四是园区有环保机构并有专人负责，具备明确的环境管理职能，鼓励有条件的地方设立独立的环保机构。环境保护工作纳入园区行政管理机构领导班子实绩考核内容，并建立相应的考核机制。五是园区管理机构通过ISO14001环境管理体系认证。六是《生态工业园区建设规划》通过论证后，规划范围内新增建筑的建筑节能率符合国家或地方的有关建筑节能的政策和标准。七是园区主要产业形成集群并具备显著的工业生态链条。《行业类生态工业园区标准（试行）》（HJ/T 273—2006）规定了行业类生态工业园区验收的基本条件（3个）和由经济发展、物质减量与循环、污染控制和园区管理四部分组成的19个指标。《静脉产业类生态工业园区标准（试行）》（HJ/T 275—2006）规定了静脉产业类生态工业园区验收的基本条件和由经济发展、资源循环与利用、污染控制和园区管理四部分组成的20个指标。

这三项标准的发布实施，将进一步推动现有工业园区向生态化方向转型，不断提升园区的生态化水平，从总体上加速我国新型工业化的进程。

四、循环经济与绿色GDP

循环经济发展模式为传统经济模式的转化提供了理论基础，从理论上解决了资源的有限性和人类经济持续发展的矛盾。但传统的国民经济核算体系主要是以国内生产总值（GDP）来衡量一个国家的经济发展水平，也是衡量一个国家是否进步及其进步程度的最重要指标，然而进入20世纪70年代以来，随着人口的激增，对自然资源消耗和环境破坏的加剧，人们逐渐认识到传统的GDP指标体系已不能正确反映一个国家在经济、社会、文化等方面的进步程度及可持续发展能力，只反映了生态活动的正面效应而没有反映其负面影响，没有反映生态环境恶化带来的损失，这使得传统的国民经济核算体系具有相当的局限性，最重要的一个弊端是该核算体系没有把环境成本计算在内。循环经济的实施客观上要求有新的国民经济核算体系与之相适应。

（一）绿色GDP的定义

绿色GDP（绿色国民经济）是指一个国家或地区在考虑了自然资源（主要包括土地、森林、矿产、水和海洋）与环境因素（包括生态环境、自然环境、人文环境等）影响之后经济活动的最终成果，即将经济活动中所付出的资源耗减成本和环境降级成本从GDP中予以扣除，也就是在现行GDP中扣除自然资源耗减价值和环境污染损失价值后的剩余的国内生产总值。

研究和实施绿色GDP具有重要的意义：第一，有利于科学和全面地评价一个国家的综合发展水平。通过对环境污染和生态破坏的准确计量，就能知道为取得一定的经济发展成就会付出多大的环境代价，从而可以使人们客观和冷静地看待所取得的成就，及时采取措施降低环境损失。第二，绿色GDP有利于促进公众参与环境保护。绿色GDP是一套公开的指标，通过发布绿色GDP，可以更好地保护公众的环境知情权。同时，公众通过绿色GDP，能直接判断一个地区环境状况的变化，对政府环境保护工作进行监督，并积极参与环境保护事业。第三，绿色GDP有利于促进政府转变职能。政府的重要职能是向人民提供公共服务和公共管理。绿色GDP作为关系到一个地区综合发展水平的公共信息,必将促进政府更加关注本地的宏观发展战略,使政府从热衷于具体项目管理转向做好发展规划和创造更好的发展环境上来。

（二）绿色GDP在中国的实践

GDP与绿色GDP在发达国家的差距较小,在发展中国家的差距较大,原因是发展中国家的经济有相当一部分是依靠资源和生态环境的"透支"获得的,而"透支"的代价没有在GDP中反映出来。据世界银行估算,中国1995年空气和水污染造成的直接经济损失高达540亿美元,占当年GDP的8%。据《2010年中国可持续发展战略报告》显示:2007年中国GDP总量占世界比重为6.2%,但一次性能源消耗占世界比重为16.8%,粗钢占32.4%,工业用水量占21.5%,二氧化硫排放量占76.7%,化石燃料燃烧二氧化碳排放量占20.8%。因此片面强调GDP增长会助长盲目消耗资源、破坏环境,造成社会失衡,反过来又使GDP增长难以为继,所以从现行GDP中扣除环境资源成本和环境资源保护费用,即建立绿色GDP核算体系,不仅非常必要,而且十分迫切。我国绿色GDP核算的发展历程如下。

1. 绿色GDP概念的提出(1987年～1992年)

1987年世界环境和发展委员会提出"可持续发展"概念后,受到各国的普遍响应,于是对服务于"传统发展战略"模式的传统国民经济核算体系让位于服务于"可持续发展战略"模式环境经济综合核算制度展开了研究,我国也不例外。

2. 绿色GDP核算理论研究及试算、试点(1987年～2003年3月)

① 中国环境科学研究院开展的全国环境污染损失和生态破坏损失的评估;

② 1990年完成了《中国典型生态区生态破坏经济损失及其计算方法》的研究;

③ 1998年与世界银行合作,采用了世界银行"真实储蓄率"的概念,开展了真实储蓄率的核算以及在山东烟台和福建三明两个城市进行试点;

④ 2000年开始,与世界银行合作,开展中国环境污染损失评估方法的研究,研究并计划开展两个城市的试点;

⑤ 2003年开始,与国家信息中心合作,开展建立国家中长期环境经济模拟系统研究以及环境经济投入产出核算表。

3. 绿色GDP核算体系框架研究(2003年4月～2004年9月)

在此期间,国家环保总局和国家统计局联合成立绿色GDP联合课题小组,积极进行研究和试验,2004年9月提出了《中国资源环境经济核算体系框架》和《基于环境的绿色国民经济核算体系框架》,标志着具有中国特色的绿色国民经济核算体系框架已初步建立。

4. 试点核算(2004年10月～2006年6月)

经过准备,国家环保总局和国家统计局于2005年2月28日在北京市、天津市、河北省、辽宁省、浙江省、安徽省、广东省、海南省、重庆市和四川省十个省市启动了以环境核算和污染经济损失调查为内容的绿色GDP试点工作。经过两年半时间,国家环保总局和国家统计局于2006年9月7日联合向媒体发布了《中国绿色国民经济核算研究报告2004》,这是中国第一份有关环境污染经济核算的国家报告,也是第一份基于全国31个省份和41个部门的环境污染核算报告。该报告显示:2004年全国因环境污染造成的经济损失为5 118亿元,占GDP的3.05%。其中,水污染的环境成本为2 862.8亿元,占总成本的55.9%;大气污染的环境成本为2 198.0亿元，占总成本的42.9%；固体废物和污染事故造成的直接经济损失57.4亿元，占总成本的1.2%；虚拟治理成本(污染扣减指数)2 874亿元，占GDP的1.80%。2004年我国的经济增长率为10.1%，若以绿色GDP来核算，只有5.25%。由此可看出转变我国经济增长方式的重要性和必要性，同时我们要重点研究如何利用绿色国民经济核算结果来制定相关的污染治理、环境税收、生态补偿、领导干部绩效考核制度等环境经济管理政策。

(三) 绿色GDP全面实施存在的困难

由于绿色GDP核算在技术、观念和理论等方面还存在障碍，加之它本身的局限性，要全面实施绿色GDP核算还有很长一段路要走。我国也仅公布了2004年的绿色GDP核算报告，2005年的绿色GDP核算报告已完成但由于各种原因没有公布，但从2007以后有关绿色GDP的测算工作停止，国家统计局在地方的绿色GDP试点也被叫停，与国家环境保护部的合作研究也终止。主要原因是，实际资源和环境实物量的测算存在难度，而对于经济影响的价值量测算，难度更大。

五、循环经济在中国的实施与发展

在资源与环境的巨大压力下，中国政府已经把发展循环经济，建立节约型社会，作为全面建设小康社会的必由之路。

(一) 中国循环经济发展的历程

1. 理念倡导(20世纪末到2002年)

在此阶段，环保部门开始倡导循环经济的理念，2002年开始得到国家领导人的重视，江泽民同志于2002年10月16日在全球环境基金第二届成员国大会的讲话中指出，只有走最有效利用资源和保护环境为基础的循环经济之路，可持续发展才能得以实现。

2. 国家决策，循环经济成为国家发展的一项重大措施(2003年～2006年)

环保部门开展区域循环经济试点和生态工业园区试点。2005年7月国务院发布了《国务院关于加快发展循环经济的若干意见》，这份文件成为中国发展循环经济的纲领性文件，提出了发展循环经济的指导思想、基本原则和主要目标。温家宝总理在2006年第六次全国环境保护大会上强调做好新形势下的环保工作，关键是要加快实现三个转变。胡锦涛总书记在中国共产党第七次全国代表大会上，提出建设生态文明，将发展循环经济作为生态文明建设的重要内容。

3. 全面试点示范(2006年至今)

国家发展和改革委员会同国家环保总局、科技部、财政部、统计局等有关部门于2005年10月发布了在重点行业、重点领域、产业园区和省市组织开展循环经济试点工作的《循环经济试点工作方案》，确定了国家循环经济试点单位(第一批)，2007年12月开始第二批循环经济试点工作。

4. 全面推进阶段(2009年至今)

2008年8月29日，全国人民代表大会通过了《中华人民共和国循环经济促进法》(简称《循环经济促进法》)，并于2009年1月1日起开始实施。这表明了中国对发展循环经济的高度重视，也是继德国和日本之后，世界第三部由国家立法机构正式制定的国家循环经济法，标志着循环经济已上升到基本国策的重要地位。循环经济试点数量和范围迅速增多和扩大，覆盖26个省市和众多企业。国家发展和改革委员会表示，在“十二五”内，循环经济将从试点走向示范和全面发展，我国将在循环经济领域实施“十百千”行动，即建设循环经济10大工程，创建100个循环经济示范城市和乡镇，培育1 000家循环经济示范企业。

（二）中国循环经济发展的成效

1. 促进了节能减排工作

循环经济战略的实施大大促进了中国的节能减排工作。“十一五”前四年，全国单位国内生产总值能耗下降14.38%，节能约4.5亿t标准煤；化学需氧量排放量下降9.66%；二氧化硫排放量下降13.14%，提前一年实现“十一五”减排目标。

2. 提高了资源利用率和供给的可持续性

循环经济的重要效果是提高了废弃物资源利用率，减少了废弃物排放量和最终处理量，减轻了经济增长的环境负荷，大大降低了环境污染，节省了末端废弃物处理成本，直接和间接节省了大量能源消耗，降低了温室气体排放。“十一五”期间，我国工业固体废物综合利用量从2005年7.7亿t增加到2010年的15.2亿t，综合利用率由55.8%提升至69%；截至2010年，我国煤矸石、粉煤灰、钢铁渣、尾矿、工业副产石膏的综合利用量分别达到4亿t、3亿t、1.8亿t、1.7亿t和0.5亿t，再生资源的回收利用量达到1.4亿t。

3. 提高了经济效益

对循环经济试点单位的初步评估表明，多数企业在企业内部或企业之间发展循环经济产业链，获得了明显的经济效益。如钢铁联合企业利用高炉余压发电（TRT）和焦化煤气、高炉煤气、转炉煤气联合发电，发电成本低于0.2元/(kW·h)，投资回收期仅约为3年；利用火力发电厂粉煤灰、高炉水渣和转炉渣制水泥，使每吨水泥的成本降低约80元，而且节省了过去处理这些固体废弃物的费用。工业企业循环经济的实践证明，很多环节的循环经济具有较高的经济可行性，可以做到“既循环，又经济”。

4. 催生了一批新技术

在中国循环经济发展的实践中，催生了一批新技术，也促进了一批成熟技术在资源循环利用中的扩散和应用。仅以山东三家循环经济试点企业为例即可见一斑。山东泉林纸业集团独立自主开发了具有自主知识产权的草浆原色纸生产技术体系，彻底改变了草浆造纸高污染低效益的现状；山东莱钢应用转底炉技术处理钢铁厂含铁粉尘，解决了保护高炉炉衬的问题；山东新汶矿业集团几年来共完成各类技术攻关、新技术推广及系统优化项目800余项，自主研发了一系列具有自主知识产权的循环经济关键技术，提高了循环经济的经济效益和物质再生利用效率。

5. 增加了大量就业机会

中国从事城乡废弃物回收、仓储、分类、运输、再生利用、咨询服务、加工和贸易的总就业人数约有5 000万人，约占全国就业劳动力总量的6%。企业由于发展循环经济而增添了新的生产工序，延长了产业链，增加了产品生产种类，扩大了生产规模，提供了大量新的就业岗位。例如，山东省日照市有很多家庭式小石材加工厂，排放大量碎石废料，对环境造成很大污染，填埋碎石要占用土地，关闭这些小厂又会使很多人失业。最终在日照市政府支持下，建立了利用碎石废料制造人造建材的新工厂，不仅增加了就业岗位，而且保护了环境，促进了经济增长。

6. 初步形成了基于循环经济的绿色发展文化和意识

2004年以来，中国从党和国家最高领导层到企业和居民，已逐步建立大力发展循环经济、建立资源节约型和环境友好型社会、实现可持续发展的文化理念，循环经济理念正在渗透到社会各领域，并已转变为多数人的实际行动。基于循环经济的绿色发展、循环发展、清洁发展、低碳发展、可持续发展理念已经深入人心。

（三）成功的循环经济微观模式

几年来，在企业、行业、工业园区、城市层面上发展循环经济的实践中形成了很多成功的微观循环经济模式。具有典型性的有以下 12 种模式。

1. 钢铁行业长流程循环经济联合体模式

在钢铁行业的企业层次上，已形成以上海宝钢为代表的建立在全面现代化先进技术体系基础上实现循环经济，以山东济钢为代表的传统技术改造升级发展循环经济的长流程钢铁行业循环经济典型模式。这种模式将炼焦、炼铁、炼钢、轧钢、电力、建材、化工等集成为一体化的跨行业综合循环经济联合体，实现了余压余热梯级利用、污水分级循环利用、煤气回收综合利用、固体废弃物全面回收利用。

2. 生态型矿山高效开采与资源能源跨行业综合利用循环经济联合体模式

在煤炭行业的企业层次上，形成了以山东新汶矿业集团为代表的集煤炭开采、废弃物综合利用、低质煤和煤矸石发电、矿渣煤灰制建材、设备再制造、余热地热利用、残煤资源地下气化回收利用、生态恢复建设为一体的生态学型矿山高效开采与资源能源跨行业综合利用循环经济联合体模式。实现了煤矸石和煤泥发电、热冷电三联供、粉煤灰和煤矸石制新型建材业、矿井水循环利用、煤矸石流体回填矿井、矿井地热利用、协助造纸厂处理造纸黑液、矿山设备再制造、地下煤气化回收残煤资源等多项系列技术创新。

3. 水泥协同处理城市危险废物及工业固体废弃物联合体模式

在水泥行业的企业层次，形成了以北京水泥厂为代表的利用水泥炉窑协同处理城市污水处理厂污泥、医疗垃圾等危险废弃物、粉煤灰等工业固体废弃物和余热梯级利用、水资源循环利用等为一体的循环经济模式。

4. 原料多级利用化工联产无废化循环经济模式

在化工行业的企业层次上，形成了以山东海化、鲁北化工等为代表的集原材料多级循环利用、副产品纵向延伸和横向拓展开发循环利用、余热梯级利用、固废和污水零排放等为一体的跨化工、电力、建材等行业的循环经济联合体模式。通过技术集成开发形成了多系列产品，扩展了企业规模，增加了就业。

5. 节水型工农业复合集成循环经济模式

在农村，形成了以广西北海市东园家酒生态农业园为代表的节水型工农业复合集成循环经济模式。这种模式实施基于“五化农业”（规模化、设施化、品牌化、生态化、循环化），将种植业、饲料工业、食品工业、养殖业、农产品加工产业、沼气等生物能产业、高效有机肥产业、林业、林产品加工业、太阳能利用、节水技术、农业废弃物再生利用等产业和技术进行高效集成，具有经济效益高、环境保护好、生态效果突出的特点。可以同时实现农业升级增产、农民就业增收、农村能源革命、食品高质安全、水源高效低耗、资源节约循环、土地集约利用、碳素高效循环、生态环境保护、应对气候变化等多重目标。

6. 工农业一体化低碳绿色草浆造纸循环经济模式

山东泉林纸业集团通过引进技术与自主创新相结合，开发了以草浆原色制浆新技术为核心的循环经济技术体系，并与发电厂耦合进行水资源循环利用、碱回收循环利用、黑液污泥回收制造有机肥、原色纸开发、包装物回收利用等为一体的低污染草浆清洁造纸循环经济模式。这一模式既利用了农业秸秆等废弃物，保护了环境，又替代了木浆造纸，节省了森林资源，是一种间接的低碳造纸循环经济模式。

7. 热电联供、海水淡化、建材共生零排放循环经济模式

在电力行业形成了以天津北疆电厂为代表的以发电为龙头，集发电、供热于一体，余热梯级利用，海水淡化循环利用，浓海水制盐和苦卤，脱硫石膏和粉煤灰制造建材综合利用，是燃煤火电厂典型的循环经济模式。

8. 多品种伴生矿综合回收循环经济模式

甘肃省金川集团公司是以金属镍采矿和冶炼为主的有色金属企业，但其矿石资源中含有铜、钴、银、硒、铂、钯、金、锇、铱、铑、铁等多种有色金属和黑色金属，一些金属的含量很低，矿山中67%为贫矿。金川公司通过全面发展循环经济，实施分级冶炼和分品种冶炼回收各种金属。在生产过程中，对废水、废渣、废气、各种副产品进行全面回收，通过技术创新进行循环利用，余热梯级利用，形成了以镍为主，多种有色金属冶炼、化工、建材、黑色金属冶炼等跨行业多产品的综合循环经济联合体，基本实现了废弃物零排放。

9. 产业集聚共生的大型石油天然气化工循环经济园区模式

在工业园区层次上，形成了以按照循环经济原理新兴建的上海化工园区为代表，多产业共生、统一打造循环经济公共平台，在园区范围内不同企业间构建循环经济体系的大型石油天然气化工循环经济园区模式。在园区内以石油天然气化工为主导的产业共同集聚、跨行业多产业耦合、多企业联网、多产品共生、资源和废弃物循环利用与无害化处理相结合，在数公里范围内实现多产业的物质综合循环利用。

10. 工业园区与城市一体化循环经济模式

苏州工业园区按照循环经济进行产业组织结构设计和资源布局，统一建设循环经济与环境保护基础设施体系，实现企业共用循环经济服务平台，并与园区所在的苏州市进行连接，形成统一的物流管理体系，实现污水、废弃物等统一回收、统一分类处理和循环利用。在苏州区行政管辖范围内，形成了苏州市工业园区与城市一体化的大循环经济模式。

11. 汽车厂商与高技术研发部门合作的功能增强型再制造模式

中国重汽济南复强动力有限公司与装备再制造技术国防科技重点实验室合作，以具有自主知识产权的先进自动化再制造关键技术作为支撑，运用纳米技术和自动化微束等离子弧熔覆技术，对旧发动机零部件表面进行熔覆，实现零部件表面修复，使再制造的发动机质量和功能不低于甚至高于新发动机，但成本只有新制造发动机的50%。与制造新发动机相比，节能60%，节材70%，形成了具有中国特色的功能增强型产品再制造循环经济模式。

12. 全程严密监管的“圈区管理”再生资源专业园区模式

一直以来，中国的废弃物再生领域一直被严重的二次污染所困扰。经过几年的治理整顿，中国已探索出产业集聚的“圈区管理”再生资源专业园区模式。这种模式运用先进的电子监控技术，对进出园区的所有物流进行全程监控，对废旧产品的拆解、处理进行全程监控管理，实施严格的环境保护措施，使废旧资源再生利用产业进入清洁生产管理体系。浙江台州再生金属园区、山东烟台绿环再生资源园区、青岛新天地废旧家电和电子废弃物再生利用园区等都实行了这种模式。

第四节　清洁生产和循环经济的实例

一、某纸业公司清洁生产审核实例

（一）企业简介

某纸业有限公司始建于1999年8月，是按照现代企业制度建立的国有控股造纸企业，现有员工1 000余人，年生产能力10万t。主要产品是A、B级文化用纸、高强瓦楞纸、卫生纸等3个系列28个品种，主要原材料为麦草、杨木浆和商品木浆。主要生产线为1条年产3.4万t连蒸精制漂白麦草浆生产线、1台年产4.5万t文化用纸的2640/500长网多缸造纸机，4台2640型长网8缸造纸机，2台1760型长网8缸造纸机，4台1575型圆网（单）多缸造纸机。配套有国内先进水平的100 t/d碱回收系统，日处理中段废水3万m^3的污水处理厂，自备热电厂正在建设中。该公司于2003年通过ISO9000质量管理体系认证，产品被评为河南省造纸行业十大名牌产品；2004年7月通过国家环保总局环保验收，同年12月通过河南省环保局清洁生产审核验收；2005年5月通过ISO14001环境管理体系认证。

（二）清洁生产审计过程

1．筹划与组织

对该纸业公司的领导层大力宣传了《中华人民共和国清洁生产促进法》和开展清洁生产审核工作的必要性，宣讲了清洁生产审核不仅能提高企业环境管理水平；提高原材料、水、能源的使用效率，降低成本；减少污染物的产生和排放量，保护环境，减少污染处理费用；提高职工素质和生产效率，而且能推动企业技术进步，树立企业形象，扩大企业影响，提高企业无形资产。在企业取得经济效益的同时，还能取得很好的环境效益和社会效益。宣传企业开展清洁生产审核工作宜早不宜迟，应积极配合河南省环保局做好首批清洁生产审核企业试点工作。

（1）成立审核小组

该纸业公司成立了清洁生产审核小组，组长由该公司总经理亲自担任，副组长由主管生产、技术副总经理担任，成员由各车间主任及有关部门主管组成，各车间兼职人员1名。同时还成立了清洁生产办公室，主任由该公司环保处长担任，设专职人员2名，生产技术工艺员和环保工艺员各1名。河南省轻工业科学研究所成立了由若干名造纸和环保专家为成员的清洁生产审核专家小组。

（2）制订工作计划

该纸业公司清洁生产审核小组成立后，制定了详细的清洁生产审核工作计划，使审核工作按一定的程序和步骤进行，清洁生产审核工作计划包括审核过程的所有主要工作。审核工作计划要求审核小组、各车间、各部门各司其职，落实到人，相互协调，密切配合，使得审核工作按计划进度顺利实施。

2．预评估

（1）现状和现场调查

结合该纸业公司现状，审核小组到生产现场作进一步深入细致调查，发现生产过程中存在以下主要问题。

① 备料车间是生产过程的“瓶颈”，切草能力不够，已严重影响正常生产，亟须解决。

② 制浆车间漂白工段没有逆流洗涤，清水耗量大和废水排放量大。

③ 黑液提取率低且稀黑液量大，碱回收车间蒸发工段负荷加重，造成碱回收率低、苛化率低，白泥造成二次污染。

④ 纸机白水没有全部回用，除自身利用一小部分外，其余排入中段水车间。

⑤ 各车间所有泵的机封水没有回收，造成很大浪费。

⑥ 老生产线烘缸冷凝水没有回收利用，造成蒸汽消耗量大；两台 10 t/h 锅炉粉尘污染较严重。

⑦ 污水处理厂有时废水量大，造成污水排放不能稳定达标。

(2) 确定审核重点

在查明该公司生产中现存问题和薄弱环节后，确定以下审核重点：污染物产生量大、排放量大的环节；严重影响或威胁正常生产，构成生产"瓶颈"的环节；一旦采取措施，容易产生显著环境效益和经济效益的环节。把备料车间、制浆车间、碱回收车间、纸机白水、泵的机封水和污水处理厂确定为本轮备选审核重点。再采用权重总和记分排序法，考虑到环境、经济、解决生产"瓶颈"、实施等方面因素，对备选审核重点进行记分排序，确定节水(减少进入污水处理厂的废水量)、减污(提高黑液提取率、碱回收率和苛化率)及提高切草能力作为本轮清洁生产审核重点。

(3) 设置清洁生产目标

结合该纸业公司具体生产情况，以原国家环保总局对《清洗生产标准　造纸工业　漂白化学烧碱法麦草浆生产工艺》要求为主要依据，设置该公司近期、中期及远期清洁生产目标。近期：通过本轮清洁生产审核，达到国家清洁生产三级标准；中期：2005 年 12 月，达到国家清洁生产二级标准，白水回用率 100%；远期：2010 年，达到国家清洁生产一级标准。

(4) 提出和实施无费、低费方案

该纸业公司本轮清洁生产审核，审核小组提出和征集无费、低费方案 56 个，其中可行的无费、低费方案 44 个，已实施 38 个。审核小组本着清洁生产边审核边实施的原则，以及时取得成效，并广泛宣传，以推动清洁生产审核工作的顺利按时完成。

3. 评估

审核小组通过对该纸业公司本轮审核重点的物料平衡和水平衡，发现该公司物料流失环节，找出污染物产生的原因，查找物料储运、生产运行与管理和过程控制等方面存在的问题，以及与国内外先进水平的差距，该纸业公司本轮清洁生产审核重点如下：节水、降污。即降低公司主要生产车间清水用量，减少末端治理前废水量及污染物含量；提高黑液提取率和碱回收率。解决生产过程"瓶颈"问题，提高切草能力。节水、降污主要从生产过程产生的不正常废水排放着手，包括黑液、中段水(漂白废水)、白水三个方面。其中黑液提取涉及制浆洗选工段，中段废水涉及制浆车间漂白工段，白水涉及造纸车间，提高切草能力涉及备料车间。由于提高白水回用率和提高切草能力问题单一，原因明确，因此，对审核重点分析侧重于黑液及中段废水，提出了改造黑液提取和漂白洗涤的清洁生产方案。

4. 方案产生和筛选阶段

(1) 方案的产生

该纸业公司本轮审核所产生的无费、低费、中高费清洁生产方案，依据以下几个方面：

① 审核小组在全公司范围内进行宣传动员，制定奖励措施，鼓励全体员工提出清洁生

产合理化建议。

② 根据物料(水)平衡计算和针对废物产生原因分析产生清洁生产方案。

③ 广泛收集国内外同行业先进技术,结合该公司实际生产情况产生清洁生产方案。

(2) 方案汇总

该纸业公司本轮清洁生产审核,审计小组共提出清洁生产方案共 63 个,包括已实施的、未实施的、属于审核重点的、非重点的。其中无费、低费方案 56 个,可行的无费、低费方案 44 个,已实施无费、低费方案 38 个;中高费方案 7 个。

(3) 方案筛选

方案筛选主要针对清洁生产方案汇总中技术较为复杂、实施难度较大、周期性较长、投资额较高、对生产工艺过程有一定影响的中高费方案,本轮清洁生产方案中有 7 个中高费方案,经过筛选可行的有 3 个。

5. 可行性分析

通过对该纸业公司本轮清洁生产方案中 7 个中高费方案的环境评估、技术评估和经济评估及可行性研究,其中可行的 3 个分别如下:

① 在原(3+1)真空洗浆机提取黑液前面增加 1 台双辊挤浆机,以提高黑液提取率和黑液浓度。

② 对纸机白水在原多盘真空过滤机(或斜筛)后增加超效浅层气浮装置,使白水回用率达到 100%。

③ 增加两台 12 t/h 切草机,提高切草能力,解决备料工段“瓶颈”问题。

其中①号和②号于 2004 年 12 月已实施完毕,③号于 2005 年实施。

6. 本轮清洁生产审核方案实施效果

该纸业公司通过本轮清洁生产审核,已实施的清洁生产方案取得了较为显著的经济效益、环境效益和社会效益。

① 经济效益。通过统计分析、实测和计算,对比清洁生产方案实施前后产量、原辅材料消耗、能源消耗、水耗、废水排放量、废水处理费以及产值和利税等经济指标的变化,获得直接经济效益 181.112 万元。

② 环境效益。该公司废水日排放量 8 000 m^3,环保管理得到了大大提高,上了一个新台阶。环境指标和环境效益成果如表 7-2 所示。

表 7-2　　公司清洁生产方案实施前后环境效益对比表

单位产品指标	审计前	审计后	差值	清洁生产三级标准
吨浆取水量/m^3	126	88	44	80～110(含)
碱回收率/%	72	73.5	1.5	70(含)～75
吨浆废水排放量/m^3	116.25	80	36.25	70～100(含)
吨浆 COD/kg	205.6	191	14.6	200～250
吨浆 BOD_5/kg	64.5	61.7	2.6	(含)
吨浆 SS/kg	140.43	110.5	29.93	60～75(含)
吨纸耗煤/t	1.365	1.349	0.016	80～120(含)

③ 社会效益。《中华人民共和国清洁生产促进法》得到了宣传、贯彻和落实，使公司全体员工对开展清洁生产和清洁生产审核有了较深入的了解和认识，环保意识得到了进一步提高；对河南省开展清洁生产和清洁生产审核起到了积极的推动作用，2005 年 5 月该纸业公司被河南省环保局评为“清洁生产示范单位”，树立了公司良好的社会形象。

7. 持续清洁生产阶段

(1) 建立清洁生产组织

该纸业公司设立的清洁生产办公室，为该公司的常设机构，归公司总经理直接领导。负责协调清洁生产日常工作，设立两名专职人员，具体落实执行清洁生产各项工作。该公司建立和完善清洁生产管理制度，把清洁生产管理制度包括把审核成果纳入公司的日常管理轨道，建立激励机制和保证清洁生产资金来源。

(2) 制订持续清洁生产计划

清洁生产并非一朝一夕即可完成，根据该纸业公司实际情况，制订相应持续清洁生产计划，使清洁生产有组织、有计划地持续开展下去。该纸业公司新一轮持续清洁生产计划如下。

① 统计分析、对比评估已完成的两项中高费方案的实施效果；

② 继续完成另一项中高费方案，纸机白水回收利用技术改造，增加超效浅层气浮装置，提高白水回用率；

③ 改造黑液提取工段，在真空洗浆机组后面，再增加 1 台双辊挤浆机，进一步提高黑液提取率和黑液浓度，减轻蒸发工段负荷，提高碱回收率，降低生产成本，同时降低中段废水浓度，从而降低污水处理费用；

④ 改造苛化工段，增加 1 台白泥洗涤机，提高苛化率，降低白泥残碱含量，上马白泥制碳酸钙技术，杜绝白泥二次污染；

⑤ 改进和采用先进的连蒸和漂白工艺技术，减少废水排放量；

⑥ 加快自备电厂建设(正在施工中)，淘汰老生产系统的 2 台老式 10 t/h 锅炉，降低能源消耗、粉尘污染和生产成本。

所有这些清洁生产方案的实施，都将会给该纸业公司带来良好的经济效益、环境效益和社会效益。

二、企业层面循环经济实例——鲁北集团

鲁北集团打造出磷铵副产品磷石膏制硫酸联产水泥、海水“一水多用”、盐碱电联产三条高相关度的工业生态产业链，各个产业链内部和产业链之间的共生关系总数达 17 个，产生了占总产值 14%的经济效益，使主要成本降低了 30%～50%，对企业产值的增长贡献率达 40%，其综合贡献率高出世界著名丹麦卡伦堡生态工业园八个共生的一倍，每年可产生 2.3 亿元的共生效益。

鲁北集团的循环经济发展经历了一个漫长艰辛的历程。1977 年，鲁北集团还只是一家小硫酸厂，靠 40 万元试验费承担起了国家“六五”攻关课题——石膏制硫酸联产水泥技术。经过 200 多次试验之后，最终攻克了这一世界性技术难题，用生产磷铵排放的废渣磷石膏制造硫酸并联产水泥，硫酸再返回用于生产磷铵，余水封闭循环利用。资源在生产全过程都得到高效循环利用，实现了“资源—产品—废物—再生资源—再生产品”的循环生产模式。

历经30年来的发展，目前的鲁北集团已拥有50亿元资产，形成年产80万t硫酸、50万t磷铵、70万t水泥、100万t磷复肥、18万kW热电的生产经营规模，成为目前世界上最大的磷铵、硫酸、水泥联合生产企业和全国最大的磷复肥生产基地和石膏制酸基地。2004年，共实现销售收入43.5亿元，利税6.8亿元。另外，鲁北集团的2A300MW热电工程已通过国家发展和改革委员会批准，将建成全国最大的生态发电厂。同时，设计日产淡水2万t，将成为目前全国最大的海水淡化项目。

鲁北集团拥有三条高度关联的工业生态产业链。

第一，磷铵副产磷石膏制硫酸联产水泥产业链，如图7-6所示。即利用生产磷铵排放的磷石膏废渣制造硫酸并联产水泥，硫酸又返回用于生产磷铵。用生产磷铵排放的废渣磷石膏分解水泥熟料和二氧化硫窑气，水泥熟料与锅炉排出的煤渣和盐场来的盐石膏等配置水泥，二氧化硫窑气制硫酸，硫酸返回用于生产磷铵，既有效地解决了废渣石膏堆存占地、污染环境，制约磷复肥工业发展的难题，又开辟了硫酸和水泥新的原料路线、减少了温室气体二氧化碳的排放。

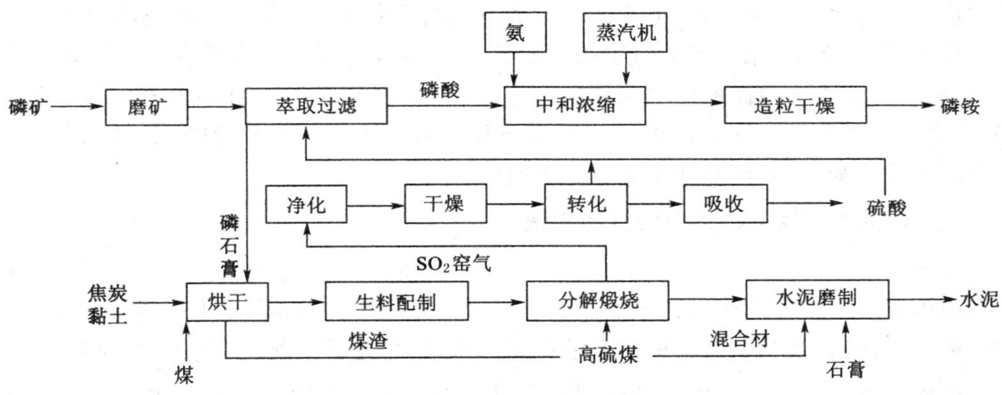

图7-6　磷铵副产磷石膏制硫酸联产水泥产业链示意图

第二，海水“一水多用”产业链。利用海水二级蒸发、净化原理，在35 km的潮间带上，建成百万吨规模的现代化大型盐场。将初级制卤区建成5万亩的水产养殖场；水产养殖用过的海水被提到中级制卤区，经进一步浓缩提溴。鲁北集团建成两座5 000 t/a的提炼厂，以提溴为龙头，进行溴化钠等系列产品开发。提溴后的海水再被送到6万亩的盐田结晶池，生产加碘盐和保健食用盐。余下的废水苦卤再用来提取钾、镁产品。而最后留下的废渣盐石膏又可作为制硫酸联产水泥的原料。构建了“初级卤水养殖、中级卤水提溴、饱和卤水制盐、苦卤提取钾镁、盐田废渣盐石膏制硫酸联产水泥，海水送热电冷却，精制卤水送到氯碱装置制取烧碱”的海水“一水多用”产业链，从而实现海洋化工的有效开发。

第三，盐碱热电电联产产业链，如图7-7所示。热电厂以劣质煤和煤矸石为原料，采用海水冷却，排放的煤渣用做水泥混合材料，经预热蒸发后的海水排到盐场制盐，同时与氯碱厂链接。氯碱厂利用百万吨盐场丰富的卤水资源，没有采用传统的制盐、化盐工艺，而是通过管道把卤水输入到氯碱装置，既减少了生产环节，又节省了原盐运输费用，建设成本、运行成本大幅度降低，大大增强了企业核心竞争力。盐碱热电联产产业链示意图见图7-7。

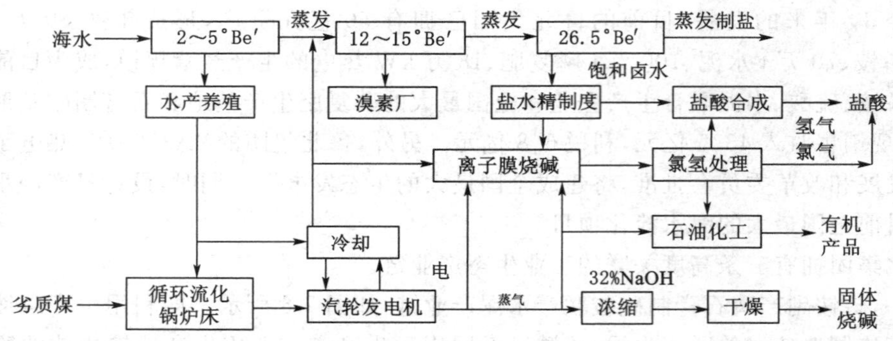

图 7-7 盐碱热电联产产业链示意图

鲁北集团的三条产业链之间存在多种共生关系：热电厂利用海水产业链中的海水替代淡水进行冷却，既利用了余热蒸发海水，又节约了淡水；磷铵、硫酸、水泥产业链中的液体二氧化硫用于海水产业链中的溴素厂提溴，硫元素转化成盐石膏返回用来生产水泥和硫酸；热电厂的煤渣用做水泥的原料，热电生产的电和蒸汽用于各个产业链的生产过程；氯碱厂生产的氢气用于磷铵、硫酸、水泥产业链中的合成氨生产，钾盐产品用于复合肥生产等。

经测算，目前鲁北集团的资源利用率已达 95.6%，清洁能源利用率达 85.9%。仅 2004 年，就有 210 多万吨磷石膏和锅炉废渣得到循环利用。鲁北集团共发电 4.4 亿 kW·h，不仅有效利用了大量废物，同时实现企业用电自给自足。

三、广西贵港国家生态工业园区的实践

（一）概况

贵港国家生态工业园区是我国建立的第一个国家生态工业示范园区。贵港市位于广西壮族自治区东南部，是华南最大的内河港口新兴城市，也是新崛起的西江经济走廊中的一颗明珠。该市属南亚热带季风区，气候温和，雨量充沛。由于大部分土地位于北回归线以南，太阳辐射较强，光热充足。优越的气候条件使贵港市成为我国重要的甘蔗生产基地，因此制糖工业成为贵港市的支柱产业。制糖工业及其辐射带动的产业产值在全市 GDP 中约占 33.8%。贵港市约 30%的人口在从事与制糖工业及其辐射带动的产业相关活动。贵港市目前有制糖企业 5 家，即贵糖(集团)股份有限公司、贵港甘化股份有限公司、贵平糖厂、平南糖厂和西江糖厂。其中贵糖(集团)是当地最大的制糖企业，同时也是全国规模最大、资源综合利用最大、效益比较显著的企业。然而贵港制糖工业却面临着严峻的挑战：① 制糖工业成为贵港市最大的污染源；② 制糖生产工艺落后，产品科技含量低；③ 产业结构不尽合理；④ 产业整体综合利用水平低；⑤ 甘蔗种植的生态安全性差。针对以上情况，以生态理念来重新规划产业发展为原则，政府决定在贵港市建设生态工业(制糖)示范园区。

（二）生态工业(制糖)示范园区的构成规划

贵港地处广西中部，周围 300 km 范围内包括了广西几乎所有的糖厂。在此建设生态工业园区可以将广西几乎所有糖厂所产生的废物集中到示范园区进行集中处理、综合利用。该生态工业示范园区由六个系统组成，各系统内分别有产品输出，各系统间通过中间产品和废物的相互交换而互相衔接，从而形成一个比较完整闭合的生态工业网络，园区内资源得到最佳配置、废物得到有效利用，环境污染减少到最低水平，具体如图 7-8 所示。

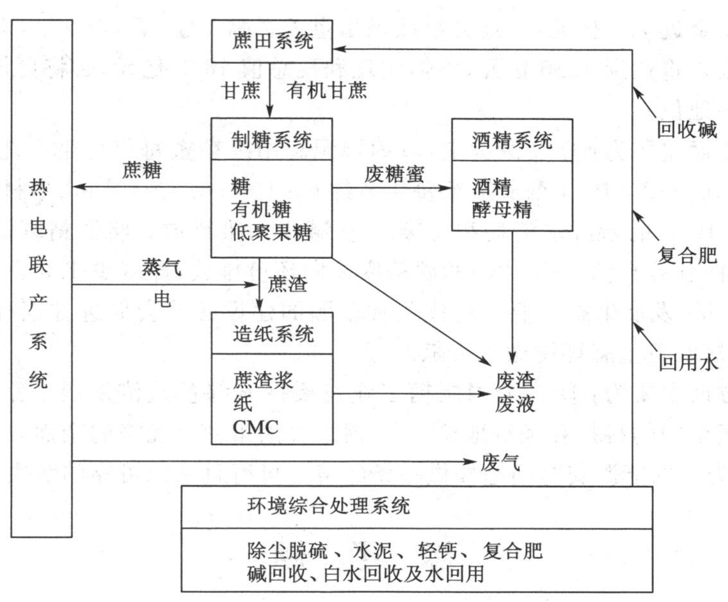

图 7-8　生态工业(制糖)示范区总体结构图

这六个系统分别如下所述。

① 蔗田系统。负责向园区提供高产、高糖、安全、稳定的甘蔗,保障园区制造系统有充足的原料供应。

② 制糖系统。通过制糖新工艺改造、低聚果糖技改,生产出普通精炼糖以及高附加值的有机糖、低聚果糖等产品。

③ 酒精系统。通过能源酒精工程和酵母精工程,有效利用甘蔗制糖副产品——废糖蜜,生产出能源酒精和高附加值的酵母精等产品。

④ 造纸系统。充分利用甘蔗制糖的副产品——蔗渣,生产出高质量的生活用纸及文化用纸和高附加值的 CMC(羧甲基纤维素)等产品。

⑤ 热电联产系统。通过使用甘蔗制糖的副产品——蔗髓替代部分燃料煤,热电联产,供应生产所必需的电力和蒸汽,保障园区整个生产系统的动力供应。

⑥ 环境综合处理系统。为园区制造系统提供环境服务,包括废气、废水的处理,生产水泥、轻钙、复合肥等副产品,并提供回用水以节约水资源。

(三) 投资与效益

示范园区一共建设 12 个工程项目,其中现代化甘蔗园建设工程、蔗髓热电联产技改工程和节水工程为在建项目;生活用纸扩建工程、低聚果糖生物工程、能源酒精技改工程、有机糖技改工程、绿色制浆技改工程、制糖新工艺改造工程、酵母精生物工程、CMC 工程及生态工业能力建设等为新建工程项目。据初步估算,其建设总投资为 364 794.7 万元,其中建设资金 276 046.3 万元,占总投资的 75.7%,流动资金 88 748.4 万元,占总投资的 24.3%。

示范园区的发展将产生显著的经济效益、环境效益和社会效益。

经济效益方面主要为:① 贵港市新增甘蔗产值 4.59 亿元,蔗农收入水平大大提高。② 制糖行业新增产品销售收入 55.7 亿元,新增利润近 9.2 亿元,经济实力大大加强。③ 制糖行业新增各项税金近 7.5 亿元，为地方财政做出重大贡献。④ 至 2005 年，贵港市制糖行业整体产品销售收入将达到 72.0 亿元，整体实现利税总值 18.9 亿元，必将更加巩固其在贵港市经济发展中的地位。

环境效益方面主要为：① 变废为宝，节约资源。用废糖蜜每年可生产能源酒精 2×10^5 t，节约玉米 6×10^5 t；2×10^5 t 蔗渣造纸每年节约 6×10^5～6.6×10^5 m^3 木材；造纸水的回用每年减少 1.6×10^7 t 的新鲜水消耗和污染。② 减少污染排放。将酒精废液用于生产复合肥料，阻止了广西壮族自治区内 93%的酒精废液向环境排放，即减少 1.34×10^5 t 的有机物对水体的污染。③ 发展生态农业。现代化甘蔗园的建设必然会促进甘蔗种植的可持续发展，对保护和恢复农业生态环境做出贡献。

社会效益方面主要为：① 为全国制糖工业发展探索绿色经济发展道路。② 提高了贵港市在广西乃至全国的科技和经济地位。③ 促进贵港市社会经济的全面发展，提高了人民生活水平。④ 为我国能源安全问题提供一条经济上可行且来源可靠的解决途径。

思 考 题

1. 清洁生产的涵义和内容分别包含哪些内容？
2. 清洁生产的意义是什么？清洁生产与循环经济有何联系和区别？
3. 如何进行清洁生产审核和评价？
4. 循环经济与生态工业园的关系如何？
5. 生态工业园区的作用是什么？它包含哪些类别？
6. 什么是绿色 GDP？简述绿色 GDP 在我国的实践情况。

第八章 环境监测及环境质量评价

第一节 环境监测

一、环境监测的概念、目的和分类

（一）环境监测的基本概念

随着社会进步、科技发展，自然界储存的资源被广泛地开采和利用，新的物质不断合成应用，大量的化学物质也被引入环境，在环境中积累，产生了一定的环境公害，甚至超过了环境容量，使得生存环境质量恶化。为了寻找环境变化的原因，更好地保护环境，就必须先从环境中污染物的来源、性质、含量入手。于是，环境监测就应运而生，并在环境科学中发挥重要的作用。

环境监测是在环境分析的基础上发展而来的，环境分析是以环境中基本物质为单位，以对物质进行定性、定量分析为基础，从而对影响环境质量的原因进行研究的一门科学。

环境分析的主要对象为工业、农业、交通、生活中污染源排放出来的污染物，也包括大气、水体、土壤等各种材料中的污染物。其分析方式，可以现场测定，也可以采集样品在实验室测定。环境分析为环境化学、环境医学、环境工程学、环境经济学提供各种污染物的性质及含量等数据。但判断环境质量的好坏，仅对单个污染物样品短时分析是不够的，需要有代表环境质量的各种标志数据，及各种污染物在一定范围的长时间数据，才能对环境质量进行准确的评价。这不仅需要对污染物的化学性质、含量进行确定，还需要对其物理性质进行测定。

物理测定是指测定那些与物理量有关的现象或状态，包括对物理（或能量）因子热、声、光、电磁辐射、振动及放射性等强度、能量和状态的测定。利用物理原理和测量工艺相结合，可以实现连续化、自动化测定。

此外，环境中生物信息也不容忽视，生物长期生活在环境中，不仅可以反映出多种因子污染的综合效应，也能反映环境污染的历史状况。所以，生物监测可以为环境治理提供较物理测定和化学分析更全面的信息。生物监测这种利用生物对环境污染所发生的各种信息作为判断环境污染的一种手段，在环境监测中发挥日益丰富的作用。

综上所述，环境监测就是在环境分析的基础上，运用化学、生物学等方法，间断或连续地测定代表环境质量的指标数据，监测环境质量变化的过程。

（二）环境监测的目的

环境监测是环境科学的一个分支科学，其目的是准确、及时、全面地反映环境质量现状及发展趋势，为环境管理、污染源控制、环境规划等提供科学依据。具体目的如下。

① 收集环境中污染物的本底数据，积累长期监测资料，为研究环境容量、实施总量控制、目标管理、预测预报环境质量提供数据。

② 根据环境质量标准和监测到的环境污染物数据，评价环境质量。

③ 根据污染特点、分布情况和环境条件，追踪寻找污染源，为实现监督管理，控制污染提供依据。

④ 为保护人类健康、保护环境，合理使用自然资源，制定环境法规、标准、规划等服务。

（三）环境监测的分类

根据环境监测的目的不同，可将其分为三类。

1. 监视性监测

监视性监测是指对污染源排放和区域环境质量以及环境污染趋势进行的例行监测。它是环境监测的主体，是环境综合整治和环境管理的基础。监测的内容如下。

① 污染源排放的监控。即在工业、生活等污染源排放口设置自动监测仪器，或定期采样，测定有害物质的瞬间浓度，单位时间平均浓度和排放量，污染物形态等，并建立监测台账及污染源档案，编制报表、判断排放标准执行情况和治理措施效果，为环境总量控制提供依据。

② 区域环境的趋势监测。定期、定点年复一年地测定大气、水体、土壤、生物等环境要素中已知污染物的形态浓度在时间和空间的分布状况，并调查或测定影响环境质量变化的气象、水文、地质、地理、社会生产、能源和人口情况，综合分析环境质量现状、问题和变化趋势，提出改善环境质量和实现环境目标的对策。其发展方向是进一步扩大监视视野和增强监视功能，建立综合观测体系和国际合作监测网络，对多要素进行同步监测，并运用现代信息传递系统，使世界环境状况瞬间进入视野，实现对环境质量的有效控制。污染趋势监测基本上是采用各种监测网（如水质监测网），在设置的测定点上长时间、年复一年不间断地收集数据，用以评价污染现状及变化趋势，以及环境改善所取得的进展等。

2. 研究性监测

研究性监测是为研究环境质量，发展监测分析方法、监测技术和监测管理而进行的探索，是推动环境监测和环境科学发展的基础性工作。主要包括以下几点。

① 研究环境质量。如研究环境背景值，分析环境质量变化趋势，鉴定污染因素，验证污染物扩散模式，为制定环境标准提供依据，为环境科研提示方向，为预测预报环境质量服务。

② 研究监测方法。如研究布点、采样优化方法，环境分析标准分析方法，监测质量保证方法，研制标准物质，研究监测数据处理方法，提高数据信息化程度及其应用价值。

③ 研究环境监测手段。主要是研制和鉴定采样与分析、在线监测与遥感遥测仪器，实现监测硬件系统标准化。

④ 研究和验证环境监测的管理方法。如监测网络管理方法，优化网络布局，建立和验证监测站的最大空间覆盖面和最合理的监测频率的数学模型；研究监测技术路线，确定监测的近期对策和远期目标；研究信息传递技术、提供监测情报和数据库的运营技术等。

3. 特定目的监测(特例监测、应急监测)

这类监测多为严重污染发出警报,确定各种紧急情况下的污染程度和波及范围,以便污染造成危害之前采取措施。主要内容如下。

① 污染事故监测。在发生污染事故时及时深入事故地点进行应急监测,确定污染物的种类、扩散方向、速度和污染程度及危害范围,查找污染发生的原因,为控制污染事故提供科学依据。这类监测常采用流动监测(车、船等)、简易监测、低空航测、遥感等手段。

② 纠纷仲裁监测。主要针对污染事故纠纷、环境执法过程中所产生的矛盾进行监测,提供公证数据。仲裁监测应由国家指定的具有质量认证资质的部门进行,以提供具有法律效力的数据,供执法部门仲裁。

③ 考核验证监测。包括人员考核、方法验证、新建项目的环境考核评价、排污许可制度考核监测、项目验收监测、污染治理项目竣工时的验收监测。

④ 咨询服务监测。为政府部门、科研机构、生产单位所提供的服务性监测。为国家政府部门制定环境保护法规、标准、规划提供基础数据和手段。如建设新企业应进行环境影响评价时,需要按评价要求进行监测。

二、环境监测的内容

环境监测的过程一般包括接受任务,现场调查和收集资料,监测计划设计,优化布点,样品采集,样品运输和保存,样品的预处理,分析测试,数据处理,综合评价等。根据监测对象不同,可分为如下几类。

(一) 大气环境监测

清洁的空气是人类和生物赖以生存的环境要素之一,随着工业及交通的发展,大量有害物质如粉尘、二氧化硫、一氧化碳、碳氢化合物等排放到空气中。当这些有害物质浓度超过大气的环境容量时,就会破坏大气环境,对人体健康和动植物产生危害,也会腐蚀各种建筑物和材料,这种情况即空气污染。大气环境监测就是通过对大气中污染物质进行定期或连续的监测,判断是否符合《环境空气质量标准》或环境规划的要求,为空气质量状况评价、研究大气中污染物迁移、转化和治理提供依据。

大气中的主要污染物有二氧化硫、氮氧化合物、一氧化碳以及颗粒污染物等。各种污染物监测方法如下。

1. 二氧化硫测定

二氧化硫是最常见的硫氧化物,是大气主要污染物之一。许多工业过程中也会产生二氧化硫。由于煤和石油通常都含有硫化合物,因此燃烧时也会生成二氧化硫。当二氧化硫溶于水中,会形成亚硫酸(酸雨的主要成分)。二氧化硫是无色气体,有强烈刺激性气味,能通过呼吸道进入气管,对局部组织产生刺激和腐蚀作用,是诱发支气管炎等疾病的原因之一。二氧化硫与空气中的烟尘有协同作用,可加重对呼吸道黏膜的损害,使呼吸道疾病发病率增高。

测定空气中的二氧化硫常用的方法有分光光度法、紫外荧光法、环境空气电导法、库仑滴定法、气相色谱法等。其中紫外荧光法和电导法主要用于自动监测。

分光光度法是采用四氯汞钾、甲醛缓冲溶液等吸收液吸收二氧化硫气体,再与络合剂反应生成紫红色的络合物,进行定量分析测定。现颁布的大气质量分析方法标准,即《环境空气　二氧化硫的测定　四氯汞盐—盐酸副玫瑰苯胺比色法》(HJ 483)、《环境空气　二氧化

硫的测定 甲醛吸收—副玫瑰苯胺分光光度法》(HJ 482)。

(1) 四氯汞盐—盐酸副玫瑰苯胺比色法

空气中的二氧化硫被四氯汞钾溶液吸收后，生成稳定的二氯亚硫酸盐络合物，该络合物与甲醛及盐酸副玫瑰苯胺作用，生成紫红色络合物，其颜色深浅与吸收液中二氧化硫的含量成正比，用分光光度法在 575 nm 处进行测定。使用这种方法测定时需要注意的是显色反应受温度、酸度、显色时间影响较大，监测时标准溶液和试样溶液操作条件应保持一致，另外，氮氧化物、臭氧及锰、铁、铬等离子对测定有干扰，采样后放置片刻可使臭氧自行分解，加入磷酸和乙二胺四乙酸二钠盐可减小或消除某些金属离子的干扰。该方法是国内外广泛采用的测定空气中二氧化硫的标准方法，具有灵敏度高、选择性好等优点，但缺点是吸收液毒性较大。

(2) 甲醛缓冲液吸收—副玫瑰苯胺分光光度法

空气中的二氧化硫被甲醛缓冲溶液吸收后，生成稳定的羟基甲基磺酸加成化合物，加入氢氧化钠使加成化合物分解，释放出二氧化硫与盐酸副玫瑰苯胺反应，生成紫红色络合物，用分光光度法在 577 nm 处进行测定。用甲醛缓冲液吸收—副玫瑰苯胺分光光度法测定二氧化硫，其优点是避免使用毒性大的四氯汞钾吸收液。该方法在灵敏度、准确度方面均可与使用四氯汞钾吸收液的方法相媲美，样品采集后相当稳定，但操作条件要求较严格。

(3) 钍试剂分光光度法

空气中的二氧化硫用过氧化氢溶液吸收并氧化为硫酸。SO_4^{2-} 与定量加入的过量高氯酸钡反应，生成硫酸钡沉淀，剩余钡离子与钍试剂作用生成钍试剂—钡络合物(紫红色)。根据颜色深浅，用分光光度法间接进行定量测定。该方法也是国际标准化组织(ISO)推荐的测定二氧化硫标准方法。它所用的吸收液无毒，采集样品后稳定，但灵敏度较低，所需气体样品体积大，适合测定二氧化硫日平均浓度。

2. 氮氧化物测定

大气中氮氧化物的主要成分为一氧化氮和二氧化氮。一氧化氮在大气中可逐渐氧化成二氧化氮。大气中的氮氧化物污染物的主要来源是：石化燃料的高温燃烧；硝酸和硫酸制造工业、氮肥工厂、硝化工艺、硝酸处理或熔解金属、硝酸盐的熔炼等工艺过程中排放的废气；城市汽车尾气等。当氮氧化物与碳氢化合物共存于大气中时，经阳光紫外线照射，发生光化学反应，生成光化学烟雾。二氧化氮使植物枯黄。一氧化氮毒性不大，只有轻度刺激性，高浓度时可引起变性血红蛋白的形成和中枢神经系统的轻度障碍等。

大气中氮氧化物和二氧化氮的检测方法有分光光度法、化学发光法及差分吸收光谱分析法等。环境空气质量标准指定环境空气中二氧化氮和氮氧化物检测的方法标准为《环境空气 氮氧化物(一氧化氮和二氧化氮)的测定 盐酸萘乙二胺分光光度法》(HJ 479)。

(1) 盐酸萘乙二胺分光光度法

用对氨基苯磺酸、无水乙酸和盐酸萘乙二胺配制成吸收液采样，空气中的二氧化氮与吸收液中的对氨基苯磺酸进行重氮化反应，再与盐酸萘乙二胺偶合，生成玫瑰红色的偶氮染料，其颜色深浅与气样中二氧化氮的含量成正比，在波长 540～545 nm 之间测定吸光度，进行定量分析。

(2) 酸性高锰酸钾溶液氧化法

采样时取两支内装吸收液的多孔玻板吸收瓶和一支内装酸性高锰酸钾的氧化瓶，按吸收瓶—氧化瓶—吸收瓶的顺序连接。当空气通过吸收瓶时，二氧化氮被串联的第一支吸收瓶中的吸收液吸收生成玫瑰红色的偶氮染料。空气中的一氧化氮不与第一支吸收瓶中的吸收液反应，进入串联在两支吸收瓶中间的氧化瓶内，被氧化瓶内的酸性高锰酸钾溶液氧化为二氧化氮，然后进入第二支吸收瓶中，被吸收液吸收生成玫瑰红色偶氮染料，在波长540～545 nm之间测定两支吸收瓶中吸收液的吸光度。

(3) 三氧化铬—石英砂氧化法

将装有三氧化铬—石英砂的双球氧化管用硅橡胶管连接在吸收瓶前面。空气中的一氧化氮被三氧化铬氧化为二氧化氮，再进入吸收瓶，二氧化氮与吸收液中的对氨基苯磺酸进行重氮化反应，再与盐酸萘乙二胺偶合，生成玫瑰红色偶氮染料，在波长540～545 nm之间测定吸光度。

3. 一氧化碳

一氧化碳(CO)是大气中的主要污染物质之一，其主要来源是炼焦、炼钢、炼铁、炼油、汽车尾气及家庭用煤的不完全燃烧产物等。

CO是无色无臭的气体，是一种窒息性的有毒气体，由于CO和血液中有输氧能力的血红蛋白的亲和力比氧气和血红蛋白的亲和力大200～300倍，因而能很快和血红蛋白结合形成碳氧血红蛋白，使血液的输氧能力大大降低，导致心脏、头脑等重要器官严重缺氧。

大气中CO的测定方法有非分散红外吸收法、气相色谱法。定电位电解法、间接冷原子吸收法等。我国颁布的空气质量CO测定的方法标准为《空气质量　一氧化碳的测定　非分散红外法》(GB 9801)。

(1) 非分散红外吸收法

非分散红外吸收法是通过一氧化碳对红外光的特征吸收进行定量分析。其依据是一氧化碳对特征波长的吸收强度与一氧化碳的浓度之间的关系遵守朗伯—比尔定律，故可根据吸光度测定CO的浓度。

(2) 气相色谱法

气相色谱法的原理是基于不同物质在相对运动的两相中具有不同的分配系数，当这些物质随流动相移动时，就在两相之间进行反复多次分配，使原来分配系数只有微小差异的各组分得到很好的分离，依次送入检测器测定达到分离、分析各组分的目的。

大气中CO、CO_2、和CH_4经TDX-01碳分子筛柱分离后，于氢气流中在镍催化剂(360±10 ℃)作用下，CO、CO_2转化为CH_4，然后用氢火焰离子化检测器分别测定上述几种物质，出峰顺序依次为：CO、CH_4、CO_2。

先用气样测校正值

$$k=\frac{c_s}{h_s}$$

然后测定气样

$$c_x=h_x \cdot k$$

4. 臭氧的测定

臭氧(O_3)是大气中的重要微量气体成分之一，90%的臭氧集中于平流层中，是地球大气中能有效吸收太阳紫外辐射的重要气体。但是在低层大气中(对流层)，臭氧是氧化性光化学烟雾的主要参与者。在紫外线的作用下，大气中的烃类、NO_x和氧化剂之间发生一系列光化学反应，生成光化学烟雾。

大气中O_3的测定方法有紫外荧光法、差分吸收光谱分析法等。我国颁布的空气质量O_3测定的方法标准为《环境空气　臭氧的测定　靛蓝二磺酸钠分光光度法》(HJ 504)和《环境空气　臭氧的测定　紫外光度法》(HJ 590)。

(1) 靛蓝二磺酸钠分光光度法

空气中的臭氧,在磷酸盐缓冲溶液存在的情况下,与吸收液中蓝色的靛蓝二磺酸钠($C_{16}H_{18}Na_2O_8S_2$,简称 IDS)等摩尔反应,褪色生成靛红二磺酸钠。在 610 nm 处测量吸光度。该方法适用于测量环境中高含量的臭氧,当采样体积为 5～30 L 时,测定质量浓度范围为 0.030～1.200 mg/m³。二氧化氮产生正干扰;空气中二氧化硫、硫化氢、过氧乙酰硝酸酯(PAN)和氟化氢的浓度分别高于 750 μg/m³、110 μg/m³、1 800 μg/m³ 和 2.5 μg/m³ 时,产生负干扰。

(2) 硼酸碘化钾分光光度法

用含有硫代硫酸钠的硼酸碘化钾溶液做吸收液采样,空气中的O_3等氧化剂氧化碘离子为碘分子,而碘分子又立即被硫代硫酸钠还原,剩余硫代硫酸钠加入过量碘标准溶液氧化,剩余碘于 352 nm 处以水为参比测定吸光度。

(3) 紫外光度法

臭氧分子由三个氧原子组成。根据臭氧对 254 nm 波长的紫外光有特征吸收,且吸收程度与臭氧浓度之间的关系符合朗伯—比尔定律进行定量分析。采用紫外臭氧分析仪的光源可以产生 254 nm 的紫外单色光,光辐射穿过吸收池被检测器接收。空气样品以恒定的流速进入仪器的气路系统,样品空气通过颗粒物过滤器滤去对臭氧测定有干扰的颗粒物。样品空气通过臭氧去除器可生成不含臭氧的零空气,零空气通过吸收池后被光检测器检测的光强度为I_0,而不经过臭氧去除器的含臭氧样品气体通过吸收池时被光检测器检测的光强度为I,经数据处理器根据I/I_0计算出气样中臭氧浓度,直接显示和记录消除背景干扰后的测定结果。

5. 空气中颗粒物的测定

(1) 空气中总悬浮颗粒物(TSP)的测定

总悬浮颗粒物(TSP)是指飘浮在空气中的固体和液体颗粒物的总称,其粒径范围为 0.1～100 μm。监测方法采用重量法。重量法即通过具有一定切割特征的采样器,以恒速抽取一定体积的空气,空气中粒径大于 100 μm 的颗粒被除去,小于 100 μm 的悬浮颗粒物被截留在已恒重的滤膜上,根据采样前后滤膜质量之差及气体采样体积,计算 TSP 的质量浓度。滤膜经处理后,可进行组分分析。

(2) 可吸入颗粒物(PM_{10})的测定

一般将空气动力学当量直径≤10 μm 的颗粒物称为可吸入颗粒物,简称PM_{10}。监测PM_{10}的方法与 TSP 相似,采用重量法。气体首先进入采样器附带的 10 μm 以上颗粒物切割器,将采样气体中粒径大于 10 μm 以上的微粒分离出去。小于这一粒径的微粒随气流经分离器的出口被阻留在已恒重的滤膜上,根据采样前后滤膜的质量差及采样体积,计算可吸入颗粒物的浓度。

(二) 水环境监测

水质监测是监视和测定水体中污染物的种类、各类污染物的浓度及变化趋势,评价水质状况的过程。监测范围十分广泛,包括未被污染和已受污染的天然水(江、河、湖、海和地下水)及各种各样的工业排水等。主要监测项目可分为两大类:一类是反映水质状况的综合指标,如温度、色度、浊度、pH值、电导率、悬浮物、溶解氧、化学需氧量和生化需氧量等;另一类是一些有毒物质,如酚、氰、砷、铅、铬、镉、汞和有机农药等。

1. 水质状况综合指标的测定

(1) 水温

水的理化性质、pH值、水中溶解氧的浓度、水生生物和微生物的活动等都与水温的变化有关。水温应在现场测定,常用测量水温的仪器有水温计。水温计是安装于金属半圆槽壳内的水银温度表,下端连接一金属储水杯,温度计位于金属杯的中央,顶端的槽壳带一环,环上拴一定长度的绳子。测定水温时,将温度计插入水中,感温5 min后,提出水面并读数。这种方法适用于测量水的表层温度,深层水温计的储水杯较大,有上下活动门,放入水中和提升是自动开启和关闭,使水桶装满水样。

(2) pH值

pH值表示水的酸碱度,天然水的pH值在6～9之间,当水体受到污染后,酸碱度可能会发生变化。测量水体的pH值可以用pH试纸(粗略测量)、比色法和电位法。比色法是基于各种酸碱指示剂在不同pH值的水中显不同颜色,根据指示剂的变色范围,用已知pH值的缓冲溶液加入指示剂,配制成一系列的标准溶液,再将相同的指示剂加入到待测水样中,与标准溶液比较得到水样的pH值。电位法是以pH玻璃电极为指示电极,饱和甘汞电极为参比电极,将二者与被测液组成原电池,根据电池电动势得出水样的pH值。

(3) 溶解氧

水中的溶解氧(dissolved oxygen)是指溶解在水中的分子态氧,简称DO。水中溶解氧的含量与大气压、水温和水质有密切的关系。在20 ℃、100 kPa下,纯水里大约溶解氧9 mg/L。有些有机化合物在好氧菌作用下发生生物降解,要消耗水里的溶解氧。水里的溶解氧由于空气里氧气的溶入及绿色水生植物的光合作用会不断得到补充。但当水体受到有机物污染,耗氧严重,溶解氧得不到及时补充,水体中的厌氧菌就会很快繁殖,有机物因腐败而使水体变黑、发臭。溶解氧值是评价水体水质指标之一。水里的溶解氧被消耗,要恢复到初始状态,所需时间短,说明该水体的自净能力强,否则说明水体污染严重,自净能力弱。

常用的水中溶解氧的测定方法有碘量法和溶解氧仪。碘量法是在水中加入硫酸锰和碱性碘化钾,水中溶解氧将低价锰氧化成高价锰,生成四价锰的氢氧化物棕色沉淀。加酸后,氢氧化物沉淀溶解,并与碘离子反应而释放出游离碘。以淀粉为指示剂,用硫代硫酸钠标准溶液滴定释放出的碘,据滴定溶液消耗量计算溶解氧含量。溶解氧仪是一种稳定可靠、操作简单方便(可单手操作)的仪器,适合各行业水溶液中氧浓度(mg/L或ppm)和氧的饱和百分含量(%)及被测介质的温度的测量,标配进口氧电极,采用极谱法测量,无需更换氧膜。适用于测量0～20.0 mg/L范围内的溶解氧。

(4) 浊度

浊度是指水中悬浮物对光线透过时所发生的阻碍程度。水中的悬浮物一般是泥土、砂粒、微细的有机物和无机物、浮游生物、微生物和胶体物质等。水的浊度不仅与水中悬浮物质的含量有关,而且与它们的大小、形状及对光的散射特性等有关。

浊度可用目视比浊法或浊度仪法进行测定。浊度仪是通过测定水样对一定波长光的透射或散射强度而实现浊度测定的专用仪器,有透射光式浊度仪、散射光式浊度仪和透射光—

散射光式浊度仪。散射光式浊度仪的测定原理:浊度仪发出光线,使之穿过一段样品,并从与入射光呈 90°的方向上检测散射光,散射光强度与水样浊度成正比。浊度仪既适用于野外和实验室内的测量,也适用于全天候的连续监测。

(5) 色度

色度是水质的外观指标。纯水无色透明,天然水中含有泥土、有机质、无机矿物质、浮游生物等,往往呈现一定的颜色。工业废水含有染料、生物色素、有色悬浮物等,是环境水体着色的主要来源。有颜色的水减弱水的透光性,影响水生生物生长和观赏的价值,而且还含有有危害性的化学物质。

色度的测定方法有铂钴比色法和稀释倍数法。铂钴比色法是用氯铂酸钾和氯化钴配制颜色标准溶液,与被测样品进行目视比较,以测定样品的颜色强度,即色度。稀释倍数法首先用文字描述水样的颜色种类和深浅程度,如深蓝色、棕黄色、暗黑色等,然后将水样用光学纯水稀释至用目视比较与光学纯水相比刚好看不见颜色时的稀释倍数作为表达颜色的强度,单位为倍。

(6) 悬浮物

悬浮物(suspended solids)指悬浮在水中的固体物质,包括不溶于水中的无机物、有机物及泥砂、黏土、微生物等。水中悬浮物含量是衡量水污染程度的指标之一。

水中的悬浮物测定指水样通过孔径为 0.45 μm 的滤膜,截留在滤膜上并于 103~105 ℃烘干至恒重的物质。测量时量取充分混合均匀的试样 100 mL 抽吸过滤,使水分全部通过滤膜。再以每次 10 mL 蒸馏水连续洗涤数次,继续吸滤以除去痕量水分。停止吸滤后,仔细取出载有悬浮物的滤膜放在原恒重的称量瓶里,移入烘箱中于 103~105 ℃下烘干后移入干燥器中,使冷却到室温,称其重量,即可计算水质中悬浮物的量。

2. 水中重金属污染物的测定

(1) 汞

汞及其化合物属于剧毒物质,天然水含汞极少,水中汞污染的主要来源是贵金属冶炼、农药、军工等工业废水。汞的测定方法主要有双硫腙法、EDTA 滴定法、冷原子吸收法、冷原子荧光法等。常用冷原子吸收法,基于汞原子蒸气对波长 253.7 nm 的紫外光具有选择性吸收,在一定浓度下,吸光度与浓度成正比,测量吸光度,计算试样中汞的含量。

(2) 镉

镉是能在人体中蓄积、损害肾脏的一种金属。水中镉的主要污染源有电镀、冶金、采矿的行业排放的污水。常用的镉的测定方法是原子吸收分光光度法。根据基态镉原子蒸气对该元素特征谱线的选择性吸收,采用镉空心阴极灯发射的特征谱线,穿越被测水样中经原子化后产生的镉原子蒸气,产生特征吸收,吸光度与镉原子浓度成正比,测量吸光度确定试样中镉的浓度。这种方法同样适用于测定水中其他重金属,如铜、锌、铅、铬等,测定不同金属时,采用相应元素的空心阴极灯。

3. 水中非金属无机物的测定

(1) 氨氮

水中的氨氮是指以游离氨(NH_3)和离子态氨(NH_4^+)形式存在的氮,两者的组成比取决于水的 pH。氨氮的测定方法,常用纳氏试剂分光光度法、蒸馏—酸滴定法和电极法等。纳氏试剂分光光度法是利用碘化汞和碘化钾的强碱性溶液与氨反应生成黄棕色胶态化合物,其颜色深浅与氨氮含量成正比，通常可在波长 410～425 nm 范围内测其吸光度，计算其含量。该方法可适用于地面水、地下水、工业废水和生活污水中氨氮的测定，具有操作简便、灵敏度高等特点。氨氮含量较高时，可采用蒸馏—酸滴定法。

(2) 总磷

水中总磷的测定可以根据水质分析规定方法进行，水中的含磷化合物，在过硫酸钾的作用下，转变为正磷酸盐。正磷酸盐在酸性介质中，可同钼酸铵和酒石酸锑氧钾反应，生成磷钼杂多酸，再被抗坏血酸还原，生成蓝色络合物磷钼蓝。在 700 nm 波长下，测定样品的吸光度。从用同样方法处理的校准曲线上，查出水样含磷量，计算总磷浓度，用(P，mg/L)表示。本法最低检出浓度为 0.01 mg/L。

4. 有机化合物

(1) 化学需氧量(chemical oxygen demand，COD)

化学需氧量表示在强酸性条件下重铬酸钾氧化 1 L 污水中有机物所需的氧量，可大致表示污水中的有机物的含量。COD 是指示水体有机污染的一项重要指标，能够反映出水体受有机物污染的程度。

化学需氧量测定的标准方法是重铬酸钾法。其测定原理为：在硫酸酸性介质中，以重铬酸钾为氧化剂，硫酸银为催化剂，硫酸汞为氯离子的掩蔽剂，消解反应液硫酸酸度为 9 mol/L，加热使消解反应液沸腾，148±2 ℃的沸点温度为消解温度，以水冷却回流加热反应 2 h，消解液自然冷却后，以试亚铁灵为指示剂，以硫酸亚铁铵溶液滴定剩余的重铬酸钾，根据硫酸亚铁铵溶液的消耗量计算水样的 COD 值。

(2) 生化需氧量(biochemical oxygen demand，BOD)

生化需氧量是指在一定期间内，微生物分解一定体积水中的某些可被氧化物质，特别是有机物质所消耗的溶解氧的数量。它是反映水中有机污染物含量的一个综合指标。如果进行生物氧化的时间为五天就称为五日生化需氧量(BOD_5)。测定水中生化需氧量常用稀释与接种法和微生物电极法。

微生物电极是一种将微生物技术与电化学检测技术相结合的传感器，微生物传感器是由氧电极和微生物菌膜构成，其原理是当含有饱和溶解氧的样品进入流通池中与微生物传感器接触，样品中溶解性可生化降解的有机物受到微生物菌膜中菌种的作用，而消耗一定量的氧，使扩散到氧电极表面上氧的质量减少。当样品中可生化降解的有机物向菌膜扩散速度(质量)达到恒定时，此时扩散到氧电极表面上氧的质量也达到恒定，因此产生一个恒定电流。由于恒定电流的差值与氧的减少量存在定量关系，据此可换算出样品中生化需氧量。该测定方法适用于地表水、生活污水和不含对微生物有明显毒害作用的工业废水的生化需氧量的测定。

(3) 总需氧量(total oxygen demand，TOD)

总需氧量是指水中能被氧化的物质，主要是有机物质在燃烧中变成稳定的氧化物时所需要的氧量。环境监测中用 TOD 测定仪测定 TOD，其原理是将一定量水样注入装有铂催化剂的石英燃烧管，通入含已知氧浓度的载气(氮气)作为原料气，则水样中的还原性物质在 900 ℃下被瞬间燃烧氧化。测定燃烧前后原料气中氧浓度的减少量，便可求得水样的总需氧量值。

(4) 总有机碳(TOC)

总有机碳是指水体中溶解性和悬浮性有机物含碳的总量。TOC 是一个快速测定的综合指标，它以碳的数量表示水中含有机物的总量。TOC 的测定采用燃烧法，测定时，先用催化燃烧或湿法氧化法将样品中的有机碳全部转化为二氧化碳，生成的二氧化碳可直接用红外线检测器测量，亦可转化为甲烷，用氢火焰离子化检测器测量，然后将二氧化碳含量折算成含碳量。

（三）土壤环境监测

土壤是指覆盖于地球陆地表面，具有肥力特征的，能够生长绿色植物的疏松物质层。土壤是人类生存的基础和活动场所，人类的生产、生活造成了土壤的污染，土壤污染又会影响人类生产和生活以及健康。由于土壤在人类生活中的地位比较重要，其结构、组成以及污染源又比较复杂。因此，对土壤污染进行监测，防治土壤污染对人类生产、生活以及地球上各种动植物的生存非常重要。土壤环境监测的主要内容包括水分、重金属及有机物的测定。

1. 土壤水分含量的测定

土壤水分主要来源于大气降水和灌溉水，此外，地下水上升和大气中水汽的凝结也是土壤水分的来源。水分由于在土壤中受到重力、毛细管引力、水分子引力、土粒表面分子引力等各种力的作用，形成不同类型的水分并反映出不同的性质。

土壤中水分的测量方法很多，常用的有干燥法和酒精燃烧法。干燥法是目前测量土壤水分的标准方法，方法原理：在 105±2 ℃的温度下水从土壤中全部蒸发，而结构水不会被破坏，土壤有机质也不被分解。因此，将土壤样品于 105±2 ℃下烘至恒重，根据其烘干前后质量之差，就可以计算出土壤水分含量的百分数。其测定结果比较准确，适合于大批量样品的测定，但这种方法需要时间较长。

酒精燃烧法是利用酒精在土壤样品中燃烧释放出的热量，使土壤水分蒸发干燥，通过燃烧前后的质量之差，计算出土壤含水量的百分数。酒精燃烧在火焰熄灭前几秒钟，即火焰下降时，土温才迅速上升到 180～200 ℃，然后温度很快降至 85～90 ℃，再缓慢冷却。由于高温阶段时间短，样品中有机质及盐类损失很少，此法测定土壤水分含量有一定的参考价值。

2. 土壤中重金属含量的测定

土壤中的重金属元素主要有铜、锌、铅、镉等，其中铜、锌为生物体必需的微量元素，可在土壤中蓄积，当含量超过最高允许浓度时，将会危害作物；铅、镉是动植物非必需的有害元素，也可在土壤中蓄积并通过食物链进入动物和人体中。测定土壤中重金属的方法与水中重金属测定方法相似，都是采用原子吸收分光光度法，所不同的是在测量前要先对土壤进行前处理（消解）。将土样风干并通过 100 网目孔筛，采用盐酸—硝酸—氢氟酸—高氯酸全水解法，在聚四氟乙烯干锅中消解，使土样中的待测金属全部进入溶液，再用原子吸收分光光度计测定。

3. 土壤中有机污染物的测定

土壤中的有机污染物主要来源是有机农药在土壤中的残留。目前常用的有机农药有有机氯和有机磷农药。滴滴涕和六六六都属于高毒性有机氯农药，在土壤中残留时间较长，不仅会对土壤产生直接危害，还会通过食物链、生物富集进入人体，危害人类健康。这两种农药的测定方法广泛采用气相色谱法，用丙酮—石油醚提取土壤中的滴滴涕和六六六，经硫酸净化处理后，进入气相色谱仪，用电子捕获检测器，根据色谱峰的相对保留值对两种物质异构体定性分析，根据峰高或峰面积进行定量分析。有机磷农药主要有乐果、马拉硫磷等。其检测方法也是气相色谱法，采用柱提取操作，再用石油醚—乙腈净化，用气相色谱的火焰光度检测器进行分析。

第二节　环境质量现状评价

环境质量现状评价(environmental quality assessment)一般是根据近两三年的环境监测资料，从环境卫生学角度按照一定的评价标准和评价方法对一定区域范围内的环境质量加以调查研究并在此基础上作出科学、客观和定量的评定和预测。环境质量现状评价有助于较全面揭示环境质量状况及其变化趋势，找出污染治理重点对象，为制定环境综合防治方案和城市总体规划及环境规划提供依据并预测和评价拟建的工业或其他建设项目对周围环境可能产生的影响。

一、环境质量现状评价的内容

比较全面的环境质量现状评价，应包括对污染源、环境质量和环境效应三部分的评价，并在此基础上作出环境质量综合评价，提出环境污染综合防治方案，为环境污染治理、环境规划制定和环境管理提供参考。具体内容包括：

环境污染评价——为说明人类活动所排放的污染物对生态系统，特别是对人群健康已经造成的或即将造成的危害而进行的评价。

环境生态评价——为保护生态平衡、合理利用和开发自然资源而进行的自然环境质量评价；

环境美学评价——为说明旅游环境的质量而进行的评价。通过评价，可以了解人类活动造成的环境质量的变化，为区域环境污染综合防治提供科学依据。

二、环境质量现状评价的步骤与程序

根据环境评价工作自身特点、规律，结合我国环境现状，以一个区域的环境质量现状评价为例，评价工作可按如图 8-1 所示的基本程序进行。

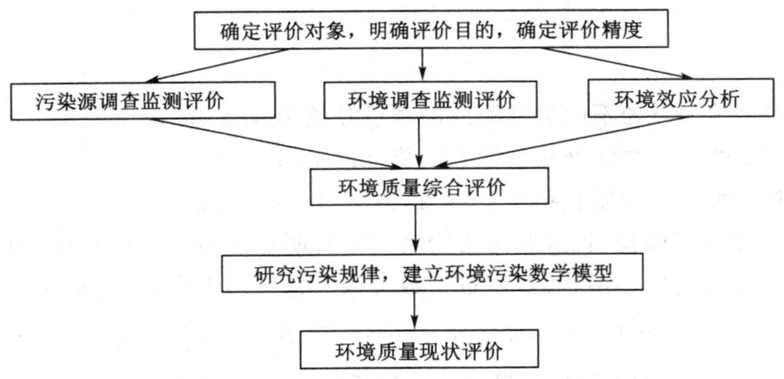

图 8-1　环境质量现状评价的工作程序

从图 8-1 可以看出，环境评价工作基本上可以分为以下三方面，即环境调查、环境监测和环境评价，而环境调查、监测和评价的内容包括污染源、环境污染和生态环境效应三个方面，总的工作程序是：调查—监测—评价—综合防治。调查和监测是评价的基础，为评价提

供数据和资料信息。评价的过程就是对参数进行选择,确定评价标准,建立评价的数学模式,对环境质量进行分级,作出评价结论。环境质量评价只是一种手段,目的是对区域环境污染综合防治,改善环境质量。在环境评价后要进行环境规划,包括土地利用、污染治理方法、环境管理措施等,以达到区域环境目标要求。

三、环境质量现状评价的方法

环境评价是按照一定的标准和方法对环境质量优劣进行评定,这个过程包含环境资料获取、环境标准选择、环境评价模式的建立与选择,环境评价结果的检验与应用等。目前国内外使用的环境评价方法有很多,常用的主要有:专家评价法、指数评价法、模型预测法等。

(一)专家评价法

专家评价法是一种出现较早且应用较广的一种评价方法。它是将专家们作为信息索取的对象,组织环境领域或多个领域的专家,运用专业方面的知识和经验对环境质量进行评价的一种方法。专家评价法具有使用简单、直观性强的特点,对于某些难以定量化的因素,如政治、美学等因素给予考虑和评价,有时还可在缺乏足够统计数据和原始资料的情况下,做出定性和定量的估计。但古老的专家评价法理论性和系统性尚有欠缺,有时难以保证评价结果的客观性和准确性。

现代的专家评估法与古老的专家直接评估法比较,已有本质不同,它已形成一套组织专家,充分利用专家们创造性思维进行评价的力量和方法,不是利用个别专家,而是依靠专家集体,可以消除少数专家的局限性。所谓专家一般指在该领域从事10年以上技术工作的科学技术人员或专业干部,专家组的人数一般在10～15人。

(二)指数评价法

指数评价法是最早应用于环境评价的一种方法,应用也最广泛,具有一定的客观性和可比性。根据不同评价目的的需要,环境质量评价指数可设计为随环境质量的提高而递增,也可设计为随环境污染程度的提高而递增。

当只有一种污染物作用于环境要素的情况下,可采用单项质量指数法,其环境质量指数的公式可写为

$$P_i = \frac{C_i}{S_i} \tag{8-1}$$

式中 C_i——第 i 种污染物不同取样时间的浓度预测值,mg/m^3;

S_i——第 i 种污染物评价质量标准限值,mg/m^3;

P_i——第 i 种污染物质量指数,$P_i \leqslant 1$,清洁;$P_i > 1$,污染。

若环境中有多种污染物,且这些污染物之间没有明显的激发或抑制作用时,可近似地认为它们是各自独立地发生作用,环境质量指数可认为是各污染指数之和,即

$$P = C_1/S_1 + C_2/S_2 + \cdots + C_n/S_n = \sum C_i/S_i \tag{8-2}$$

若要考虑多种污染物之间发生明显的化学反应,上式可分别乘以修正系数 K_i,也可根据环境要素与人为发生关系所占比重来确定其权重。

四、大气环境质量评价

大气环境质量评价(atmospheric environmental quality evaluation)是指根据不同的目的和要求,按照一定的原则和评价标准,用一定的评价方法对大气环境质量的优劣进行定性

或定量的评估。大气环境质量评价的目的是准确阐明大气污染的现状和质量水平，指出未来发展的趋势和可能采取的最优化对策或措施等。

（一）大气环境质量评价的一般步骤

① 调查准备。对污染源的调查与分析，从而确定主要的污染源和污染物，找出污染物的排放方式、途径、特点和规律。

② 污染监测。对大气污染现状的评价。根据污染源调查结果和环境监测数据的分析，确定大气污染的程度。

③ 评价分析。对大气自净能力的评价——研究主要污染物的大气扩散、变化规律，阐明在不同气象条件下对环境污染的分布范围与强度。对生态系统及人体健康影响的评价——通过环境流行病学调查，分析大气污染对生态系统和人体健康已产生的效应。对环境经济学的评价——通过因大气污染所造成的直接或间接的经济损失，进行调查与统计分析。进行大气环境质量评价一般用大气质量指数来衡量与评定大气污染的程度。

④ 成果运用。根据评价结果，提出综合防治大气污染的对策。如改变燃料构成、调整工业布局和能源结构等。

（二）大气环境质量评价的方法

目前，我国进行大气污染监测评价的方法多数是采用大气质量指数法。大气质量指数是评价大气质量的一种数量尺度，用它来表示大气质量可以综合多种污染物的影响，反映多种污染同时存在情况下的大气质量。

大气质量指数法即指数评价法$\left(P_i=\frac{C_i}{S_i}\right)$应用于大气环境质量评价中。$P_i$ 越大，该污染物对环境空气的污染越严重，以此来确定评价区域各种污染物中的主要污染物。

五、水体环境质量评价

水体环境质量评价（water environmental quality evaluation），简称为水质评价，是根据水体的用途，按照一定的评价参数、水质标准和评价方法，对水体质量进行定性或定量评定的过程。进行水质评价，先要收集、整理、分析水质监测的数据及有关资料，根据评价目的，确定水质评价的参数；然后选择适当的数学模型对水质参数进行单项或综合评价，最后提出评价结论。

（一）水质评价的一般步骤

① 水环境背景值调查。指在未受人为污染影响状况下，确定水体在自然发展过程中原有的化学组成。因目前难以找到绝对不受污染影响的水体，所以测得的水环境背景值实际上是一个相对值，可以作为判别水体受污染影响程度的参考比较指标。进行一个区域或河段的评价时，可将对照断面的监测值作为背景值。

② 污染源调查评价。污染源是影响水质的重要因素，通过污染源调查与评价，可确定水体的主要污染物质，从而确定水质监测及评价项目。

③ 水质监测。根据水质调查和污染源评价结论，结合水质评价目的、评价水体的特性和影响水体水质的重要污染物质，制定水质监测方案，进行取样分析，获取进行水质评价必需的水质监测数据。

④ 确定评价标准。水质标准是水质评价的准则和依据。对于同一水体，采用不同的标准，会得出不同评价结果，甚至对水质是否污染，结论也不同。因此，应根据评价水体的用途

和评价目的选择相应的评价标准。

⑤ 按照一定的数学模型进行评价。

⑥ 评价结论。根据计算结果进行水质优劣分级，提出评价结论。为了更直观地反映水质状况，可绘制水质图。

（二）水质评价的方法

水质评价的方法很多，有指数法、生物评价法、模糊数学方法、层次分析法等，它们在说明水质状况方面各有特点。

利用表征水体水质的物理、化学参数的污染物浓度值，通过数学处理，得出一个较简单的相对数值（一般为无量纲值），用以反映水体的污染程度。这种处理方法，称为指数法。指数是定量表示水质的一种数量指标，有反映单一污染物影响下的"单指数"和反映多项污染物共同影响下的"综合指数"两种。借助它们可进行不同水体之间、同一水体不同部分之间或同一水体不同时间的水质状况的比较。指数法评价水质，由于简单明了、容易使用，评价结果易于比较，因而应用比较广泛。

单指数 $P_i\left(P_i=\frac{C_i}{S_i}\right)$ 表示某种污染物对水环境产生等效影响的程度。它是污染物的实测浓度 C_i 与该污染物在水环境中的允许浓度 S_i 的比值。

综合指数表示多项污染物对水环境产生的综合影响的程度。它以单指数为基础，通过各种数学关系式综合求得。综合计算的方法有数量统计法、评分法、叠加法等，根据叠加时的算法不同，又分为算术平均法、加权平均法、均值和最大值平方和的均方根法及几何均值法等。

第三节　环境影响评价

环境影响评价（environmental impact assessment）是指对规划和建设项目实施后可能造成的环境影响进行分析、预测和评估，提出预防或者减轻不良环境影响的对策和措施，进行跟踪监测的方法与制度。通俗说就是分析项目建成投产后可能对环境产生的影响，并提出污染防治对策和措施。

一、环境影响评价的目的和内容

（一）环境影响评价的目的

环境影响评价，其目的是切实从源头上防止污染，防止建设项目产生新的污染，或将污染限制在尽可能小的程度。经过环境影响评价审批的项目，对其建设后可能造成的环境影响进行预测，对预防和防治环境污染有着至关重要的作用，同时也能有效地减少因没有采取必要的预防措施产生污染而导致对人类和动植物的危害，以及由此引发的纠纷。环境影响评价实质是国家降低社会公共成本，降低投资风险，保护人民健康，维护社会稳定。

（二）环境影响评价的内容

1. 确定环境影响评价工作等级

环境影响评价工作等级是对环境影响评价几个专题工作进行深度划分，建设项目各环境要素专项评价原则上应划分工作等级，一般可划分为三级。一级评价对环境影响进行全面、详细、深入评价，二级评价对环境影响进行较为详细、深入评价，三级评价可只进行环境影响分析。建设项目其他专题评价可根据评价工作需要划分评价等级。

2. 编写环境影响评价大纲

环境影响评价大纲是在开展评价工作之前编制的环境影响报告书的总体设计和行动指南。它是具体指导某建设项目环境影响评价的技术文件，也是检查环境影响报告书内容和质量的主要依据。

3. 环境现状调查

环境现状调查是每个环境影响评价共有的内容，其目的是充分掌握项目所在区域环境质量现状或本底值，为后续的环境影响预测、评价和积累效应分析及进行环境影响评价提供数据。

4. 环境影响预测与评价

环境影响预测与评价一般按照环境要素（大气环境、水环境、生态环境、声环境）分别进行。预测的范围、内容根据评价工作等级、环境特点和环境要求而定，预测的方法通常采用数学模型法、物理模型法、类比调查法和专业判断法。

二、环境影响评价主要方法

环境影响评价方法，是指在环境评价工作中，针对环境影响评价的特点，为解决某些环境问题综合性地发展起来的一类反映人类活动与环境状况的方法。广义的环境评价方法包括环境识别法、环境影响预测法和环境影响评价法，狭义的环境影响评价方法是指在经过影响识别和预测后对环境影响作出的评价。

（一）清单法

清单法也叫核查表法，是指在环境识别和影响评价时，把必须考虑的环境参数和影响一一列出，经修正后可反映人类活动的性质。

（二）矩阵法

矩阵法是清单法的延伸，该方法是把人类活动和受影响的环境特征和标志组成一个矩阵，在它们之间建立起直接因果关系，定量或半定量地说明人类活动对环境的影响。

（三）网络法

网络法是采用原因—结果分析的网络来阐明和推广矩阵法，它要求首先弄清楚建设项目的原生影响面，并说明在一定范围内对环境的继发性影响。

（四）评价函数作图法

评价函数作图法是利用评价函数，采用函数曲线作图的方法，将各种参数值转换成环境质量等级值，然后将环境质量等级值与参数重要性的权重值相乘，得出环境影响值，根据环境影响值对各种活动进行评价。

（五）模拟模型法

模拟模型法根据一个地区内的生产、消耗和环境污染之间的相互关系建立起来的模型，在对各个单要素进行评价的基础上，通过对影响的加权或集合产生出所有影响的总评价值；也可以采用动态系统模拟模型，以动态观点综合研究一定范围内人口、经济发展、环境和资源之间的复杂关系。

（六）环境系统综合评价法

环境系统综合评价法由环境影响分析、环境要素与环境过程变化预测、对策分析法三部分组成，这种方法是把各环境要素作为环境系统整体的一个组成部分，研究它们之间的联系和各种过程的时空变化规律，并在区域自然环境特点和社会经济特点的背景上来研究建设项目的环境影响。

思 考 题

1. 环境监测的目的和分类有哪些？
2. 大气环境中的主要污染物及其监测方法有哪些？
3. 水质状况综合指标及其测定方法有哪些？
4. 水环境和土壤环境中的重金属污染物的监测方法有哪些？
5. 环境质量现状评价的主要内容有哪些？
6. 水质评价的一般步骤是什么？
7. 环境影响评价的目的和内容是什么？
8. 环境影响评价主要方法有哪些？

第九章　环境规划与管理

第一节　环境管理

环境管理是在环境保护的实践工作中产生和发展起来的，通常包含两层含义，一是将环境管理作为一门学科来看，即环境管理学。它是环境科学和管理科学交叉渗透的产物，是一门研究环境管理最一般规律的科学，它研究的是正确处理自然生态规律与社会经济规律对立统一关系的理论和方法，以便为环境管理提供理论和方法上的指导。二是将环境管理作为一个工作领域，是环境管理学在环境保护工作中的具体运用，是政府环境行政管理部门的一项主要职能。

一、环境管理的概念与特点

（一）环境管理的概念

环境管理概念的形成与发展是同人们对于环境问题的认识过程联系在一起的。最初，人们把环境问题作为一个技术问题，认为依靠科学技术就可以解决，这个时期环境管理实质就是污染治理。实践证明，这一时期的工作没有从产生环境问题的根源入手，从而没能从根本上解决环境问题。20 世纪 70 年代末到 90 年代初，人们开始认识到酿成各种环境问题的原因在于经济活动中环境成本的外部化。因此，这一时期把环境问题作为经济问题，开始设法将环境成本内在化到产品成本中去，以经济刺激为主要管理手段，用收费、税收、补贴等经济手段以及法律的、行政的手段进行环境管理，并被认为是最有希望解决环境问题的途径。但大量实践表明，这一阶段仍然不能从根本上解决环境问题。1987 年，《我们共同的未来》一书的出版以及 1992 年联合国环境与发展大会的召开，标志着人类对环境问题的认识提高到了一个新的高度，40 多年来解决环境问题的实践与思考，人们终于觉悟到，环境问题是一个发展问题，必须把社会经济发展与环境保护协调起来，才能从根本上解决环境问题。人们对环境管理有了新的认识，环境管理的内容大大地扩展了，要求也大大地提高了。

根据学术界对环境管理的认识，环境管理可概括为："依据国家的环境政策、法规、标准，从综合决策入手，运用技术、经济、法律、行政、教育等手段，对人类损害环境质量的活动施加影响，通过全面规划，协调发展与环境的关系，达到既发展经济满足人类的基本需要，又不超过环境的容许极限。"

（二）环境管理的特点

1. 综合性

环境管理的内容涉及土壤、水、大气、生物等各种环境因素，环境管理的领域涉及经济、社会、政治、自然、科学技术等方面，环境管理的范围涉及国家的各个部门，环境管理的手段包括行政的、法律的、经济的、技术的和教育的手段等，所以环境管理具有高度的综合性。开展环境管理必须从综合决策入手，综合协调、综合管理。

2. 区域性

环境问题与地理位置、气候条件、人口密度、资源蕴藏、经济发展、生产布局以及环境容量等多方面的因素有关，所以环境管理具有明显的区域性。这些特点要求环境管理采取多种形式和多种控制措施，不能盲目照搬其他地区先进的管理经验，必须根据区域环境特征，有针对性地制定环境保护目标和环境管理的对策措施，以地区为主进行环境管理。

3. 广泛性

每个人都在一定的环境中生活，人们的活动又作用于环境，环境质量的好坏，同每一个社会成员有关，涉及每个人的切身利益。所以环境保护不只是环境专业人员和专门机构的事情，开展环境管理需要社会公众的广泛参与和监督，要广大公众的协同合作，才能成功地解决环境问题。

二、环境管理的基本职能

环境管理是国家机关的一种基本职能，它是国家机关对政治、经济、文化、外交、科学教育等各个社会领域行使管理职能的一个组成部分。环境管理的目的是协调社会经济发展与保护环境的关系，使人类具有一个良好的生活、劳动环境，使经济得到长期稳定的增长。环境管理部门的职能就是运用规划、组织、协调、监督、检查、研究、支持等各种方式去推动环境保护事业的发展，实现环境管理目标。

关于环境管理的基本职能，根据我国的国情和环境保护工作实践，曾提出过“三职能说”即规划、协调、监督检查；随着环境保护事业的发展，又提出了“四职能说”即规划、协调、指导（服务）、监督。在联合国环境与发展大会以后，原国家环保总局局长解振华根据我国的国情指出环境管理的基本职能是宏观指导、统筹规划、组织协调、提供服务、监督检查。

（一）宏观指导

宏观指导是环境管理的一项重要职能。它通过制定和实施环境保护战略对地区、部门、行业的环境保护工作进行指导，包括确定战略重点、环境总体目标（战略目标）、总量控制目标、制定战略对策。通过制定环境保护的方针、政策、法律法规、行政规章及相关的产业、经济、技术、资源配置等政策，对有关环境及环境保护的各项活动进行规范、控制、引导。

（二）统筹规划

环境规划是环境决策在时间和空间上的具体安排，是政府环境决策的具体体现，在环境管理中起着指导作用。它的首要任务是研究制定区域宏观环境规划并在此基础上制定和实施专项详细环境规划，通过规划来调整资源、人口、经济与环境之间的关系，控制污染，保护和改善生态环境，促进经济与环境协调发展。

（三）组织协调

即将各地区、各部门、各方面的环境保护工作有机地结合起来，通过协调，减少相互脱节和矛盾，以相互沟通、分工合作、统一步调，共同实现环境保护目标要求。组织协调包括战略协调、政策协调、技术协调和部门协调。

（四）提供服务

环境管理以经济建设为服务中心，为推动地区、部门、行业的环境保护工作提供服务。包括提供技术指导、建立环境信息咨询和环保市场信息服务。

（五）监督检查

对地区和部门的环境保护工作进行监督检查是根据国家有关法律赋予环境保护行政主管部门的一项权力，也是环境管理的一项重要职能。在《中国环境与发展十大对策》第九条中强调：各级党政领导要支持环境管理部门依法行使监督权力，做到“有法必依，执法必严，违法必究”。环境管理的监督检查职能主要包括：环境保护法律法规执行情况的监督检查，制定和实施环境保护规划的监督检查，环境标准执行情况的监督检查，环境管理制度执行情况的监督检查以及自然保护区建设和生物多样性保护的监督检查等。

环境监督检查工作中最重要的任务是健全环境保护法规和环境标准，环境法规、环境标准和环境监测是环境管理部门执行监督检查职能的基本依据。三者缺一不可。

三、环境管理的对象、内容和手段

（一）环境管理的对象

环境管理是运用各种手段调整人类社会作用于环境的行为，对人类的社会经济活动进行引导并加以约束，使人类社会经济活动与环境承载力相适用，实现社会的可持续发展。因此，环境管理的对象应该是人类社会的环境行为，具体可分为公众行为、企业行为和政府行为。

1. 公众行为

需要是人的行为的原动力，个体的人为了满足自身生存和发展的需要，通过生产劳动或购买去获得用于消费的物品和服务。例如，农民将自己种植的部分粮食、蔬菜用于消费，以满足自己及家庭成员的基本生存需要，城市居民从市场中购买物品以满足需要等。当人们在消费这些物品的过程中或在消费以后，将会产生各种负面影响。如对消费品进行清洗、加工处理过程中会产生生活垃圾，在运输和保存消费品时会产生包装废物，在消费品使用后，迟早也成为废物进入环境。

由于公众的消费行为会对环境造成不良影响，因此公众行为是环境管理的主要对象之一。为此必须唤醒公众的环境意识，改变传统的价值观和消费观，提倡节俭消费、绿色消费。同时还要采取各种技术和管理措施，最大限度地降低消费过程中对环境的影响。总之，在市场经济条件下，可以运用经济刺激手段和法律手段，引导和规范消费者的行为，建立合理的绿色消费模式。

2. 企业行为

企业作为社会经济活动的主体，其主要目标通常是通过向社会提供物质性产品或服务来获得利润。在生产过程中，他们从自然界索取自然资源，作为原材料投入生产活动中，同时排放出一定数量的污染物。因此，企业的生产活动对环境系统的结构、状态和功能均有极大的负面影响。原材料的采集，直接改变了环境的结构，进而影响到环境的功能，比如为了满足造纸的需要，森林被过度砍伐，导致森林生态系统功能的丧失；生产过程中产生的废气、废水、废渣，对人体健康和生态系统均有极大的危害。由此可见，企业行为是环境管理中又一个重要的管理对象。要控制企业对环境产生的不良影响，就必须制定严格的环境标准，限制企业的排污量，禁止兴建高消耗、重污染的企业，运用各种经济刺激手段，鼓励清洁生产，发展高科技无污染、少污染与环境友好的企业等。

3. 政府行为

政府行为是人类社会最重要的行为之一，政府作为社会行为的主体，为社会提供公共消费品和服务，如供水、供电等，这种情况在世界范围内具有普遍性；作为投资者为社会提供一般的商品和服务，这在我国比较突出；掌握国有资产和自然资源的所有权，以及对自然资源开发利用的经营和管理权；对国民经济宏观调控和引导，其中包括政府对市场的政策干预。

政府的行为同样会对环境产生这样或那样的影响。其中特别值得注意的是宏观调控对环境所产生的影响具有极大的特殊性，既牵涉面广、影响深远，又不易察觉。政府行为对环境的影响是复杂的、深刻的，既可以有重大的正面影响，也可能有巨大的难以估计的负面影响。要防止和减轻政府行为所造成和引发的环境问题，关键是促进宏观决策的科学化，并注意决策的民主化和政府施政的法制化。

（二）环境管理的内容

环境管理所面对的是整个社会经济—自然环境系统，着力于对损害环境质量的人的活动施加影响，协调发展与环境的关系，因此环境管理涉及的范围广，内容也非常丰富。环境管理的内容可以从不同角度来划分。

1. 根据环境管理的范围划分

(1) 资源环境管理

资源环境管理是依据国家资源政策，以自然资源为管理对象，以保证资源的合理开发和持续利用。包括可再生资源的恢复与扩大再生产，以及不可更新（再生）资源的节约利用和替代资源的开发，如土地资源管理、水资源管理、生物资源管理等。

(2) 区域环境管理

区域环境管理是以特定区域为管理对象，以解决区域内环境问题为内容的一种环境管理。主要指协调区域社会经济发展目标和环境目标，进行环境影响预测，制定区域环境规划并保证环境规划的实施。包括国土的环境管理，省、自治区、直辖市的环境管理以及流域环境管理等。

(3) 部门环境管理

部门环境管理是以具体的单位和部门为管理对象，以解决该单位或部门内部的环境问题为内容的一种环境管理。部门环境管理包括能源环境管理、工业环境管理、农业环境管理、交通运输环境管理、商业医疗卫生等部门的环境管理。

2. 根据环境管理的性质划分

(1) 环境计划管理（规划管理）

环境计划管理是依据规划或计划而开展的环境管理，也称为环境规划管理，主要是把环境目标纳入发展计划，以制定各种环境规划和实施计划，并对环境规划的实施情况进行监督和检查，再根据实际情况修正和调整环境保护年度计划方案，改进环境管理对策和措施。包括：整个国家的环境规划、区域或水系的环境规划、城市环境规划等。

(2) 环境质量管理

环境质量管理是为了保持人类生存与健康所必需的环境质量而进行的各项管理工作。包括环境标准的制定，环境质量及污染源的监控，环境质量变化过程、现状和发展趋势的分析评价以及编写环境质量报告书等。

(3) 环境技术管理

通过制定技术政策、技术标准、技术规程以及对技术发展方向、技术路线、生产工艺和污染防治技术进行环境经济评价，以协调经济发展与环境保护的关系。包括两方面的内容：一是制定恰当的技术标准、技术规范和技术政策；二是限制在生产过程中采用损害环境质量的生产工艺，限制某些产品的使用，限制资源的不合理开发使用，通过这些措施，使生产单位采用对环境危害最小的技术，促进清洁工艺的发展，促进企业的技术改造与创新。

(4) 环境监督管理

环境监督管理是运用法律、行政、技术等手段，根据环境保护的政策、法律法规、环境标准、环境规划的要求，对各地区、各部门、各行业的环境保护工作进行监察督促，以保证各项环保政策、法律法规、标准、规划的实施。

应该指出，环境管理内容的划分，只是为了研究问题的方便。事实上，各类环境管理的内容是相互交叉、渗透的关系。如城市环境管理中又包括环境质量管理、环境技术管理等内容。

(三) 环境管理的手段

1. 行政手段

行政手段主要指国家和地方各级行政管理机关，根据国家行政法规所赋予的组织和指挥权力，是环境保护部门经常大量采用的手段。主要是研究制定环境方针、政策，建立法规，颁布标准，进行监督协调，对环境资源保护工作实施行政决策和管理；组织制定和检查环境计划；运用行政权力对某些区域采取特定措施，如将某些地域划为自然保护区、重点治理区、环境保护特区；对某些危害环境严重的工业、交通、企业要求限期治理或勒令停产、转产或搬迁；对易产生污染的工程设施和项目，采取行政制约手段，如审批环境影响报告书、发放与环境保护有关的各种许可证；审批有毒有害化学品的生产、进口和使用；管理珍稀动植物物种及其产品的出口、贸易事宜；对重点城市、地区、水域的防治工作给予必要的资金或技术帮助等。

2. 法律手段

法律手段是环境管理强制性措施，按照环境法规、环境标准来处理环境污染和破坏问题，是保障自然资源合理利用，并维护生态平衡的重要措施。主要有对违反环境法规、污染和破坏环境、危害人民健康、财产的单位或个人给予批评、警告、罚款或责令赔偿损失，协助和配合司法机关对违反环境保护法律的犯罪行为进行斗争、协助仲裁等。

3. 经济手段

经济手段是指利用价值规律，运用价格、税收、补贴、信贷等货币或金融手段，引导和激励生产者在资源开发中的行为，促进社会经济活动主体节约和合理利用资源，积极治理污染。经济手段是环境管理中的一种重要措施，如在环境管理过程中采取的污染税、排污费、财政补贴、优惠贷款等都属于环境管理中的经济手段。

4. 环境教育

环境教育是环境管理不可缺少的手段。主要是通过报纸杂志、电影电视、展览会、报告会、专题讲座等多种形式，向公众传播环境科学知识，宣传环境保护的意义以及国家有关环境保护和防治污染的方针、政策等。通过环境教育提高全民族的环境意识，激发公民保护环境的热情和积极性，把保护环境变成自觉行动，从而制止浪费资源、破坏环境的行为。环境教育的形式包括基础教育、专业教育和社会教育。

5. 技术手段

技术手段是指借助那些既能提高生产率，又能把对环境污染和生态破坏控制到最小限度的技术以及先进的污染治理技术等来达到保护环境目的的手段。技术手段种类很多，如推广和采用清洁生产工艺，因地制宜地采用综合治理和区域治理技术；交流国内外有关环境保护的科学技术情报；组织推广卓有成效的管理经验和环境科学技术成果；开展国际间的环境科学技术合作等。

四、环境管理理论的形成与发展

（一）当代环境管理思想和理论学派

环境管理的思想和实践有着悠久的历史。中国历朝历代都有生态保护的相关律令，如《逸周书》上说："禹之禁，春三月，山林不登斧斤，以成草木之长；夏三月，川泽不入网罟，以成鱼鳖之长；不麛不卵，以成鸟兽之长。""殷之法，弃灰于公道者，断其手"。西周《伐崇令》规定："毋坏屋，毋填井，毋伐树木，毋动六畜。有不如令者，死无赦。"英国伦敦在13世纪70年代曾颁布了一项禁止使用烟煤的法令，到14世纪就有人因燃烧烟煤污染环境引起公愤，而被吊死。但是，人类真正开始认识环境问题还是在20世纪60年代末至70年代初，震惊世界的八大公害事件，唤起了世人的环境意识，大批的科学家与学者积极参与环境问题的研究，发表了许多报告和著作，形成了有代表性的观点和学派，对环境管理思想和理论的发展产生了重要的影响。

1. 蕾切尔·卡逊和《寂静的春天》

《寂静的春天》这本书是美国海洋生物学家蕾切尔·卡逊在遍阅了美国官方和民间关于使用杀虫剂造成危害情况的报告基础上写成的。卡逊以翔实的资料和生动的笔法描述了以DDT为代表的杀虫剂的广泛使用，给我们的环境所造成的巨大的、难以逆转的危害，通过充分的科学论证，表明这种由杀虫剂所引发的情况实际上就正在美国的全国各地发生，破坏了从浮游生物到鱼类到鸟类直至人类的生物链，使人患上慢性白细胞增多症和各种癌症。所以像DDT这种"给所有生物带来危害"的杀虫剂，"它们不应该叫做杀虫剂，而应称为杀生剂"。不仅如此，卡逊还尖锐地指出，环境问题的深层根源在于人类对于自然的傲慢和无知。因此，她呼吁人们要重新端正对自然的态度，重新思考人类社会的发展道路问题。

《寂静的春天》一问世即引起了很大的争议，它那惊世骇俗的关于农药危害人类环境的预言，强烈震撼了社会广大民众，同时也受到与之利害攸关的生产与经济部门的猛烈抨击。作为一个学者与作家，卡逊所遭受的诋毁和攻击是空前的，但她所坚持的思想终于为人类环境意识的启蒙点燃了一盏明亮的灯。《寂静的春天》被公认是20世纪最具影响力的书籍之一。

2. 罗马俱乐部和《增长的极限》

罗马俱乐部是一个非正式的国际协会，被称为"无形的学院"。其宗旨是要促进人们对全球系统各部分——经济的、自然的、政治的、社会的组成部分的认识，促进制定新政策和行动。

20世纪70年代，一份由罗马俱乐部提出的名为《增长的极限》的报告的出版，震惊了整个世界。这份报告依据计算机模型模拟的方法，通过对关乎世界未来的五大因素——世界人口、工业化、环境污染、粮食生产和资源消耗的趋势发展研究，得出震撼整个世界的结论："人类如果不改变现今的生活方式和生产方式，而是按照既有的趋势继续下去，这个星球上增长的极限将会在100年内发生。"该书还指出"改变这种增长趋势和建立稳定的生态和经济的条件，以支撑遥远未来是可能的"，而且，"为达到这种结果而开始工作得愈快，他们成功的可能性就愈大"。"零增长"是罗马俱乐部发展观的核心。

尽管理论界对此仍有争议，有人甚至写过一本《没有极限的增长》来进行反驳，但《增长的极限》从1972年公开发表以来，所提出的人口问题、粮食问题、资源问题和环境污染问题，越来越引起世界的关注。书中的观念和观点对当时西方发达国家陶醉于高增长、高消费的"黄金时代"状况提出了惊世骇俗的警告，它的论证为后来的环境保护与可持续发展的理论奠定了基础。

3. 宇宙飞船经济理论

1960年美国学者鲍丁提出的宇宙飞船经济理论，指出我们的地球只是茫茫太空中一艘小小的宇宙飞船，人口和经济的无序增长迟早会使船内有限的资源耗尽，而生产和消费过程中排出的废料将使飞船污染，毒害船内的乘客，此时飞船会坠落，社会随之崩溃。

为了避免这种悲剧，必须改变这种经济增长方式，要从"消耗型"改为"生态型"，从"闭环式"转为"开放式"，经济发展目标应以福利和实惠为主，而并非单纯地追求产量。这就是所谓循环经济思想的源头。

4. 只有一个地球

《只有一个地球》的副标题是"对一个小小行星的关怀和维护"，是一本讨论全球环境问题的著作。该书是英国经济学家B. 沃德(B. Ward)和美国微生物学家R. 杜博斯(R. Dubos)受联合国人类环境会议秘书长M. 斯特朗(M. Strong)委托，为1972年在斯德哥尔摩召开的联合国人类环境会议提供的背景材料，材料由40个国家提供，并在58个国家152名专家组成的通信顾问委员会协助下完成。全书从整个地球的发展前景出发，从社会、经济和政治的不同角度，评述经济发展和环境污染对不同国家产生的影响，呼吁各国人民重视维护人类赖以生存的地球，对于推动各国环境保护工作有广泛影响。这本著作中所阐述的许多观点对现代环境管理思想和理论的形成与发展产生了重要的影响。

综上所述，在20世纪60年代末到70年代初，一大批的科学家和学者投身于环境保护行列，各学派的思想、理论及著作，对推动各国的环境管理产生了广泛的影响，提高了世人对环境问题的认识，引发了第一次环境管理思想的革命，对当代环境管理思想的产生和发展起到了巨大的推动作用。

(二) 环境管理发展史上的第一座里程碑

1. 联合国人类环境会议

在各环境保护先驱人物和学派的思想及理论的推动下，引发了人类对环境问题的第一次认识高潮。1972年6月5日联合国在瑞典的斯德哥尔摩召开了第一次人类环境会议，这是世界各国政府第一次共同讨论当代环境问题，探讨保护全球环境战略。会议通过了《联合国人类环境会议宣言》，呼吁各国政府和人民为维护和改善人类环境，造福全体人民，造福子孙后代而共同努力。

该宣言将会议形成的共同看法和制定的共同原则加以总结，提出了7个共同观点和26项共同原则，初步构筑起环境规划与管理思想和理论的总体框架。

2. 墨西哥会议

在人类环境会议之后，1974 年在墨西哥由联合国环境规划署（UNEP）和联合国贸易与发展会议（UNCTAD）联合召开了资源、环境与发展战略方针专题讨论会。会议进一步讨论了《联合国人类环境宣言》所提出的共同观点和共同原则，并进一步明确了环境管理的任务就是协调发展与环境的关系，促使现代环境管理步入了迅速发展的道路。

人类环境会议，已经构筑起了现代环境管理思想和理论的总体框架，墨西哥会议，进一步明确了环境管理的核心是协调发展和环境的关系。人类环境会议和墨西哥会议，使人类对环境问题的认识有了重大的转变，是环境管理思想的一次革命，是环境管理发展史上的第一座里程碑。

（三）环境管理发展史上的第二座里程碑

1.《我们共同的未来》—可持续发展战略的提出

20 世纪 80 年代末到 90 年代初，由于全球性环境问题日趋严重和《我们共同的未来》，引发了现代管理思想的第二次革命。1992 年联合国环境与发展会议召开，提出了可持续发展理念，在全球环境保护发展史上树立起第二个路标。

1984 年 10 月，联合国世界环境与发展委员会成立后，即在委员会主席、挪威首相布伦特兰夫人的领导下，编写了《我们共同的未来》，这是关于人类未来的纲领性文献。报告分三个部分，共 12 章。《我们共同的未来》阐述了“从一个地球到一个世界”的总观点，并明确提出持续发展战略，即“满足当代人的需要，又不对后代人满足其需要的能力构成危害的发展”。

2. 联合国环境与发展会议

1992 年 6 月 13～14 日，联合国环境与发展会议在巴西里约热内卢召开，讨论了人类生存面临的环境与发展问题，通过了《里约环境与发展宣言》和《21 世纪议程》两个纲领性文件。

《里约环境与发展宣言》重申了 1972 年 6 月 16 日在斯德哥尔摩通过的《联合国人类环境宣言》的观点和原则，并在认识到地球的整体和相互依存性的基础上，对加强国际合作，实行可持续发展，解决全球性环境与发展问题，提出了 27 项原则。

《21 世纪议程》着重阐明了人类在环境保护与可持续之间应作出的选择和行动方案，提供了 21 世纪的行动蓝图，涉及与地球持续发展有关的所有领域。它是“世界范围内可持续发展行动计划”，是从目前至 21 世纪在全球范围内各国政府、联合国组织、发展机构、非政府组织和独立团体在人类活动对环境产生影响的各个方面的综合的行动蓝图。

这次会议被认为是人类迈入 21 世纪的意义最为深远的一次世界性会议。人类对环境问题的认识上升到了一个新的高度，是环境管理思想的又一次革命，是环境管理发展史上的第二座里程碑。

至此，环境管理思想就是可持续发展的思想，环境管理的最终目标就是走可持续发展道路。

五、中国环境管理的政策、法规和制度

在环境规划与管理模式探索的过程中，我国明确地提出要开拓有中国特色的环境保护道路。其主要内涵有两个方面：在大政方针上，以环境与经济协调发展为宗旨，把在 20 世纪 80 年代初以来陆续提出的预防为主、谁污染谁治理和强化环境管理等政策思想确定为环境

保护的“三大政策”；在具体制度措施上，形成了以“八项环境管理制度”为主要内容的一套环境管理制度，促使环境规划与管理工作由一般号召走上靠制度管理的轨道。

（一）中国环境保护的方针政策

1. 中国环境保护的基本方针

（1）环境保护的“32”字方针

1973年第一次全国环境保护会议上正式确立了中国环境保护工作的基本方针：全面规划、合理布局、综合利用、化害为利、依靠群众、大家动手、保护环境、造福人民。

（2）“三同步、三统一”的方针

1983年年底召开的第二次全国环境保护会议，制定了我国环境保护事业的大政方针，提出“经济建设、城乡建设和环境建设要同步规划、同步实施、同步发展，实现经济效益、社会效益和环境效益的统一”的环保战略方针。这一方针是经济发展、社会发展和环境保护的共同要求，成为我国环境保护工作的长期指导方针。

（3）可持续发展战略方针

1992年联合国环境与发展大会后，我国率先提出了《环境与发展十大对策》，制定了《中国21世纪议程》、《中国环境保护行动计划》等纲领性文件，实施可持续发展战略已成为我国环境管理的基本指导方针。

1996年7月，国务院召开的第四次全国环境保护会议，把可持续发展战略和“三同步，三统一”紧密联系起来，并在同年9月国务院批准的《国家环境保护“九五”计划和2010年远景目标》中明确阐述了指导我国今后环境保护工作的基本方针：“坚持环境保护基本国策，推行可持续发展战略，贯彻经济建设、城乡建设、环境建设同步规划、同步实施、同步发展的方针，积极促进经济体制和经济增长方式的转变，实现经济效益、社会效益和环境效益的统一。”

2. 中国环境保护的基本政策

经过长期的探索与实践，20世纪80年代我国制定了“预防为主”、“谁污染谁治理”和强化环境管理的三大环境保护政策。这三大政策确立了我国环境保护工作的总纲和总则，其根本出发点和目的就是要谋求以当今环境问题的基本特点和解决环境问题的一般规律为基础，以我国的基本国情，尤其是多年来我国环境保护工作的经验教训为条件，以强化环境管理为核心，以实现经济、社会和环境的协调发展战略为目的的具有中国特色的环境保护道路。

（1）预防为主、防治结合的政策

预防为主的政策思想是：把消除污染、保护环境的措施实施在经济开发和建设过程之前或之中，从根本上消除环境问题得以产生的根源，大大减轻事后处理所要付出的代价。坚持预防为主，防治结合政策，要把保护环境与转变经济增长方式紧密结合起来，积极发挥环境保护对经济建设的调控职能，所有建设项目都要有环境保护规划和要求，对环境污染和生态破坏实行全过程控制，促进资源优化配置，提高经济增长质量和效益。主要措施包括：一是把环境保护纳入国家发展、地方和各行各业中长期及年度经济社会发展计划；二是对已开发建设项目实行“环境影响评价”和“三同时”制度；三是对城市实行综合整治。

（2）谁污染谁治理政策

“谁污染谁治理”（后来进一步发展为谁开发谁保护、谁受益谁补偿）政策的主要思想是：

治理污染、保护环境是生产者不可推卸的责任和义务，由污染产生的损害以及治理污染所需要的费用，都必须由污染者承担和补偿，从而使外部不经济性内化到企业的生产中去。

按照《环境保护法》等有关法令规定，环境保护投资以地方政府和企业为主。企业负责解决自己造成的环境污染和生态破坏问题，不容许转嫁给国家和社会。地方政府负责组织城市环境基础设施的建设，设施建设和运行费用由污染物排放者负担；对跨地区的环境问题，有关地方政府要督促各自辖区内的污染物排放者承担责任，其具体措施为：一是结合技术改造防治工业污染。我国明确规定，在技术改造中要把控制污染作为一项重要目标，并规定防治污染的费用不得低于总费用的 7%。二是对历史上遗留下来的一批工矿企业的污染，实行限期治理，限期治理费用由企业和地方政府筹措，国家也给少量资助。三是对排放污染物的单位实行收费。

(3) 强化环境管理

三大政策中，核心是强化环境管理。这一方面是因为通过改善和强化环境管理可以完成一些不需要花很多资金就能解决的环境污染问题，另一方面是因为强化环境管理可以为有限的环境保护资金创造良好的投资环境，提高投资效益。要把法律手段、经济手段和行政手段有机地结合起来，提高管理水平和效能，在建立社会主义市场经济过程中，更要注重法律手段，依法管理环境，加大执法力度，坚决扭转以损害环境为代价，片面追求局部利益和暂时利益的倾向，纠正有钱铺摊子，没钱治污染的行为，严肃查处违法案件。其主要措施为：一是建立健全环境保护法规体系，加强执法力度；二是制定有利于环境保护的经济、财税政策，增强对环境保护的宏观调控力度；三是从中央到省、市、县、乡镇五级政府建立环境管理机构，加强督促管理；四是广泛开展环境保护宣传教育，不断提高全民族的环境意识。

（二）环境保护法律法规

法律是由国家制定、认可并强制执行的行为准则或规范。我国自 20 世纪 80 年代开始，从中央到地方颁布了一系列环境保护法律、法规。目前，已初步形成了由国家宪法、环境保护基本法、环境保护单行法规和其他部门法中关于环境保护的法律规范等所组成的环境保护法体系。

1. 环境法律体系

① 宪法。我国宪法对环境与资源保护作了一系列规定。宪法中关于环境与资源保护的规定是环境与资源保护法的基础，是各种环境与资源保护法律、法规和规章制度的立法依据。《中华人民共和国宪法》第二十六条规定："国家保护和改善生活环境和生态环境，防治污染和其他公害。"这一规定是国家对于环境保护的总政策。

② 环境与资源保护基本法。我国环境与资源保护基本法是 1989 年 12 月颁布的《中华人民共和国环境保护法》，它对环境与资源保护的重要问题作了全面的规定，是除宪法之外具有最高地位的环境保护法。它规定了环境法的目的和任务，规定了环境保护的对象，规定了一切单位和个人保护环境的义务和权力，规定了环境管理机关的环境监督管理权限，规定环境保护的基本原则和环境管理应该遵循的管理制度，规定了防治环境污染、保护环境的基本要求和相应的义务。

③ 环境保护单行法。环境保护单行法是指针对特定的保护对象，如某种环境要素或特定的环境社会关系而进行专门调整的立法，大体包括土地利用规划法（如国土整治、城市规划等法规）、环境污染防治法（如大气污染防治法、水污染防治法）、自然保护法（如水法、森林

法等)三类。

④ 环境保护条例和部门规章。为了贯彻落实环境保护基本法及环境保护单行法,由国务院或有关部门发布的,如《中华人民共和国环境噪声污染防治条例》、《中华人民共和国自然保护区条例》、《放射性同位素与射线装置放射防护条例》、《化学危险品安全管理条例》、《淮河流域水污染防治暂行条例》、《中华人民共和国海洋石油勘探开发环境保护管理条例》、《风景名胜区管理暂行条例》、《基本农田保护条例》等环境保护行政法规及规范性文件。

⑤ 地方性环境法规和地方政府规章。地方人民代表大会和地方人民政府为实施国家环境保护法律,结合本地区的具体情况制定和颁布的环境保护地方性法规。如《江苏省环境保护条例》、《湘江长沙段饮用水水源保护条例》等。

⑥ 环境标准。环境标准是环境法律体系的一个重要组成部分,包括环境质量标准、污染物排放标准、环境基础标准、样品标准和方法标准。中国法律规定,环境质量标准和污染物排放标准属于强制性标准,违反强制性环境标准,必须承担相应的法律责任。

⑦ 国际环境保护条约。我国政府为了保护全球环境而签订了一系列国际公约,如巴塞尔公约、蒙特利尔议定书,国际公约是我国承担全球环境保护义务的承诺,其效力高于国内法律(我国保留的条款除外)。

2. 环境法律责任

环境法律责任是指环境法主体因违反其法律义务而应当承担的具有强制性的法律后果,按其性质可分为环境行政责任、环境民事责任和环境刑事责任三种。

环境行政责任是指环境法律关系的主体出现违反环境法律法规、造成环境污染与破坏或侵害其他行政关系但尚未构成犯罪的有过错行为(即环境行政违法行为)后,应当承担的法律责任。环境行政责任分为制裁性责任和补救性责任。承担形式有行政处分和行政处罚两种。

环境民事责任是指公民或法人因污染或破坏环境而侵害公共财产或他人人身权、财产权或合法环境权益所应当承担的民事方面的法律责任,环境污染损害的民事赔偿责任是以无过失责任作为基本的归责原则,即因破坏而给他人造成财产或人身损害的行为人,不论其主观上是否有过错,都要对造成的损害承担赔偿责任。但法律还规定了因战争、不可抗力或受害人自身责任和第三方过错可免除承担环境污染损害的赔偿责任的情况。承担民事责任的方式有停止侵害、排除危害、消除危险、赔偿损失、恢复原状。

环境刑事责任是指,行为人故意或过失实施了严重危害环境的行为,并造成了人身死亡或公私财产的严重损失,已经构成犯罪要承担刑事制裁的法律责任。环境刑事责任的承担方式由《中华人民共和国刑法》中规定的刑法种类基本上都适用,包括生命刑、自由刑、财产刑、资格刑。

(三) 我国现行的环境管理制度

按提出的时间先后顺序,我国环境管理的制度主要有"老三项"和"新五项"制度。这些制度构成了我国环境管理的主要的制度框架。与这些制度最初提出的时候相比,每项制度都有很大的发展。

1. 老三项制度

老三项制度即指环境影响评价制度、三同时制度和排污收费制度。

(1) 环境影响评价制度

环境影响评价是指对规划和建设项目实施后可能造成的环境影响进行系统分析、预测，评估其重大性，提出预防、减轻不良环境影响的对策、措施或否决意见，进行跟踪监测的过程。环境影响评价制度是调整环境影响评价中发生的社会关系的一系列法律规范的总和，是环境影响评价原则、程序、内容、权利义务以及管理措施的法定化。环境影响评价是1964年提出的一个科学概念，1969年被美国写入NEPA。我国1978年引入，1979年获得法律地位。经20多年发展，《中华人民共和国环境影响评价法》由第九届全国人大常务委员会2002年10月28日通过，2003年9月1日起施行。主要文件除《中华人民共和国环境影响评价法》外，还有《建设项目环境保护管理办法》(1986年颁布，部门规章)、《建设项目环境保护管理条例》(1998年颁布，国务院行政法规)等一系列规定。

(2) "三同时"制度"

"三同时"制度是我国独有的一项环境保护管理制度。"三同时"是项目设计、施工和竣工验收阶段的环境管理，是检查项目建设是否将环境影响评价中规定的环境保护措施落实在设计、施工过程中，效果怎样，是否通过项目竣工验收监测，最后决定是否批准正式投产。

"三同时"的提法第一次出现于关于官亭水库水污染问题的报告中，后来发展为具有普遍意义的对一切建设项目的要求。在1979年颁布的《中华人民共和国环境保护法(试行)》、1981年颁布的《基本建设项目环境保护管理办法》、1986年颁布的《建设项目环境保护管理办法》和1998年颁布的《建设项目环境保护管理条例》中"三同时"制度逐步完善。所谓"三同时"，即新建、改建、扩建和技术改造项目的配套环境保护设施，必须与主体工程同时设计、同时施工、同时投产。"三同时"要求各级环境保护部门参与建设项目的设计审查和竣工验收，将环境问题解决在建设过程中，预防新的环境污染和破坏的产生。

"三同时"制度最早出现于1973年经国务院批准的《关于保护和改善环境的若干规定(试行)》中，后来，在1979年的《中华人民共和国环境保护法(试行)》中作出了进一步的规定。此后的一系列环境法律、法规也都重申了"三同时"的规定，从而以法律的形式确立了这项环境管理的基本制度。它是我国所独创的一项环境管理制度。

(3) 排污收费制度

排污收费制度指国家环境管理机关，依照法律规定对于向环境排放污染或超过国家排放标准污染物的排污者，按照污染物的种类、数量和浓度，根据规定征收一定的费用。排污收费是环境管理中的一种经济手段，也是"污染者负担原则"的具体执行方式之一。它一方面可以促进排污者加强环境管理，减少污染物的排放，另一方面也可以筹措一部分环境保护和污染治理的资金。

排污收费制度提出于1978年，1979年列入法律规定并进行试点，1982年颁布了《征收排污收费暂时办法》，对收费的范围、项目、标准和使用作出了明确规定。这项制度的最初规定是只收超标排污费，收费的项目比较少(烟尘、COD等)，费率也比较低，排污费的80%将返还企业用于污染治理。1988年，排污收费制度进行了改革，原来无偿返还的排污费，由拨款改为贷款，有偿使用。1992年排污收费的范围进一步扩大，对排放二氧化硫开始收费。1993年排污收费开始体现总量控制的思想，不超标的污水也开始征收排污费。

2. 新五项制度

新五项制度包括环境保护目标责任制、城市环境综合整治定量考核制度、排污申报登记与排污许可制度、污染集中控制制度、限期治理制度。

（1）环境保护目标责任制

环境保护目标责任制是通过签订责任书的形式，具体落实地方各级人民政府和有污染的单位对环境质量负责的行政管理制度。这一制度明确了一个区域、一个部门及一个单位环境保护的主要责任者和责任范围，运用目标化、定量化、制度化管理方法，把贯彻执行环境保护这一基本国策作为各级领导的行动规范，推动环境保护工作全面、深入地开展。规定各级政府的行政首长对当地的环境质量负责，企业的领导人对本单位的污染防治负责，规定了任务目标，将其作为政绩考核的一项环境管理制度。

（2）城市环境综合整治定量考核制度

城市环境综合整治定量考核制度是指通过实行定量考核，对城市政府在推行城市环境综合整治中的活动予以管理和调整的一项环境监督管理制度。城市环境综合整治自1984年起在我国得到广泛推行。所谓城市环境综合整治，就是把城市的环境作为一个整体，运用综合的战略、手段和措施，对城市环境进行综合规划、综合管理、综合控制，以较小的投入，换取城市环境质量整体最优化，有效地解决城市的环境问题。城市环境综合整治定量考核则是城市环境综合整治工作定量化、规范化。省、自治区、直辖市人民政府对本辖区的城市环境综合整治工作进行定期考核，公布结果。直辖市、省会城市和重点风景旅游城市的环境综合整治定量考核结果，由国家环境保护部核定后公布。城市环境综合整治定量考核的结果作为各城市政府进行城市发展决策、制定环境规划的重要依据。

（3）排污申报登记与排污许可制度

排污申报登记制度规定，凡是向周围环境排放污染物的单位，必须向当地环境保护行政主管部门申报登记排放污染物的设施、污染处理设施及排污种类、数量和浓度。排污许可制度是以改善环境质量为目标，以污染物总量控制为基础，将允许排放污染物的种类、数量、污染物性质、排污去向及污染物排放方式，以排污许可证的形式发放给排污单位和个人，是一项具有法律含义的行政管理制度。我国目前主要推行水污染物排放许可制度，关于大气污染物的排放许可证正处在研究和初试阶段。

（4）污染集中控制制度

污染集中控制制度是指在一个特定的范围内，创造一定的条件，形成一定的规模，建立集中的污水处理设施，将分散污染源实行集中控制和处理的一项环境管理制度。污染集中控制有利于集中有限的资金，采用相对先进的技术和标准，取得较大的综合效益。如城市污染水处理厂将工厂预处理后的废水集中起来进行统一处理。

（5）限期治理制度

限期治理以污染源调查为基础，以环境保护规划为依据，突出重点，分期分批地对污染危害严重、群众反映强烈的污染物、污染源、污染区域采取的限定治理时间、治理内容及治理效果的强制性措施，是人民政府为了保护人民的利益对排污单位采取的法律手段。

第二节　环境规划

环境规划是人类为克服经济社会活动的盲目性和主观随意性，使环境与经济协调发展，而对自身活动和环境所作的时间和空间的合理安排和规定。环境规划是实行环境目标管理的准绳和基本依据，是环境保护战略和政策的具体体现，也是国民经济和社会发展规划体系的重要组成部分。编制和实施环境规划，对于协调经济发展与环境的关系以及保证国家的长治久安和可持续发展具有深远的意义。

《中华人民共和国环境保护法》第一章第四条规定："国家制定的环境保护规划必须纳入国民经济和社会发展规划，国家采取有利于环境保护的经济、技术政策和措施，使环境保护工作同经济建设和社会发展相协调。"第二章第十二条规定："县级以上人民政府环境保护行政主管部门，应当会同有关部门对管辖范围内的环境状况进行调查和评价，拟定环境保护规划，经计划部门综合平衡后，报同级人民政府批准实施。"这些规定，为环境规划的制定提供了法律依据，环境规划在环境管理工作中占有重要地位。

一、环境规划的含义、作用和任务

（一）环境规划的含义

环境规划是人类为使环境与经济和社会协调发展而对自身活动和环境所做的空间和时间上的合理安排。

据《现代汉语词典》，规划即"比较全面的长远的发展计划"。环境规划可认为是人类在环境保护方面制定的较为全面和长远的工作计划，是规划管理者在预测发展对环境的影响及环境质量变化趋势的基础上，对一定时期内环境保护目标和措施所作出的具体规定，是一种带有指令性的环境保护方案。其目的在于调控人类的经济活动，减少污染，防止资源破坏，从而促进环境、经济和社会的可持续发展。

为达到环境规划的目的要求，环境规划必须做好两方面的工作，第一，保障人们公平地享用环境权和所应遵守的义务。环境规划在约束人们经济和社会活动问题上，面对的往往是一部分人污染了另一部分人，或者是一部分人侵害了另一部分人的利益。如何规范这部分人的行为使之履行其保护环境应尽的义务，是环境规划的重要内容。第二，要根据经济和社会发展以及人民生活水平提高对环境要求越来越高，对环境的保护与建设活动做出时间和空间的安排和部署，如确立长远的环境质量目标、筹划生态建设等。

（二）环境规划的作用

1. 促进环境与社会、经济持续发展

环境规划是人类为使环境与经济社会协调发展而对自身活动和环境所做的时间和空间的合理安排。为达此目的，需做三件事：一、根据保护环境的目标要求，对人类经济和社会活动提出一定的约束和要求，如确定合理的生产规模、生产结构和布局，采取有利于环境的技术和工艺，实行正确的产业政策和措施，提供必要的环境保护资金等；二、根据经济和社会发展以及人民生活水平提高对环境越来越高的要求，对环境的保护与建设活动做出的时间和空间的安排与部署；三、对环境的使用和状态、质量目标作出规定，包括环境功能区划，确定不同的用途和保护目标等。因此，环境规划是一种克服人类经济社会活动与环境保护的盲目性和主观随意性的科学决策活动，必须注重预防为主，防患于未然。它的重要作用就在于协调人类活动与环境的关系，预防环境问题的发生，促进环境与经济、社会的持续发展。

2. 保障环境保护活动纳入国民经济和社会发展计划

不管是计划经济还是市场经济，环境保护都离不开政府的主导作用。我国经济体制由计划经济转向社会主义市场经济后，制定规划、实施宏观调控仍然是政府的重要职能，中长期计划在国民经济中仍起着十分重要的作用。环境保护活动是我国经济生活中的重要活动，又与经济、社会活动有着密切的联系，必须纳入国民经济和社会发展计划之中，进行综合平衡，才能顺利进行。环境规划就是环境保护活动的行动计划，为了便于纳入国民经济和社会发展计划，环境规划在目标、指标、项目、措施、资金等方面都应经过科学论证、精心规划。总之要有一个完善的环境规划，才能保障环境保护纳入经济和社会发展计划。

3. 合理分配排污削减量，约束排污者的行为

根据环境的纳污容量以及“谁污染谁承担削减责任”的基本原则，公平地规定各排污者的允许排污量和应削减量，为合理地、指令性地约束排污者的排污行为，消除污染提供科学依据。

4. 以最小的投资获取最佳的环境效益

环境是人类生存的基本要素、生活的重要指标，又是经济发展的物质源泉，环境问题涉及经济、人口、资源、科学技术等诸多方面，是一个多因子、多层次、多目标的、庞大的动态系统。保护环境和发展经济都需要资源和资金，在有限的资源和资金条件下，特别是对发展中的中国来讲，如何用最小的资金，实现经济和环境的协调发展，就显得十分重要。环境规划正是运用科学的方法，保障在发展经济的同时，以最小的投资获取最佳环境效益的有效措施。

5. 指导各项环境保护活动的进行

环境规划制定的功能区划、质量目标、控制指标和各种措施乃至工程项目，给人们提供了环境保护工作的方向和要求，指导环境建设和环境管理活动的开展。没有一个科学的规划，人类活动就是一个盲目的活动。环境规划是指导各项环境保护活动克服盲目性，按照科学决策的方法规定的行动计划。为此，环境规划必须强调科学性和可操作性，以保证科学合理和便于实施，更好地发挥环境规划的先导作用。

（三）环境规划的任务

环境规划的任务是解决和协调国民经济发展和环境保护之间的矛盾，以期科学地规划（或调整）经济发展的规模和结构，恢复和协调各个生态系统的动态平衡，促使人类生态系统向更高级、更科学、更合理的方向发展。

1. 环境规划的基本任务

（1）全面掌握地区经济和社会发展的基础资料，编制地区发展的规划纲要

通过调查研究、搜集有关地区经济和社会发展长期计划以及各项基础技术资料。在搜集整理资料过程中，必须对本地区的资源作全面分析与评价。所谓资源指的是自然资源、经济资源和社会资源。通过对本地区的资源分析与评价，以便进一步制定地区经济和社会发展的性质、任务和方向，确定地区工农业生产发展的专业化和综合发展内容与途径，编制地区发展的规划纲要。

（2）搞好地区内工农业生产力的合理布局

工业合理布局是区域环境规划中的主要任务之一。首先，要对工业分布的现状进行分析，揭露问题和矛盾，以便从根本上解决。其次，要根据地区发展的规划纲要，结合地区经济、社会、历史以及地理条件，将各类工业合理地组合布置在最适宜的地点，使工业布局与资源、环境以及城镇居民点、基础设施等建设布局相协调。

农业是国民经济的基础，农业的发展与土地的开发利用关系特别密切，发展农业，就要结合农业区域提供情况，因地制宜地安排好农、林、牧、副、渔等各项生产用地，加强城郊副食基地的建设，妥善解决工农业之间以及农业与各项建设之间在用地、用水和能源等方面的矛

盾，做到资源利用配置合理，形成区域生产力合理布局。

(3) 合理布局污染工业体系，形成“工业生产链”

污染工业的合理布局是区域环境规划中需要解决的重要任务之一，因此应主要抓好以下几方面工作：对区域内污染工业的分布现状进行分析、揭露矛盾，以便在今后调整和建设过程中逐步改善布局；对于国家计划确定的大型骨干工程，组织有关部门进行联合选厂定点，并进行环境影响评价，预测该工程投产以后对环境可能带来的不利影响，并采取减少其不利影响的保护措施，以期达到规定的环境目标；在新开发的工业区，要形成工业生产链，以便充分利用资源，减少环境污染。

(4) 充分合理地利用资源，提高资源利用率

对全国各地的资源结构进行全面分析和评价，在对比中弄清长处和短处以及有利条件和限制因素，以便因地制宜、扬长避短、最大限度地利用资源。

(5) 搞好环境保护，建立区域生态系统的良性循环

由于社会化大生产和资源的大量开发，引起了生态环境的变化和环境的污染。环境保护已成为人们普遍关心的问题。防止水源地、城镇居民点与风景旅游区的污染，保护自然保护区和历史文物古迹，建设供人们休闲的场地，已成为人们普遍的呼声。区域环境规划应力求减轻或免除对自然的威胁，恢复已被破坏的生态平衡，使大自然的生态向良性循环发展，还应进一步改善和美化环境。对局部被人类活动改造过的地表进行适当修饰，搞好大地绿化和重点园林绿地规划，丰富文化设施，增加休憩和旅游的活动场所。

(6) 制定环境保护技术政策

环境保护技术政策，涉及国民经济和社会发展的需要和可能，资源、能源合理开发利用的程度，生态环境保护与人体健康，国民经济技术开发战略等多方面错综复杂关系，而且还与环境质量的背景、现状和未来发展直接相关。因此，我们强调要制定统一的环境保护技术政策，用以指导制定环境规划。制定环境保护技术政策，既要和有关技术经济政策相协调，又要从环境保护战略全局的需要加以统筹安排，起到横向综合与协调的作用，体现控制环境质量动态发展过程。

2. 当前我国环境规划的基本任务

当前，我国环境规划主要包括以下几项工作：进一步落实环境保护基本国策；坚持污染防治与保护生态环境并重；实施总量控制计划；建立和完善综合决策、监管和共管、环境投入和公众参与四项制度。

二、环境规划的分类

环境规划的分类依不同的分类依据有不同的分类方法。

(一) 按性质划分

环境规划从性质上分，有生态规划、污染综合防治规划、专题规划(如自然保护区规划)和环境科学技术与产业发展规划等。

1. 生态规划

在编制国家或地区经济社会发展规划时，不是单纯考虑经济因素，应把当地的地球物理系统、生态系统和社会经济系统紧密结合在一起进行考虑，使国家或地区的经济发展能够符合生态规律，既能促进和保证经济发展，又不使当地的生态系统遭到破坏。一切经济活动都离不开土地利用，各种不同的土地利用对地区生态系统的影响是不一样的，在综合分析各种

土地利用的"生态适宜度"的基础上，制定土地利用规划，通常称之为生态规划。

2. 污染综合防治规划

污染综合防治规划也称之为污染控制规划，是当前环境规划的重点。按内容可分为工业(行业、工业区)污染控制规划、农业污染控制规划和城市污染控制规划。根据范围和性质的不同又可分为区域污染综合防治规划和部门污染综合防治规划。

3. 自然保护规划

自然保护规划虽然广泛，但根据《中华人民共和国环境保护法》规定，主要是保护生物资源和其他可更新资源。此外，还有文物古迹、有特殊价值的水源地和地貌景观等。我国幅员辽阔，不但野生动植物资源等可更新资源非常丰富，而且有特殊价值的保护对象也比较多，迫切需要分类统筹加以规划，尽快制定全国自然保护的发展规划和重点保护区规划。

4. 环境科学技术与产业发展规划

环境科学技术与产业发展规划主要内容有为实现上述规划类型所需要的科学技术研究、发展环境科学体系所需要的基础理论研究、环境管理现代化的研究和环境保护产业发展研究。

(二) 按规划期分

按规划期可分为长远环境规划、中期环境规划以及年度环境保护计划。

长远环境规划一般跨越时间为10年以上，中期环境规划一般跨越时间为5～10年，5年环境规划一般称五年环境计划。五年环境计划便于与国民经济社会发展计划同步，并纳入其中；年度环境保护计划实际上是五年计划的年度安排，它是五年计划分年度实施的具体部署，也可以对五年计划进行修正和补充。

(三) 按环境要素划分

1. 大气污染控制规划

大气污染控制规划，主要是在城市或城市中的小区进行。其主要内容是对规划区内的大气污染控制，提出基本任务、规划目标和主要的防治措施。

2. 水污染控制规划

水污染控制规划包括区域、水系、城市的水污染控制。具体地讲，水域(河流、湖泊、地下水和海洋)环境保护规划的主要内容是对规划区内水域污染控制，提出基本任务、规划目标和主要防治措施。

3. 固体废物污染控制规划

固体废物污染控制规划是省、市、区、行业和企业等的规划，主要对规划区内的固体废物处理处置、综合利用进行规划。

4. 噪声污染控制规划

噪声污染控制规划一般指城市、小区、道路和企业的噪声污染防治规划。

(四) 按环境与经济的辩证关系划分

1. 经济制约型

经济制约型环境规划是为了满足经济发展的需要。强调环境保护服从于经济发展的需求，一般表现为解决已发生的环境污染和生态的破坏，制定相应的环境保护规划。

2. 协调型

协调型环境规划反映了促使经济与环境之间的协调发展，强调环境目标和经济目标的统一，以提出经济和环境目标为出发点，以实现这一双重目标为终点。

3. 环境制约型

环境制约型环境规划体现经济发展服从于环境保护的需要，主张经济发展目标要建立在保护环境基础上，从充分、有效地利用环境资源出发，同时防止在经济发展中产生环境污染，制定环境保护规划。

（五）按照行政区划和管理层次划分

按行政区划和管理层次可分为国家环境规划、省（区）市环境规划、部门环境规划、县区环境规划、农村环境规划、自然保护区环境规划、城市综合整治环境规划和重点污染源（企业）污染防治规划。国家环境规划，规划范围很大，涉及整个国家，是全国发展规划的组成部分，是全国的环境保护工作的指令性文件，省、市各级政府和环保部门都要依据国家环境规划提出本地的环境保护目标和要求，结合当地实际情况制定本地区的环境规划。

三、环境规划的内容

由于环境规划种类较多，内容侧重点各不相同，环境规划没有一个固定模式，但其基本内容有许多相近之处，主要为：环境调查与评价、环境预测、环境功能区划、环境规划目标、环境规划方案的设计、环境规划方案的选择和实施环境规划的支持与保证等。下面以环境规划的编制程序为主线，对其所包括的具体内容予以介绍。一般来说，编制环境规划主要是为了解决一定区域范围内的环境问题和保护该区域内的环境质量。无论哪一类环境规划，都是按照一定的规划编制程序进行的。环境规划编制的基本程序主要如下。

（一）编制环境规划的工作计划

由环境规划部门的有关人员，在开展规划工作之前，提出规划编写提纲，并对整个工作规划组织和安排，编制各项工作计划。

（二）环境现状调查和评价

这是编制环境规划的基础，通过对区域的环境状况、环境污染与自然生态破坏的调研，找出存在的主要问题，探讨协调经济社会发展与环境保护之间的关系，以便在规划中采取相应的对策。

1. 环境调查

环境调查的基本内容包括环境特征调查、生态调查、污染源调查、环境质量调查、环保治理措施效果的调查以及环境管理现状的调查等。

① 环境特征调查：主要有自然环境特征调查（如地质地貌，气象条件和水文资料，土壤类型、特征及土地利用情况，生物资源种类形状特征、生态习性，环境背景值等）、社会环境特征调查（如人口数量、密度分布，产业结构和布局，产品种类和产量，经济密度，建筑密度，交通公共设施，产值，农田面积，作物品种和种植面积，灌溉设施，渔牧业等）、经济社会发展规划调查（如规划区内的短、中、长期发展目标，包括国民生产总值、国民收入、工农业生产布局以及人口发展规划、居民住宅建设规划、工农业产品产量、原材料品种及使用量、能源结构、水资源利用等）。

② 生态调查：主要有环境自净能力、土地开发利用情况、气象条件、绿地覆盖率、人口密度、经济密度、建设密度、能耗密度等。

③ 污染源调查：主要包括工业污染源、农业污染源、生活污染源、交通运输污染源、噪声污染源、放射性和电磁辐射污染源等。

④ 环境质量调查：主要调查对象是环境保护部门及工厂企业历年的监测资料。

⑤ 环境保护措施效果的调查：主要是对工程措施的削污量效果以及其综合效益进行分析评价。

⑥ 环境管理现状调查：主要包括环境管理机构、环境保护工作人员业务素质、环境政策法规和标准的实施情况、环境监督的实施情况等。

2. 环境质量评价

环境质量评价即按一定的评价标准和评价方法，对一定区域范围内的环境质量进行定量的描述，以便查明规划区环境质量的历史和现状，确定影响环境质量的主要污染物和主要污染源，掌握规划区环境质量变化规律，预测未来的发展趋势，为规划区的环境规划提供科学依据。环境质量评价的基本内容包括：① 污染源评价：通过调查、监测和分析研究，找出主要污染源和主要污染物以及污染物的排放方式、途径、特点、排放规律和治理措施等。② 环境污染现状评价：根据污染源结果和环境监测数据的分析，评价环境污染的程度。③ 环境自净能力的确定。④ 对人体健康和生态系统的影响评价。⑤ 费用效益分析：调查因污染造成的环境质量下降带来的直接、间接的经济损失，分析治理污染的费用和所得经济效益的关系。

（三）环境预测分析

环境预测是在环境调查与评价的基础上，根据所掌握环境方面的信息资料推断未来，预估环境质量变化和发展趋势，以便提出防止环境进一步恶化和改善环境质量的对策。它预先推测出经济发展达到某个水平年时的环境状况，然后再根据预测结果，对人类经济活动做出时间和空间上的具体安排和部署。环境预测是环境决策的重要依据，没有科学的环境预测就不会有科学的环境决策，当然也就不会有科学的环境规划。环境预测的内容主要包括：污染源预测、环境污染预测、生态环境预测、环境资源破坏和环境污染造成的经济损失预测。

（四）环境功能区划

每个地区由于其自然条件和人为利用方式不同，具体表现为它们在该区域内所执行的功能不同。比如，由于自然条件的差异，武汉东湖主要执行养殖、风景、旅游的功能，而长江武汉段则主要执行航运功能；又如由于人为利用方式的不同，在青山工业区主要执行工业功能，而武昌则主要执行文教功能等。

每个地区执行的功能不一样，对环境的影响程度就不一样。执行工业功能的地区，大气易受污染，邻近的噪声污染也严重；而执行文教功能的地区，大气较清洁，噪声很低。执行不同功能的地区对环境的影响程度不一样，要求它们达到同一环境质量标准的难度也不一样。不同的功能区对环境质量的要求也不一样。因此，考虑到环境污染对人体的危害及环境投资效益两方面的因素，在确定环境规划目标前常常要先对研究区域进行功能区的划分，然后根据各功能区的性质分别制定各自的环境目标。这种依据社会经济发展需要和区域环境结构、环境状况，对区域执行的功能进行合理划分的方法，叫环境功能区划方法。环境功能区划的作用：可以为合理布局提供基础，对未建成区、新开发区和新兴城市的未来环境有决定性影响；可以为污染控制标准提供依据。

（五）确定环境规划目标

环境规划目标是环境规划的核心，是在一定的条件下，决策者对规划对象（如城市或工业区）未来某一阶段环境质量状况的发展方向和发展水平所作的规定。

确定恰当的环境目标，即明确所要解决的问题及所达到的程度，是制定环境规划的关键。目标太高，环境保护投资多，超过经济负担能力，则环境目标无法实现；目标太低，不能满足人们对环境质量的要求或造成严重的环境问题。因此，在制定环境规划时，确定恰当的环境保护目标是十分重要的。环境目标一般分为总目标、单项目标、环境指标三个层次。总目标是指区域环境质量所要达到的总的要求或状况；单项目标是依据规划区环境要素和环境特征以及不同环境功能所确定的具体环境目标；环境指标是体现环境目标的指标体系。

（六）进行环境规划方案的设计

环境规划方案的设计是环境规划的工作中心与重点。它是根据国家或地区有关政策和规定、环境问题和环境目标、污染状况和污染物削减量、投资能力和效益等，提出具体的综合防治方案。主要内容如下：

① 拟定环境规划草案。根据环境目标及环境评价预测结果的分析，结合区域可能的资金、技术支持和管理能力的实际情况，为实现规划目标拟定出切实可行的规划方案。可以从各种角度出发拟定若干种满足环境规划目标的规划草案，以备择优。

② 优选环境规划草案。环境规划工作人员，在对各种草案进行系统分析和专家论证的基础上，筛选出最佳环境规划草案。环境规划方案的选择是对各种方案权衡利弊，选择环境、经济和社会综合效益高的方案。

③ 形成环境规划方案。根据实现环境规划目标和完成规划任务的要求，对选出的环境规划草案进行修正、补充和调整，形成最后的环境规划方案。

（七）环境规划方案的申报与审批

环境规划方案的申报与审批，是整个环境规划编制过程中的重要环节，是把规划方案变成实施方案的基本途径，也是环境管理中一项重要工作制度。环境规划方案必须按照一定的程序上报各级决策机关，等待审核批准。

（八）环境规划方案的实施

环境规划的实施要比编制环境规划复杂、重要和困难得多。环境规划按照法定程序审批下达后，在环境保护部门的监督管理下，各级政策和有关部门，应根据规划中对本单位提出的任务要求，组织各方面的力量，促使规划付诸实施。

实施环境规划的具体要求和措施，归纳起来有如下几点：① 要把环境规划纳入国民经济和社会发展计划中。② 落实环境保护的资金渠道，提高经济效益。③ 编制环境保护年度计划。以环境规划为依据，把规划中所确定的环境保护任务、目标进行层层分解、落实，使之成为可实施的年度计划。④ 实行环境保护的目标管理，即把环境规划目标与政府和企业领导人的责任制紧密结合起来。⑤ 环境规划应定期进行检查和总结。

思 考 题

1. 什么是环境管理？环境管理的职能有哪些？
2. 我国的环境保护法体系是怎样的？
3. 中国环境管理的基本手段有哪些？
4. 环境责任的原则是怎样的？
5. 什么是环境规划？环境规划的作用有哪些？

参考文献

[1] 蔡运龙.自然资源学原理[M].第2版.北京:科学出版社,2011.

[2] 陈汉光,朴光洙.环境法基础——环境保护系统岗位培训教材[M].北京:中国环境科学出版社,1994.

[3] 陈焕章.实用环境管理学[M].武汉:武汉大学出版社,1997.

[4] 杜翠凤.物理污染控制工程[M].北京:冶金工业出版社,2010.

[5] 桂和荣.环境保护概论[M].北京:煤炭工业出版社,2002.

[6] 郭怀成,尚金城,张天柱.环境规划学[M].北京:高等教育出版社,2009.

[7] 郭静,阮宜纶.大气污染控制工程[M].北京:化学工业出版社,2008.

[8] 国家环境保护局.中国环境保护21世纪议程[M].北京:中国环境科学出版社,1995.

[9] 海热提.循环经济与生态工业[M].北京:中国环境科学出版社,2009.

[10] 郝临山,彭建喜.洁净煤技术[M].北京:化学工业出版社,2010.

[11] 何强,等.环境学导论[M].北京:清华大学出版社,2004.

[12] 胡宝林.中国环境保护法的基本制度[M].北京:中国环境科学出版社,1994.

[13] 环境保护部.2010年全国环境质量状况报告[EB/OL].[2011-04-28]http://www.gov.cn/gzdt/.

[14] 环境保护实用核心法规编写组.环境保护实用核心法规——实用核心法规系列[M].北京:中国方正出版社,2003.

[15] 黄明生,何岩,方如.中国自然资源的开发、利用和保护[M].北京:科学出版社,2011.

[16] 蒋展鹏.环境工程学[M].北京:高等教育出版社,2005.

[17] 金适.清洁生产与循环经济[M].北京:气象出版社,2007.

[18] 郎铁柱,钟定胜.环境保护与可持续发展[M].天津:天津大学出版社,2005.

[19] 李定龙,常杰云.环境保护概论[M].北京:中国石化出版社,2006.

[20] 李冬,张杰.水循环健康导论[M].北京:中国建筑工业出版社,2009.

[21] 林培英,杨国栋,潘淑敏.环境问题案例教程[M].北京:中国环境科学出版社,2002.

[22] 林肇信,刘天齐.环境保护概论[M].北京:高等教育出版社,1999.

[23] 刘均科.塑料废弃物的回收与利用技术[M].北京:中国石化出版社,2000.

[24] 刘培桐,薛纪渝,王华东.环境学概论[M].第2版.北京:高等教育出版社,1995.

[25] 刘培桐.环境学概论[M].北京:高等教育出版社,2002.

[26] 刘青松.环境保护1000问[M].合肥:安徽人民出版社,2005.

[27] 刘志斌,马登军.环境影响评价[M].徐州:中国矿业大学出版社,2007.

[28] 马太玲,张江山.环境影响评价[M].武汉:华中科技大学出版社,2009.

[29] 齐建国.中国循环经济发展报告(2009—2010)[M].北京:社会科学文献出版社,2010.

[30] 曲向荣.环境保护概论[M].沈阳:辽宁大学出版社,2007.

[31] 任效乾.环境保护及其法规[M].北京:冶金工业出版社,2002.
[32] 童志权.大气污染控制工程[M].北京:机械工业出版社,2007.
[33] 王金梅.环境保护概论[M].北京:高等教育出版社,2006.
[34] 王丽萍.大气污染控制工程[M].北京:煤炭工业出版社,2002.
[35] 王守荣,朱川海,程磊,等.全球水循环与水资源[M].北京:气象出版社,2003.
[36] 王岩,陈宜佷.环境科学概论[M].北京:化学工业出版社,2003.
[37] 魏立安.清洁生产审核与评价[M].北京:中国环境科学出版社,2005.
[38] 奚旦立.环境监测[M].北京:高等教育出版社,2004.
[39] 徐新华,吴忠标,陈红.环境保护与可持续发展[M].北京:化学工业出版社,2000.
[40] 徐炎华.环境保护概论[M].北京:水利水电出版社,2009.
[41] 杨慧芬,张强.固体废物资源化[M].北京:化学工业出版社,2004.
[42] 杨若明,金军主.环境监测[M].北京:化学工业出版社,2009.
[43] 杨志峰.环境科学概论[M].北京:高等教育出版社,2004.
[44] 叶文虎,张勇.环境管理学[M].北京:高等教育出版社,2006.
[45] 张宝莉.环境管理与规划[M].北京:中国环境科学出版社,2004.
[46] 张承中.环境管理的原理和方法[M].北京:中国环境科学出版社,2001.
[47] 张丛.环境影响评价教程[M].北京:中国环境科学出版社,2010.
[48] 张锦瑞.环境保护与治理[M].北京:中国环境科学出版社,2002.
[49] 中国环境保护编委会.中国环境保护[M].北京:中国环境科学出版社,2000.
[50] 中国统计年鉴数据库.中国经济社会发展统计数据库[EB/OL].[2011-12-06] http://tongji.cnki.net/kns55/navi/NaviDefault.aspx.
[51] 中华人民共和国环境保护部信息中心.历年全国环境统计公报[EB/OL].[2011-12-16]http://www.mep.gov.cn/zwgk/hjtj/.
[52] 周进春,辛维成.水体的稀释功能[J].黑龙江水利科技,2005(1):35.
[53] 主沉浮,孙良,魏云鹤,等.清洁生产的理论与实践[M].济南:山东大学出版社,2003.